はじめに

　我が国においては、科学技術創造立国の理念の下、産業競争力の強化を図るべく「知的創造サイクル」の活性化を基本としたプロパテント政策が推進されております。

　「知的創造サイクル」を活性化させるためには、技術開発や技術移転において特許情報を有効に活用することが必要であることから、平成9年度より特許庁の特許流通促進事業において「技術分野別特許マップ」が作成されてまいりました。

　平成13年度からは、独立行政法人工業所有権総合情報館が特許流通促進事業を実施することとなり、特許情報をより一層戦略的かつ効果的にご活用いただくという観点から、「企業が新規事業創出時の技術導入・技術移転を図る上で指標となりえる国内特許の動向を分析」した「特許流通支援チャート」を作成することとなりました。

　具体的には、技術テーマ毎に、特許公報やインターネット等による公開情報をもとに以下のような分析を加えたものとなっております。
・体系化された技術説明
・主要出願人の出願動向
・出願人数と出願件数の関係からみた出願活動状況
・関連製品情報
・課題と解決手段の対応関係
・発明者情報に基づく研究開発拠点や研究者数情報　など

　この「特許流通支援チャート」は、特に、異業種分野へ進出・事業展開を考えておられる中小・ベンチャー企業の皆様にとって、当該分野の技術シーズやその保有企業を探す際の有効な指標となるだけでなく、その後の研究開発の方向性を決めたり特許化を図る上でも参考となるものと考えております。

　最後に、「特許流通支援チャート」の作成にあたり、たくさんの企業をはじめ大学や公的研究機関の方々にご協力をいただき大変有り難うございました。

　今後とも、内容のより一層の充実に努めてまいりたいと考えておりますので、何とぞご指導、ご鞭撻のほど、宜しくお願いいたします。

独立行政法人工業所有権総合情報館

理事長　藤原　譲

半導体レーザの活性層　　エグゼクティブサマリー

半導体レーザの用途と活性層

■ IT技術を支える半導体レーザ

　半導体レーザは、主に、光ケーブルを使用した広域光通信装置、CD・DVDなどの光記憶装置、加工用・医療用のレーザ装置に使用される。この中でも、IT技術の発展に伴い、より大量の情報をより高速に伝送、記録することが求められることから、光通信装置、光記憶装置が普及しつつある。これにより、世界的に半導体レーザの需要が高まってきている。特に、光通信用の半導体レーザにおける北米での需要は高く、1999年度の日本での出荷額は1,560億円で、その内北米への輸出は1,073億円であり、北米への輸出が約70%を占めている。このように今後、光通信用の半導体レーザの需要はますます増えると思われる。また、光記憶装置CD・DVDの普及も半導体レーザの需要の向上に大きく貢献している。

■ 用途別の活性層

　活性層に使用される材料などにより、発光する光の波長が決定されるため、用途別に使われる元素が異なっている。例えば、CDプレーヤ用は、波長780nm（赤外光）で発振するAlGaAs半導体レーザであり、DVDプレーヤ用は、波長650nmで発振するAlInGaP系半導体レーザである。また、次世代大容量DVDに使用されるのは、波長400nmで発振するGaN系半導体レーザであり、大容量化・高密度化に伴い、波長のより短いものが採用されている。これに対して、光通信用では、発振効率が良く、光ファイバとの相性がいい長波長 1.3μm〜1.55μm（赤外光）GaInAsP系半導体レーザへ移行している。

■光記憶装置用半導体レーザの課題

　光記憶装置用半導体レーザの課題として例えば、CD-R装置では、書き込みのために赤外AlGaAs半導体レーザの出力を高出力にしなければならないという課題がある。また、DVD装置では、読み取りのための赤色AlInGaP系半導体レーザの閾値電流を低くしなければならないという課題がある。さらに、これらを組み合わせたCD-R／DVD装置では、光ピックアップの部品点数を大幅に減少するために、一つの基板上に上記2つのレーザを作製すると共に、CD-R用赤外半導体レーザの高出力化とDVD赤色半導体レーザの低閾値電流を両立させなければならないという課題がある。また、次世代大容量DVDでは、青紫色半導体レーザの寿命の延長、連続光出力の向上などの課題がある。

半導体レーザの用途と活性層

■ 光通信装置用半導体レーザの課題

　インターネットの普及が進むにつれ、通信のブロードバンド化が行われている。光通信は長距離でも大容量の情報を送ることが可能になるため、ブロードバンド通信に用いられる。この光通信に用いられる光ファイバは1.3μmに零分散が存在し、1.55μmで最低損失となるため、半導体レーザもそれに合わせて1.3〜1.55μmの周波数帯で発振するものを用いる必要がある。しかし、1.3〜1.55μm帯のGaInAsP系半導体レーザは高出力であるが、短波長帯の半導体レーザに比べて温度依存性が大きいという問題がある。したがって、光通信用半導体レーザにとって温度特性が大きな課題となっている。

■ 半導体レーザの活性層生産技術

　半導体レーザの活性層は、10nm以下の薄い障壁層と井戸層を交互に重ねる多重量子井戸構造をとるものが多くなってきている。多重量子井戸構造は、注入電流量が高くなり、出力が高くなるなど、レーザの特性を改善するものである。この多重量子井戸構造を製造するには、薄い層を作製する必要があり、超格子構造をとるものなどは、数原子レベルの厚さの層を作製しなければならない。したがって、これらを作製するためには製造方法は重要な課題となっており、現在では、有機金属気相成長法（MOCVD）、分子線成長法などで活性層が作製されている。

■ 技術開発の拠点は関東地方に集中

　出願上位２０社の開発拠点を発明者の住所・居所でみると、東京都に９拠点、神奈川県に１０拠点、茨城県、埼玉県にそれぞれ１拠点ずつ存在し、関東地方では合計２１拠点存在する。これらは全体の約70%を占めており、開発拠点は関東地方に集中しているといえる。
　また、関西地方では、大阪府に３拠点、兵庫県に３拠点存在する。

半導体レーザの活性層 — 主要構成技術

半導体レーザ活性層の構成技術

ストライプ構造
レーザ光が活性層劈開面全領域から出るのを防止するため、電流の流れたところだけにレーザ発振が生じることを利用し、ストライプ状の領域に電流が流れるようにし、その領域に電子を閉じ込める構造。

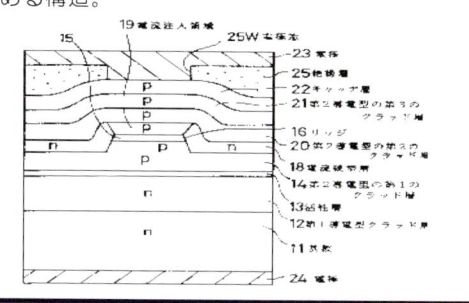

多重量子井戸
活性層に層厚が10nm以下の井戸層と障壁層（図中バリア層）を交互に積層することで作製する構造。状態密度が変化し、高出力化する。

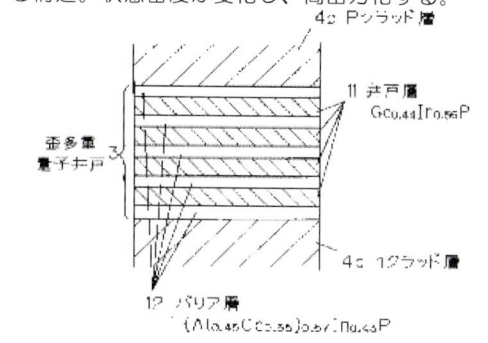

基本構造

クラッド層
p-nを接合する活性層の接合領域の電子密度およびホール密度を高める（ホール密度が高い状態は電子が少ない状態）層。

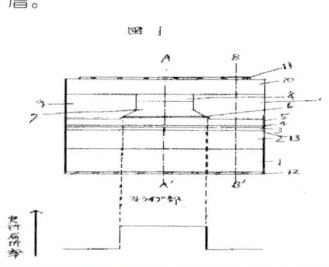

光ガイド層
光ガイド層は活性層に光を閉じ込める層であり、活性層内の光密度を調整する。

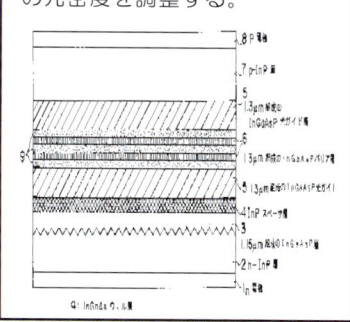

活性層埋込構造
活性層の左右に埋め込み層を作製することにより、縦横両方向でダブルヘテロのような構造を構成し、活性層に光をより閉じ込めることができる。

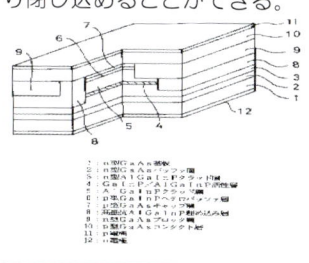

3元系活性層 4元系活性層
3元系は、元素を3種類用いたものであり、組成の変化によりエネルギーギャップを連続的に調節することができる。4元系は、元素を4種類用いたものであり、屈折率、格子定数なども調節できる。

製造技術

エッチング
作製した層を化学薬品、反応性のガスなどで削る技術であり、例えば活性層埋込構造製造時に、活性層を削るのに用いられる。

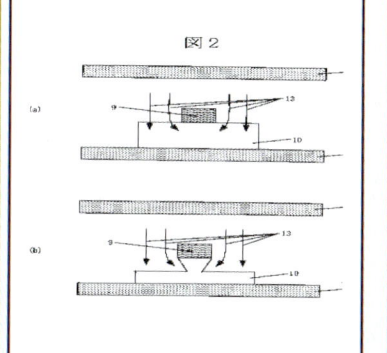

ドーピング
ドーパントを半導体層中へ導入する技術でイオン注入などで行われる。

結晶成長
各層を作製する技術で、化学反応を利用した有機金属気相成長法と、蒸着のような分子線成長法に大別される。

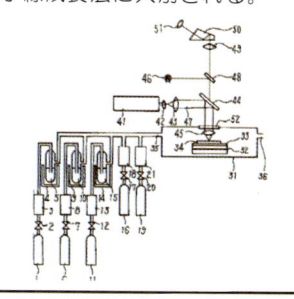

材料技術

ドーパント材料
ドーパント材料の種類により、層の電導型をn型もしくはp型に設定することができる。

半導体レーザの活性層 — 技術の動向

参入企業と特許出願

1998年に出願人数、出願件数共に減少するものの、89年以来順調に出願人数、出願件数が増えてきており、半導体レーザの活性層技術の開発は、年々盛んになってきているといえる。これは、IT産業の発展に伴う光通信設備、光記憶媒体装置などで使用される半導体レーザのニーズが高まってきているためと思われる。

また、日亜化学工業、豊田合成、リコーは1995年以降に出願がみられる。

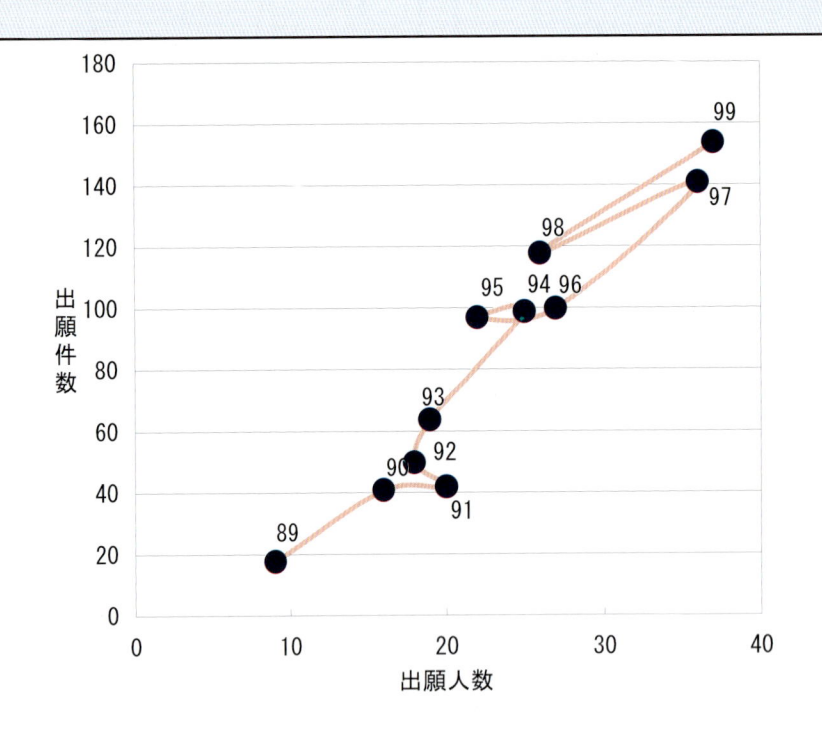

出願人	88	89	90	91	92	93	94	95	96	97	98	99	00	合計
日本電気		3	8	10	8	25	17	19	19	19	23	29	1	181
三菱電機			2	1	7		10	16	8	11	6	4		65
日立製作所		4	1		6	4	6	6	5	18	9	6		65
シャープ			4		5	2	2	2	5	10	11	22	1	64
松下電器産業	1	1	1	1	3	10	8	1	11	4	5	11		57
日本電信電話		1	5	3	6	5	8	9	3	9	1	4		54
富士通		1	4		2	1	6	7	8	8	6	2	1	46
ソニー				2		1	2	5	4	10	13	8		45
東芝		4	5	4	2	1	2	4	5	8	5	4		44
三洋電機				1	2		7	6	2	3	6	10		37
日亜化学工業								3	10	13	10	1		37
キヤノン			4	4		3	8	4	7	1		1		32
古河電気工業	2	1		3	2	1	2	3	5	1	4	4		28
沖電気工業							4	3	1	5	2	1		16
富士写真フィルム							2			2	2	6	1	13
豊田合成								1	4	3		5		13
リコー									2	1	1	5	1	10
三菱化学							2			1	2	4		9
住友電気工業		1		1		1		1		1	2	1		9
ゼロックス					2	1	2			1	1	1		8

半導体レーザの活性層

課題・解決手段対応の出願人

漏れ電流・低閾値・発光効率が課題

半導体レーザの活性層における3元系活性層の技術開発は漏れ電流・低閾値・発光効率に関する課題を持つものが多く、それらを解決するために、活性層の膜厚、層の性質（バンドギャップ、組成、格子定数）を工夫するものが多い。

そのほかでは、波長特性も主な課題であり、層の性質を変えることにより解決している。

また、結晶性向上の課題に対しては、組成を工夫する出願が多い。

課題	解決手段	層の構造			層の性質			その他
		活性層厚	活性層幅（層の幅、成長マスクの幅）	その他	バンドギャップ（禁制帯幅、エネルギー幅、サブバンド）	組成（組成比、供給比、原料、材料）	格子定数（格子整合、不整合、歪）	その他
出力特性	漏れ電流・低閾値・発光効率（連続発振、高効率、変調特性）	日本電気4件 日亜化学工業2件 東芝1件 三菱電機1件 富士通1件	日立製作所1件	日立製作所3件 三洋電機2件 東芝1件 日本電気1件 豊田合成1件 シャープ1件 日亜化学工業1件	日本電気2件 三菱電機2件 富士通2件 日亜化学工業2件 東芝1件 日本電信電話1件 日立製作所1件 古河電気工業1件	東芝4件 日本電気2件 日立製作所1件 古河電気工業1件 富士通1件 シャープ1件 松下電器産業1件	松下電器産業2件 日本電気1件 古河電気工業1件	東芝2件 沖電気工業1件 日本電信電話1件 日本電気1件 日立製作所1件 シャープ1件
		計9件	計2件	計13件	計18件	計11件	計4件	計7件
	高出力	日本電信電話1件 シャープ1件	三菱化成1件	シャープ1件		三菱化成1件	日本電信電話1件	日亜化学工業2件
		計4件	計1件	計2件		計2件	計1件	計3件
	温度特性	三洋電機1件 ソニー1件		日本電気1件 日立製作所1件	日立製作所1件	日本電気2件 住友電気工業1件 松下電器産業1件	日本電気1件 キヤノン1件	日本電気1件
		計2件		計5件	計1件	計4件	計2件	計1件
	波長特性	ソニー1件 日本電気1件 日立製作所1件 三菱電機1件 松下電器産業1件 日亜化学工業1件	日本電信電話1件 日立製作所1件	日本電気1件 富士写真フィルム1件	ゼロックス2件 キヤノン1件 日本電信電話1件 住友電気工業1件	日本電信電話2件 日本電気1件 三菱電機1件 三菱化成1件 ゼロックス1件	東芝1件 日本電信電話1件 松下電器産業1件 ゼロックス1件	キヤノン1件 日本電気1件 三菱化成1件
		計8件	計2件	計5件	計8件	計8件	計5件	計3件
	ビーム形状	三菱電機1件 シャープ1件	日立製作所2件 富士写真フィルム2件 ソニー1件					
		計2件	計5件					
	キャリア（均一性、注入効率、局在化抑制、オーバーフロー）	日本電気1件 古河電気工業1件		富士通1件	日本電気2件 ソニー1件 日立製作所1件	松下電器産業1件 日立製作所1件	日本電気1件 古河電気工業1件 富士通1件 三洋電機1件	
		計3件		計3件	計4件	計2件	計4件	
	その他出力特性	東芝1件	日本電気2件 日本電信電話1件 キヤノン1件	ソニー1件 日本電信電話1件 日本電気1件 三洋電機1件 松下電器産業1件	日本電信電話1件 日本電気1件 シャープ1件	富士写真フィルム1件	キヤノン4件 日本電気3件 三菱電機1件 富士通1件	キヤノン2件 シャープ2件 日立製作所2件 住友電気工業1件
		計1件	計4件	計7件	計3件	計1件	計10件	計6件
	結晶性向上（COD、表面損傷、端面破壊、転位、欠陥、混入・拡散抑制、素子特性）	東芝1件 日本電信電話1件 日本電気1件 豊田合成1件 日亜化学工業1件	三菱電機1件	日本電気1件 日立製作所1件 古河電気工業1件	日本電気2件 東芝1件 三菱化成1件 三洋電機1件	日本電気5件 三菱電機2件 三洋電機2件 三菱化成1件 シャープ1件 松下電器産業1件	沖電気工業1件 ソニー1件 日立製作所1件 三菱化成1件 リコー1件	日立製作所3件 三菱電機2件 日本電気1件 豊田合成1件
		計5件	計1件	計3件	計5件	計12件	計5件	計8件
	生産性（歩留まり、ばらつき、工程簡略・不要）	日立製作所1件 三菱電機1件	日本電気2件 住友電気工業1件	日立製作所2件 東芝1件 豊田合成1件	日本電気1件 シャープ1件	三洋電機1件	日立製作所1件	日本電信電話1件
		計3件	計3件	計6件	計4件	計3件	計2件	計1件
	その他	キヤノン1件	日本電信電話1件				キヤノン1件	日立製作所1件
		計1件	計1件				計1件	計1件

V

| 半導体レーザの活性層 | 技術開発の拠点の分布 |

技術開発の拠点は関東地方に集中

出願上位20社の開発拠点を発明者の住所・居所でみると、東京都に9拠点、神奈川県に10拠点、茨城県、埼玉県にそれぞれ1拠点ずつ存在し、関東地方では合計21拠点存在する。これらは全体の約70%を占める。

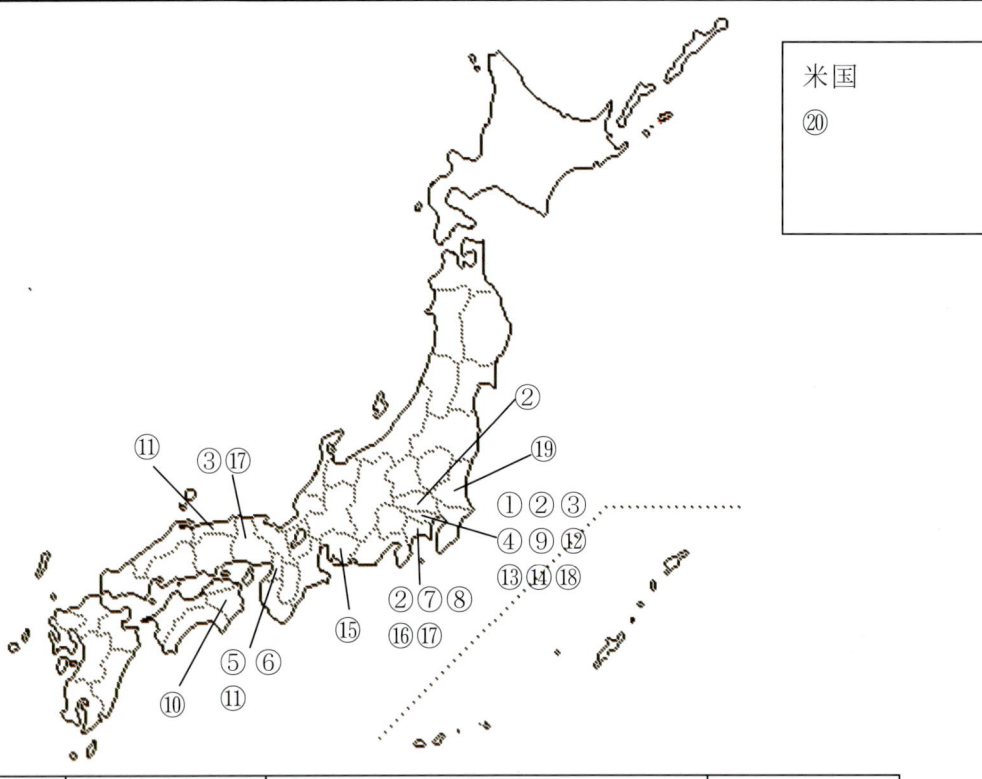

米国 ⑳

NO.	企業名	事業所名	住所
1	日本電気	日本電気-(*)	東京都
2	日立製作所	中央研究所 東部セミコンダクタ 情報通信事業部	東京都 埼玉県 神奈川県
3	三菱電機	三菱電機-(*) 光・マイクロデバイス波研究所、北伊丹製作所	東京都 兵庫県
4	日本電信電話	日本電信電話-(*)	東京都
5	松下電器産業	松下電器産業-(*)	大阪府
6	シャープ	シャープ-(*)	大阪府
7	東芝	東芝-(*)、マイクロエレクトロニクスセンター、研究開発センター、川崎事業所、総合研究所	神奈川県
8	富士通	富士通-(*)	神奈川県
9	ソニー	ソニー-(*)	東京都
10	日亜化学工業	日亜化学工業-(*)	徳島県
11	三洋電機	三洋電機-(*) 鳥取三洋電機	大阪府 鳥取県
12	キヤノン	キヤノン-(*)	東京都
13	古河電気工業	古河電気工業-(*)	東京都
14	沖電気工業	沖電気工業-(*)	東京都
15	豊田合成	豊田合成-(*)	愛知県
16	富士写真フィルム	富士写真フィルム-(*)	神奈川県
17	住友電気工業	住友電気工業-(*)、横浜製作所 伊丹製作所	神奈川県 兵庫県
18	リコー	リコー-(*)	東京都
19	三菱化学	筑波事業所	茨城県
20	ゼロックス	ゼロックス-(*)	米国

(*)は公報に事業所名の記載なし

| 半導体レーザの活性層 | 主要企業の出願状況 |

主要企業20社で87％を占める

日本電気の出願が最も多く全体の19％を占めている。
日本電気に、三菱電機、日立製作所、シャープ、松下電器産業、日本電信電話と続いている。

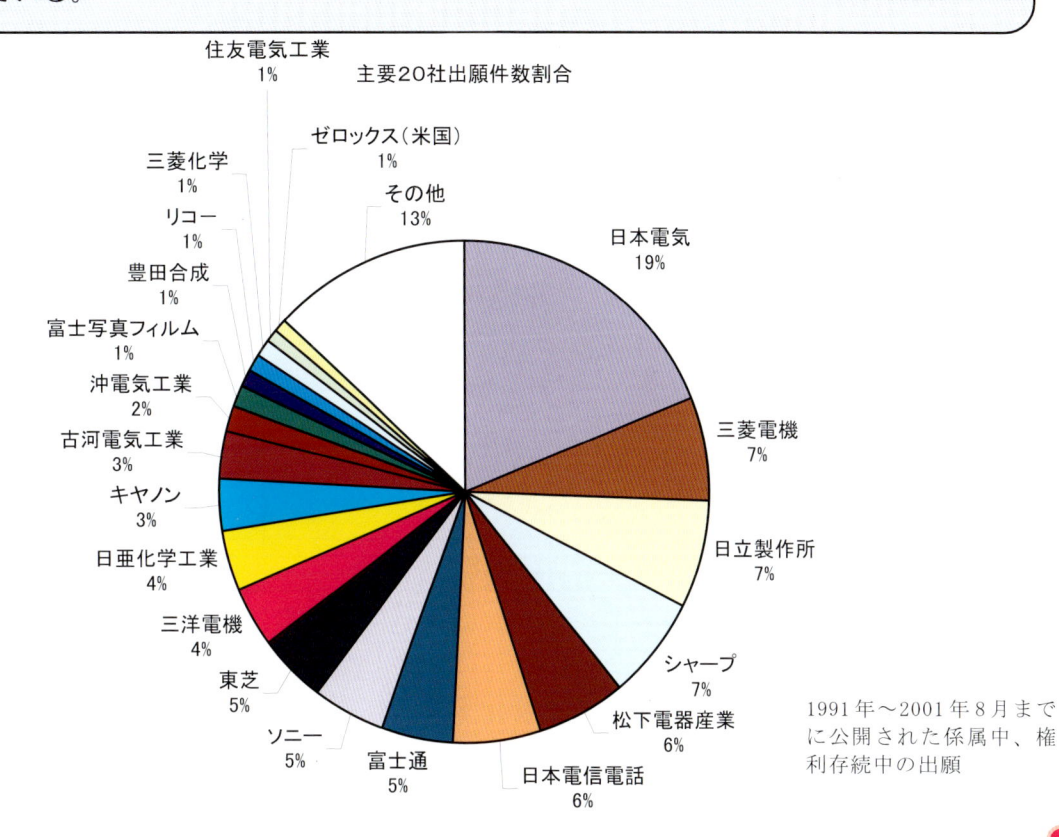

主要20社出願件数割合

- 日本電気 19%
- 三菱電機 7%
- 日立製作所 7%
- シャープ 7%
- 松下電器産業 6%
- 日本電信電話 6%
- 富士通 5%
- ソニー 5%
- 東芝 5%
- 三洋電機 4%
- 日亜化学工業 4%
- キヤノン 3%
- 古河電気工業 3%
- 沖電気工業 2%
- 富士写真フィルム 1%
- 豊田合成 1%
- リコー 1%
- 三菱化学 1%
- 住友電気工業 1%
- ゼロックス（米国） 1%
- その他 13%

1991年～2001年8月までに公開された係属中、権利存続中の出願

No.	企業名	出願件数
1	日本電気	181
2	三菱電機	65
3	日立製作所	65
4	シャープ	64
5	松下電器産業	57
6	日本電信電話	54
7	富士通	46
8	ソニー	45
9	東芝	44
10	三洋電機	37
11	日亜化学工業	37
12	キヤノン	32
13	古河電気工業	28
14	沖電気工業	16
15	富士写真フィルム	13
16	豊田合成	13
17	リコー	10
18	三菱化学	9
19	住友電気工業	9
20	ゼロックス（米国）	8
21～	その他	125

半導体レーザの活性層　主要企業

日本電気　株式会社

出願状況

技術要素結晶成長では、全般的にバランスよく出願されており、結晶性、生産性の課題を解決している出願が多い。これらの課題を解決する解決手段としては、供給、成長マスク、原料の出願が多い。特に生産性の課題を成長マスクにより解決している出願が多い。

技術要素結晶成長の課題と解決手段

課題＼解決手段	成長条件・方法（圧力、温度、速度）	供給（流量、中断、パルス、フラックス比）	成長マスク	成長基板（基板上保護膜）	原料（添加、成長・キャリアガス、雰囲気）	成長装置	その他
結晶性（転位、欠陥、組成、界面、表面清浄、異常成長、混入抑制）	日本電気5件	日本電気6件			日本電気4件		日本電気1件
	計20件	計14件	計2件	計23件	計20件	計3件	計3件
生産性（歩留まり、工程容易・不要、成長回数、成長時間）	日本電気3件		日本電気15件		日本電気2件		日本電気1件
	計10件	計2件	計29件	計13件	計8件	計2件	計1件
成長層厚さ（段差、平坦）	日本電気4件	日本電気3件	日本電気3件		日本電気1件		
	計11件	計5件	計4件	計9件	計2件		
バンドギャップ・波長	日本電気1件		日本電気3件				
	計2件	計2件	計4件		計3件		計1件
素子特性（温度特性、発光特性、抵抗、閾値、漏れ電流、光・キャリア閉じ込め）	日本電気3件	日本電気1件	日本電気1件	日本電気1件	日本電気1件		
	計8件	計2件	計6件	計2件	計9件		
その他			日本電気1件				
		計1件	計1件				

（注：各セル右下の件数は他社を含めた総件数を表す）

保有特許例

技術要素	課題	解決手段	特許番号 IPC	概要
活性層3元系	漏れ電流・発光効率・低閾値	活性層厚	特許2800425 H01S3/18	多重量子井戸活性層のバリア層を薄くし、活性層のサブバンドを狭く保つことで、発振閾値が低く、高温動作が可能で、高速変調を可能にする。
結晶成長	結晶性	成長条件・方法	特許3164072 H01S5/16	活性層の成長温度が580～640℃の範囲で、活性層以降の成長温度を活性層の成長温度と等しくし、活性層に導入される欠陥の密度を低くする。

半導体レーザの活性層　　主要企業

三菱電機　株式会社

出願状況

技術要素4元系活性層では、漏れ電流・低閾値・発光効率、波長特性、結晶性向上の課題に関する出願が多い。

技術要素4元系活性層の課題と解決手段

課題 / 解決手段		形状・構造			元素・材料			その他
		活性層厚	活性層幅（層の幅、成長マスクの幅）	その他	バンドギャップ（禁制帯幅、エネルギー幅、サブバンド）	組成（組成比、供給比、原料、材料）	格子定数（格子整合、不整合、歪）	その他
出力特性	漏れ電流・低閾値・発光効率（連続発振、高効率、変調特性）	三菱電機1件 計9件	計2件	計13件	三菱電機2件 計18件	計11件	計4件	計7件
	高出力	計4件	計1件	計2件		計2件	計1件	計3件
	温度特性	計2件		計5件	計1件	計4件	計2件	計1件
	波長特性	三菱電機1件 計8件	計2件	三菱電機1件 計5件	計8件	三菱電機1件 計8件	計5件	計3件
	ビーム形状	三菱電機1件 計2件		計5件				
	キャリア（均一性、注入効率、局在化抑制、オーバーフロー）			計3件	計3件	計4件	計2件	計4件
	その他出力特性	計1件	計4件	計7件	計3件	計1件	三菱電機1件 計10件	計6件
結晶性向上（COD、表面損傷、端面破壊、転位、欠陥、混入・拡散抑制、素子特性）			三菱電機1件 計1件	計3件	計5件	三菱電機2件 計12件	計5件	三菱電機2件 計8件
生産性（歩留まり、ばらつき、工程簡略・不要）		三菱電機1件 計3件	計3件	計6件	計4件	計3件	計2件	計1件
その他		計1件	計1件				計1件	計1件

（注：各セル右下の件数は他社を含めた総件数を表す）

保有特許例

技術要素	課題	解決手段	特許番号 IPC	発明の概要
活性層3元系	結晶性	活性層厚・活性層幅	特開平 08-116135 H01S3/18 H01L21/205 H01L21/208 H01L21/428 H01L27/15	リッジの幅をテーパ状（3角形状）に形成することで、活性層を形成する部分のリッジ幅に応じて膜厚が決定する。これにより活性層の膜厚を制御する。
結晶成長	成長条件・方法	成長層厚さ	特許2726209 H01S3/18	活性層に層厚差を付け、かつ活性層下方の層を均一な層厚にしたため、活性層が段差上に形成されない。層厚差をつけたい場合は有機金属気相法を使用、差をつけたくない場合は原子層エピタキシーモードを使用して上記層厚を制御する。

半導体レーザの活性層　　主要企業

株式会社　日立製作所

出願状況

技術要素エッチングに関しては、結晶品質を課題にもつ出願が多く、その中でも、解決手段として、エッチング方法・組合せを採用する出願が特に多い。

技術要素エッチングの課題と解決手段

課題＼解決手段	被エッチング構造 エッチング停止層	被エッチング構造 異なるエッチング速度	エッチャント（エッチング液、エッチングガス）	マスク	エッチング条件（ガス圧、温度、電圧、雰囲気）	エッチング方法・組合せ	その他
エッチング停止（確実性、高精度）	計5件	計1件	計2件		計2件	計2件	
垂直・平坦性		計1件	日立製作所1件 計1件			計2件	
結晶品質（表面損傷、端面破壊、不純物）	計1件	計1件	計2件		日立製作所1件 計3件	日立製作所3件 計6件	計2件
所望形状	日立製作所1件 計1件	計3件	計4件	日立製作所1件 計2件		計2件	計1件
素子特性（抵抗、閾値、漏れ電流、反射率）	計1件	計5件		計1件	計2件	計2件	計4件
生産性（歩留まり、ばらつき）	日立製作所1件 計7件		計1件	計8件	計6件	計5件	計3件	計11件
その他							計1件

（注：各セル右下の件数は他社を含めた総件数を表す）

保有特許例

技術要素	課題	解決手段	特許番号 IPC	概要
活性層3元系	漏れ電流・発光効率・低閾値	活性層幅	特開平09-232675 H01S3/18 H01L33/00	青紫波長領域の窒化物半導体レーザにおいて、活性層へ不純物をドープし、かつ光導波層を超格子構造にすることで、活性層ストライプ幅を従来の2倍以上に拡大することが可能になる。この拡大により、活性層の体積の増大による利得領域の拡大及び素子の高出力化が可能になる。
クラッド層	波長特性	層の形状・配置	特許3053139 H01S5/227	光ガイド層を屈折率の小さいInGaAsPクラッド層により挟み込むことで、光を効率よく活性層に閉じ込めて活性層水平方向に屈折率導波を行う。これにより、高出力まで安定したモードで動作することができる。

半導体レーザの活性層　　主要企業

シャープ　株式会社

出願状況

技術要素結晶成長では、結晶性に関する課題を解決する出願が多い。

技術要素結晶成長の課題と解決手段

課題＼解決手段	成長条件・方法 (圧力、温度、速度)	供給 (流量、中断、パルス、フラックス比)	成長マスク	成長基板 (基板上保護膜)	原料 (添加、成長・キャリアガス、雰囲気)	成長装置	その他
結晶性 (転位、欠陥、組成、界面、表面清浄、異常成長、混入抑制)	シャープ2件 計20件	シャープ2件 計14件	シャープ1件 計2件	シャープ2件 計23件	シャープ2件 計20件	計3件	計3件
生産性 (歩留まり、工程容易・不要、成長回数、成長時間)	シャープ1件 計10件	計2件	計29件	計13件	計8件	計2件	計1件
成長層厚さ (段差・平坦)	シャープ1件 計11件	計5件	計4件	シャープ1件 計9件	計2件		
バンドギャップ・波長		シャープ2件 計2件	計2件	計4件	計3件		計1件
素子特性 (温度特性、発光特性、抵抗、閾値、漏れ電流、光・キャリア閉じ込め)	計8件	計2件	シャープ1件 計6件	シャープ2件 計2件	計9件		
その他		シャープ1件 計1件	計1件		計1件		

（注：各セル右下の件数は他社を含めた総件数を表す）

保有特許例

技術要素	課題	解決手段	特許番号 IPC	概要
4元系活性層	ビーム形状	構成	特許2547458 H01S3/18	メサストライプ内に設けられたドーパントを含む拡散領域により、活性層内の発光に寄与する領域の幅をメサストライプ構造の幅よりも縮小する。これにより、メサストライプの所定領域に光を効果的に閉じ込める事が可能になり、レーザ光を基本水平横モードで安定的に発振できる。
ドーピング	漏れ電流抑制	ドープ領域	特許2908125 H01S3/18,664 H01S3/18,665	面方位の異なる<100>面と<111>A面を備えた電流狭窄用ストライプ溝またはリッジ部の上に、クラッド層を設け、クラッド層に両性不純物をドーピングする。面方位の違いによりアクセプタまたはドナーとして働くので、ストライプ溝上方のクラッド層と下層のクラッド層は異なる導電型となる。これにより、更に狭い幅で電流を閉じ込めることが可能になる。

半導体レーザの活性層　　主要企業

松下電器産業　株式会社

出願状況

技術要素結晶成長では、結晶性と生産性の課題を解決する出願が多く、特に、生産性の課題を成長マスクで解決している出願が多い。

技術要素結晶成長の課題と解決手段

課題 \ 解決手段	成長条件・方法（圧力、温度、速度）	供給（流量、中断、パルス、フラックス比）	成長マスク	成長基板（基板上保護膜）	原料（添加、成長・キャリアガス、雰囲気）	成長装置	その他
結晶性（転位、欠陥、組成、界面、表面清浄、異常成長、混入抑制）	松下電器産業1件 計20件	松下電器産業1件 計14件	計2件	松下電器産業2件 計23件	松下電器産業1件 計20件	計3件	計3件
生産性（歩留まり、工程容易・不要、成長回数、成長時間）	松下電器産業2件 計10件	計2件	松下電器産業3件 計29件	松下電器産業1件 計13件	松下電器産業1件 計8件	計2件	計1件
成長層厚さ（段差、平坦）	計11件	計5件	計4件	計9件	計2件		
バンドギャップ・波長	計2件	計2件	計4件		計3件		松下電器産業1件 計1件
素子特性（温度特性、発光特性、抵抗、閾値、漏れ電流、光・キャリア閉じ込め）	松下電器産業2件 計8件	計2件	計6件	計2件	計9件		
その他		計1件	計1件		計1件		

（注：各セル右下の件数は他社を含めた総件数を表す）

保有特許例

技術要素	課題	解決手段	特許番号 IPC	概要
4元系活性層	波長特性	活性層厚	特許2746262 H01S3/18	InGaAsP活性層を層厚の異なる井戸層（λg=1.3μm）と障壁層（λg=1.05μm）から成る多重量子井戸で構成し、量子サイズ効果を利用して、発振波長とバンドギャップエネルギのずれを小さくすることで、井戸層、障壁層の総膜厚で決定される発信波長の差が各共振器で一定になるため、各共振器の特性のバラツキを小さくできる。
結晶成長	生産性	結晶条件・方法	特許2763090 H01S3/18	InAsP吸収層3を三角形状とし、その頂点がInP基板側に突き出すような構成にする。InAsP吸収層3を三角形状にすることでエッチングが不要になり、エッチングによって作製するのが困難な数十nmの吸収層を均一に作製することが可能になる。これにより、素子のばらつきが小さくなり、製造工程も容易になる。

目次

半導体レーザの活性層

1. 半導体レーザの活性層技術の概要
 1.1 半導体レーザの活性層技術 3
  1.1.1 半導体レーザの技術全体の概要 3
  1.1.2 半導体レーザの基本構造 7
   (1)主な層の説明 7
   (2)レーザ光発生の作用 7
  1.1.3 半導体レーザの活性層の技術体系 8
 1.2 半導体レーザの活性層技術の特許情報へのアクセス 13
 1.3 技術開発活動の状況 16
  1.3.1 半導体レーザの活性層 16
  1.3.2 基本構造 17
   (1)3元系活性層 17
   (2)4元系活性層 18
   (3)光ガイド層 19
   (4)クラッド層 20
   (5)活性層埋込構造 21
  1.3.3 材料技術 22
   (1)ドーパント材料 22
  1.3.4 製造技術 23
   (1)結晶成長 23
   (2)ドーピング 25
   (3)エッチング 26
 1.4 技術開発の課題と解決手段 27
  1.4.1 基本構造 27
   (1)3元系活性層 27
   (2)4元系活性層 30
   (3)光ガイド層 33
   (4)クラッド層 35
   (5)活性層埋込構造 36
  1.4.2 材料技術 37
   (1)ドーパント材料 37

目次

  1.4.3 製造技術 39
   (1) 結晶成長 39
   (2) ドーピング 41
   (3) エッチング 43

2. 主要企業等の特許活動
 2.1 半導体レーザの活性層の主要企業 47
 2.2 日本電気 48
  2.2.1 企業の概要 48
  2.2.2 半導体レーザ技術に関連する製品・技術 49
  2.2.3 技術開発課題対応保有特許の概要 49
  2.2.4 技術開発拠点 78
  2.2.5 研究開発者 78
 2.3 三菱電機 79
  2.3.1 企業の概要 79
  2.3.2 半導体レーザ技術に関連する製品・技術 80
  2.3.3 技術開発課題対応保有特許の概要 80
  2.3.4 技術開発拠点 88
  2.3.5 研究開発者 88
 2.4 日立製作所 89
  2.4.1 企業の概要 89
  2.4.2 半導体レーザ技術に関連する製品・技術 90
  2.4.3 技術開発課題対応保有特許の概要 90
  2.4.4 技術開発拠点 98
  2.4.5 研究開発者 98
 2.5 シャープ 99
  2.5.1 企業の概要 99
  2.5.2 半導体レーザ技術に関連する製品・技術 100
  2.5.3 技術開発課題対応保有特許の概要 100
  2.5.4 技術開発拠点 107
  2.5.5 研究開発者 107
 2.6 松下電器産業 108
  2.6.1 企業の概要 108
  2.6.2 半導体レーザ技術に関連する製品・技術 109
  2.6.3 技術開発課題対応保有特許の概要 109
  2.6.4 技術開発拠点 117
  2.6.5 研究開発者 117

目次

- 2.7 日本電信電話 118
  - 2.7.1 企業の概要 118
  - 2.7.2 半導体レーザ技術に関連する製品・技術 118
  - 2.7.3 技術開発課題対応保有特許の概要 119
  - 2.7.4 技術開発拠点 125
  - 2.7.5 研究開発者 125
- 2.8 富士通 126
  - 2.8.1 企業の概要 126
  - 2.8.2 半導体レーザ技術に関連する製品・技術 127
  - 2.8.3 技術開発課題対応保有特許の概要 127
  - 2.8.4 技術開発拠点 131
  - 2.8.5 研究開発者 131
- 2.9 ソニー 132
  - 2.9.1 企業の概要 132
  - 2.9.2 半導体レーザ技術に関連する製品・技術 133
  - 2.9.3 技術開発課題対応保有特許の概要 133
  - 2.9.4 技術開発拠点 138
  - 2.9.5 研究開発者 138
- 2.10 東芝 139
  - 2.10.1 企業の概要 139
  - 2.10.2 半導体レーザ技術に関連する製品・技術 140
  - 2.10.3 技術開発課題対応保有特許の概要 140
  - 2.10.4 技術開発拠点 145
  - 2.10.5 研究開発者 145
- 2.11 三洋電機 146
  - 2.11.1 企業の概要 146
  - 2.11.2 半導体レーザ技術に関連する製品・技術 147
  - 2.11.3 技術開発課題対応保有特許の概要 147
  - 2.11.4 技術開発拠点 151
  - 2.11.5 研究開発者 151

目 次

Contents

2.12 日亜化学工業 152
- 2.12.1 企業の概要 152
- 2.12.2 半導体レーザ技術に関連する製品・技術 153
- 2.12.3 技術開発課題対応保有特許の概要 153
- 2.12.4 技術開発拠点 157
- 2.12.5 研究開発者 157

2.13 キヤノン 158
- 2.13.1 企業の概要 158
- 2.13.2 半導体レーザ技術に関連する製品・技術 159
- 2.13.3 技術開発課題対応保有特許の概要 159
- 2.13.4 技術開発拠点 163
- 2.13.5 研究開発者 163

2.14 古河電気工業 164
- 2.14.1 企業の概要 164
- 2.14.2 半導体レーザ技術に関連する製品・技術 165
- 2.14.3 技術開発課題対応保有特許の概要 165
- 2.14.4 技術開発拠点 168
- 2.14.5 研究開発者 168

2.15 沖電気工業 169
- 2.15.1 企業の概要 169
- 2.15.2 半導体レーザ技術に関連する製品・技術 170
- 2.15.3 技術開発課題対応保有特許の概要 170
- 2.15.4 技術開発拠点 173
- 2.15.5 研究開発者 173

2.16 富士写真フィルム 174
- 2.16.1 企業の概要 174
- 2.16.2 半導体レーザ技術に関連する製品・技術 175
- 2.16.3 技術開発課題対応保有特許の概要 175
- 2.16.4 技術開発拠点 177
- 2.16.5 研究開発者 177

Contents

- 2.17 豊田合成 178
  - 2.17.1 企業の概要 178
  - 2.17.2 半導体レーザ技術に関連する製品・技術 179
  - 2.17.3 技術開発課題対応保有特許の概要 179
  - 2.17.4 技術開発拠点 181
  - 2.17.5 研究開発者 181
- 2.18 リコー 182
  - 2.18.1 企業の概要 182
  - 2.18.2 半導体レーザ技術に関連する製品・技術 182
  - 2.18.3 技術開発課題対応保有特許の概要 182
  - 2.18.4 技術開発拠点 184
  - 2.18.5 研究開発者 184
- 2.19 三菱化学 185
  - 2.19.1 企業の概要 185
  - 2.19.2 半導体レーザ技術に関連する製品・技術 186
  - 2.19.3 技術開発課題対応保有特許の概要 186
  - 2.19.4 技術開発拠点 187
  - 2.19.5 研究開発者 187
- 2.20 住友電気工業 188
  - 2.20.1 企業の概要 188
  - 2.20.2 半導体レーザ技術に関連する製品・技術 189
  - 2.20.3 技術開発課題対応保有特許の概要 189
  - 2.20.4 技術開発拠点 190
  - 2.20.5 研究開発者 190
- 2.21 ゼロックス 191
  - 2.21.1 企業の概要 191
  - 2.21.2 半導体レーザ技術に関連する製品・技術 192
  - 2.21.3 技術開発課題対応保有特許の概要 192
  - 2.21.4 技術開発拠点 193
  - 2.21.5 研究開発者 193

目次

3. 主要企業の技術開発拠点
- 3.1 3元系活性層 198
- 3.2 4元系活性層 200
- 3.3 光ガイド層 202
- 3.4 クラッド層 203
- 3.5 活性層埋込構造 204
- 3.6 ドーパント材料 205
- 3.7 結晶成長 206
- 3.8 ドーピング 208
- 3.9 エッチング 210

資 料
1. 工業所有権総合情報館と特許流通促進事業 215
2. 特許流通アドバイザー一覧 218
3. 特許電子図書館情報検索指導アドバイザー一覧 221
4. 知的所有権センター一覧 223
5. 平成13年度25技術テーマの特許流通の概要 225
6. 特許番号一覧 241

1. 半導体レーザの活性層技術の概要

1.1 半導体レーザの活性層技術
1.2 半導体レーザの活性層技術の特許情報へのアクセス
1.3 技術開発活動の状況
1.4 技術開発の課題と解決手段

> 特許流通
> 支援チャート
>
> # 1. 半導体レーザの活性層技術の概要
>
> 光通信や光記憶装置の発展に伴い、それらに使用される半導体レーザの需要が高まってきた。現在、レーザの特性を決定する活性層が用途別に開発されている。

1.1 半導体レーザの活性層技術

1.1.1 半導体レーザの技術全体の概要

　長距離・大容量伝送を実現する光通信システムは、インターネットの普及に見る近年のIT社会において極めて重要な立場を占めてきており、時にその中でも半導体レーザはそれを実現するためのキーデバイスとして位置付けられている。

　1960年にルビーレーザが最初に開発されたのを皮切りに、翌年の61年にガスレーザが、続いて62年にはGaAs系半導体レーザがGE・IBM・イリノイ大学などによりそれぞれ開発されている。当時の半導体レーザは繰り返し周波数がかなり長く、そのため数〜数十GHzクラスの変調速度であった。その後基礎的研究が進められ、ストライプ構造の半導体レーザが開発され、横モード制御によるビーム形状の向上の可能性が広がった。

　1970年代に入ってからは、低電流化や長寿命化、集積化の研究が著しく進んだ。低電流化ではGaAlAs二重ヘテロ接合技術の実用化があり、これにより連続動作化技術も確認された。また、長寿命化の研究では活性層内のダークラインの発生機構や反射鏡面の劣化、電極短絡減少の解明が進んだ。集積化では従来の結晶の開面を反射鏡として使用するファブリペロー半導体レーザに加えて、グレーティングやエッチング面を反射鏡とする分布帰還型（DFB）レーザや分布ブラグ反射型（DBR）レーザの開発がなされた。

　そのほかに1970年代は光ファイバ側の低損失化の動きに連動する形で、1.5μmGaInAsPの開発や単一モード発振の研究が大幅に進んだ年であった[1]。

　1980年代は光通信システムの実用化の年である。NTTによるFTTH(Fiber To The Home)構想が提唱されたのもこの時代である。1.3μm、1.5μm帯の長波長半導体レーザにより長距離伝送ファイバの敷設が我が国や欧米諸国で徐々に進められた。

　特に1985年以降、光通信システムに対する高伝送容量化ニーズが出現し、それに対応して半導体レーザも直接変調方式に加えて外部変調方式の研究が進み、この外部変調器をモノリシックに集積化した半導体レーザの開発が行われた。さらに伝送容量をより一層増大させるために波長分割多重（WDM; Wavelength Division Multiplexing）伝送システムの研

究が積極的に行われ、そこで使用されるDFBレーザやファイバアンプ励起用光源としての発振波長0.98μm、1.48μm帯の半導体レーザの開発が精力的に進められた。

主として長距離大容量伝送に使用されるDFBレーザの開発では、埋込構造として電流狭窄効果が高く、活性層への効率の良い電流注入を行うFBH (Flat-surface Buried Heterostructure) 構造などが開発され、低閾値電流と高発光効率が実現されている[2]。またこのFBH構造に関しては、加入者系を中心に使用されるファブリペロー型半導体レーザへの採用もなされており、電流狭窄効果の向上が図られている。

1990年代後半以降は光通信システムの普及は世界的規模で本格化し、それと前後する形でパソコンやインターネットの普及が急速に進んだ。これに伴い光通信システムに対する大容量化・高速化ニーズはますます強くなり、従来のWDMの概念からさらに大容量伝送を可能とする高密度波長多重 (DWDM ; Dense Wavelength Division Multiplexing) 伝送システムへと時代は移行した。これに対応する形で引き続き半導体レーザの研究はより進展する。

WDM用で使用される変調器集積化半導体レーザは、有機金属気相成長 (MOCVD) 法やガスソース分子線成長 (GSMBE) 法[3]により形成された活性層と光吸収層が共に多重量子井戸 (MQW ; Multiple Quantum Well) 構造となっており、レーザの発振波長を定めるための回折格子は埋込型がとられる[4]。この半導体レーザで最も重要な技術はGHzオーダーの高い精度で制御する発振波長制御技術である。発振制御技術では回折格子周期をウエハ内で自由に制御できる回折格子形成方法と、レーザ部の活性層、光吸収層と変調器部の吸収層とを合わせて発振波長ごとの波長組成をウエハ内で自由に制御できる結晶成長技術の開発が重要な要素技術である。

回折格子の形成では従来からのレーザによる二光速干渉露光法に代わって電子ビーム露光法による方法が実用化され、回折格子の絶対周期を高精度で制御することが可能となった。一方のレーザ部の活性層と光吸収層および変調器部の吸収層の結晶成長に関しては従来の液相成長法に代わり、半導体エッチングを不要とする選択MOVPE法 (Metalorganic Vapor Phase Epitaxy) が開発されている[5)6]。

ファイバアンプ励起用光源としては発振波長0.98μm、1.48μm帯の半導体レーザがあり、この用途では高出力化ニーズが強く、そのためさまざまな研究が行われている。そのうちの一つが高い内部量子効率を実現するための量子井戸活性層の導入である。1.48μmに関してはInP基板上のInPに格子整合したGaInAsP4元系混晶が形成されており、一方の0.98μmはGaAs基板上のInGaAs量子薄膜が形成され、それぞれ歪み多重量子井戸 (Strained Multi Quantum Well) 構造を持つ活性層として使用されている。これらの活性層の結晶成長法として有機金属気相成長 (MOCVD) 法や分子線成長 (MBE) が用いられている。レーザ構造は0.98μmでは活性層を加工しないリッジ導波路型が、1.48μmでは活性層の幅を2μm程度とした埋込型が主流となっている[7]。

そのほかに最近の光通信用半導体レーザの開発動向としては、活性層に半導体の極微細結晶である量子ドットを用いて100μA以下の電流で発振可能な低電流発振量子ドットレーザ[7]の開発などがある。

これらの光通信システムのほかにインターネットやパソコンの普及、そしてそれに平行する形で進展するマルチメディア化の流れは、膨大な情報を記憶する光記録技術、さらに

はそのキーデバイスとなる半導体レーザに対してさまざまなニーズをもたらしてきている。半導体レーザを使用した最初の記録媒体は1982年に登場したコンパクトディスク（CD）である。続いて書き換え可能な光ディスクメモリが実用化され、現在ではCD-R、CD-RW、DVD-RAMなど、さまざまな記録媒体が開発実用化されている。

　これら記録媒体に使用される記録用半導体レーザの開発は高出力化と短波長化の歴史であった。高出力化は光ディスクの高速記録再生化のためには重要な技術で、発振出力で再生専用の場合の5mW、書き換え可能光ディスクで30mW程の出力が要求される。また記録密度の向上では光ディスク上に集光された光スポット径をいかに小さくするかが重要で、そのためには光源の短波長化が有効な手段となる。発振波長は800nm近傍から可視光域の700nm、600nm台へと短波長化が進み、最近では400〜500nm台の青紫半導体レーザの開発が積極的に行われている。

　現在実用化されている青紫半導体レーザは、活性層にⅢ-Ⅴ族InGaN多重量子井戸構造を持ち、閉じ込め層にGaN、クラッド層にAlGaN/GaN超格子構造を用いた分離閉じ込め型レーザ構造であり[9]、発振波長400nm、発振出力5mW（定格）、寿命1万時間（5mW、+25℃動作時）が実現されている。また、クラッド層にAlGaN/InGaN、光閉じ込め層にGaN、活性層にInGaN多重量子井戸構造、さらに電子リークを抑制するために活性層とp-GaNの間に薄膜のp-AlGaNがSiC基板上に形成されたInGaNレーザの開発など[11]が報告されている。

　半導体レーザは小型軽量、高効率、長寿命などの優れた特徴を持ち、光通信システムや光記録メディアのキーデバイスとしてこれまで積極的に開発が進められてきたが、1990年代に入ってからこれらの特徴を生かすためにパワー分野での応用を目的とした高出力半導体レーザの開発が欧米および我が国において活発化してきている。

　現在固体レーザ用励起光源用光源や直接加工用光源、医療用光源として需要が拡大している高出力半導体レーザとしては、活性層にAlGaAsを使用し780〜810nmの発振波長を持つタイプのものが一般的であるが、AlGaAs結晶は、結晶内にAlを含むためレーザの出射面が酸化され、発熱により劣化することが問題になっている。最近ではその対応としてMEB法やMOCVD法により結晶成長させたInGaAsP系Alフリー活性層による半導体レーザの開発が進められている[12]。

　本書では、半導体レーザの活性層に関わる出願を行っている代表的な企業の技術開発を中心に半導体レーザの活性層技術を探ることにする。

参考文献
1) 末松　安晴　電子情報通信学会誌 Vol.83　No1　"半導体レーザの歩み"
2) 河村ほか　FUJITSU.43.1,pp.3-10(01,1992)
3) 清水　均ほか　古河電工時報　平成11年7月
4) 石村　榮太郎　電子材料　1999.11
5) 山口昌幸　電子情報通信学会誌 Vol.82　No7　"WDM用半導体光源"
6) 小松　啓郎　電子材料　1999.11
7) 粕川ほか　古河電工時報　平成12年1月　大105号
8) 菅原　充　電子材料　1999.11
9) 小山　二三夫　O plus E.2000.9

10）中村　修二　応用物理　第68巻　第7号(1999)
11）倉又　朗人ほか　応用物理　第68巻　第7号(1999)
12）宮島　博文ほか　「第4回フォトン・計測・加工技術」ｼﾝﾎﾟｼﾞｭｳﾑ講演集

1.1.2 半導体レーザの基本構造

　本テーマは半導体レーザの活性層と技術範囲が詳細である為、先ず半導体レーザの一般的な層構成および作用を以下に簡単に説明することで、各層の役割および活性層の位置付けを理解いただく。

図1.1.2-1 一般的な半導体レーザの層構造

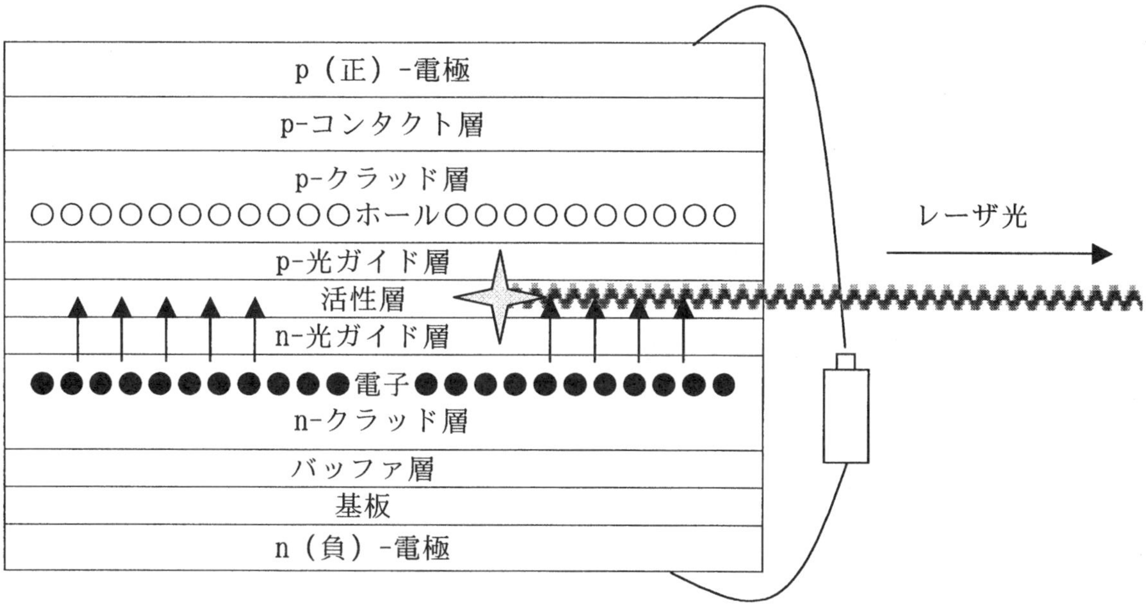

| p（正）-電極 |
| p-コンタクト層 |
| p-クラッド層 |
| ○○○○○○○○○○○○ホール○○○○○○○○○○○○ |
| p-光ガイド層 |
| 活性層 |
| n-光ガイド層 |
| ●●●●●●●●●●●●電子●●●●●●●●●●●● |
| n-クラッド層 |
| バッファ層 |
| 基板 |
| n（負）-電極 |

レーザ光 →

(1) 主な層の説明

電極　　　　：電源と接続するための層
コンタクト層：クラッド層と電極をつなぐための層
クラッド層　：主に、pnを接合する活性層の接合領域の電子密度およびホール密度を高める（ホール密度が高い状態は電子が少ない状態）層。後述の光ガイド層と同様に光を活性層に閉じ込める機能もある。
光ガイド層　：発光した光を活性層に閉じ込める層
活性層　　　：注入されたキャリア（電子・ホール）が再結合し、この層の物性であるバンドギャップエネルギーに応じた波長の光を発光する層
バッファ層　：基板上に直接他の層を形成すると結晶性が悪くなるため、このバッファ層を介して形成し、結晶性を高める層

(2) レーザ光発生の作用

　図1.1.2-1に示すように、電極を介して電流注入を行うと、n（負）側から多くの電子がp（正）側へ集まるとともに、p側からも多くの（電子と結合するための）ホールがn側に注入される。そして、p-n接合されている活性層近辺の領域で、集められた電子とホールが再結合し、再結合したときに光が誘導放出される。誘導放出された光は、光ガイド層間に閉じこめられ、光ガイド層間を繰り返し反射することで、レーザ光として放出される。

　活性層の発行効率を向上させるために、バンドギャップの小さい層（井戸層）をバンドギャップの大きい層（バリア層）で挟んだ（サンドイッチ状態にした）ものを活性層として形成することがある。この構造を量子井戸構造という。近年、さらに、発光効率を向上させるために、量子井戸構造を何重にも積層した多重量子井戸構造が主流になってきてい

る。多重量子井戸構造には、閾値電流の低減、発光効率が高く高出力であるなどさまざまな利点がある。

1.1.3 半導体レーザの活性層の技術体系

　現在の半導体レーザは光導波路に沿った電流路をストライプ状にするストライプ構造をもつものがほとんどである。そして、1991年以降の出願についてみると、Ⅲ-Ⅴ族活性層をもつ半導体レーザは全体の90％であり、活性層を多重量子井戸で構成するものは79％であった。このことから、活性層に多重量子井戸を採用するⅢ-Ⅴ族ストライプ構造半導体レーザ技術を本解析対象にした。

　次頁に、本解析対象である半導体レーザの活性層の構成技術を図示する。

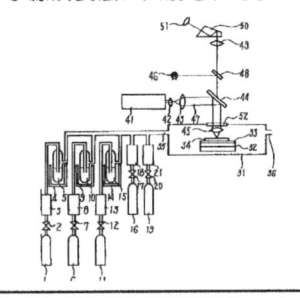

図1.1.3-1 半導体レーザの活性層の構成技術

ストライプ構造
レーザ光が活性層劈開面全領域から出るのを防止するため、電流の流れたところだけにレーザ発振が生じることを利用し、ストライプ状の領域に電流が流れるようにし、その領域に電子を閉じ込める構造。

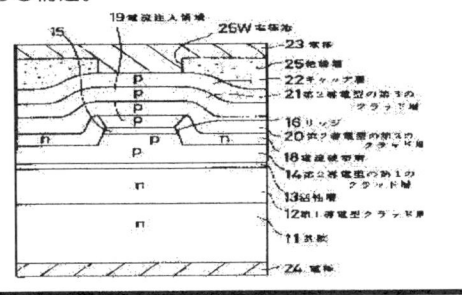

多重量子井戸
活性層に層厚が10nm以下の井戸層と障壁層（図中バリア層）を交互に積層することで作製する構造。状態密度が変化し、高出力化する。

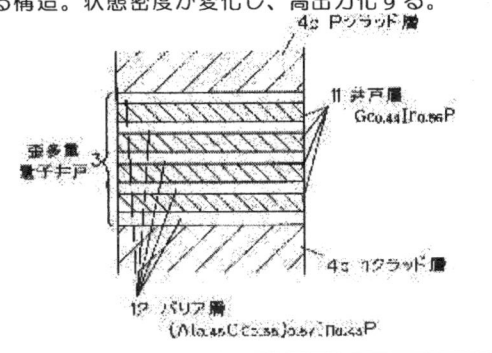

基本構造

クラッド層
p-nを接合する活性層の接合領域の電子密度およびホール密度を高める（ホール密度が高い状態は電子が少ない状態）層。

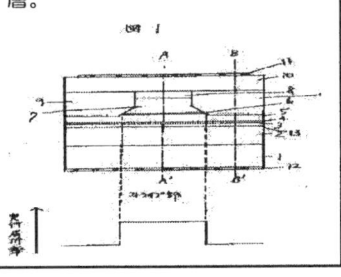

光ガイド層
光ガイド層は活性層に光を閉じ込める層であり、活性層内の光密度を調整する。

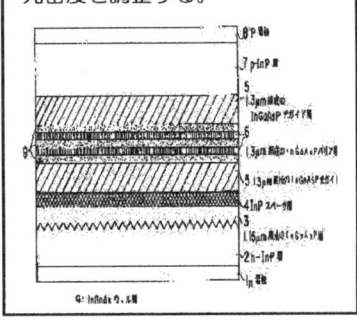

活性層埋込構造
活性層の左右に埋め込み層を作製することにより、縦横両方向でダブルヘテロのような構造を構成し、活性層に光をより閉じ込めることができる。

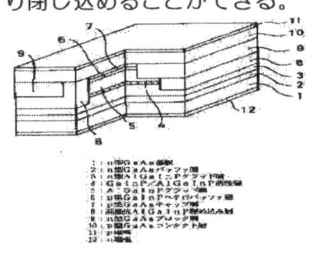

3元系活性層 4元系活性層
3元系は、元素を3種類用いたものであり、組成の変化によりエネルギーギャップを連続的に調節することができる。4元系は、元素を4種類用いたものであり、屈折率、格子定数なども調節できる。

製造技術

エッチング
作製した層を化学薬品、反応性のガスなどで削る技術であり、例えば活性層埋込構造製造時に、活性層を削るのに用いられる。

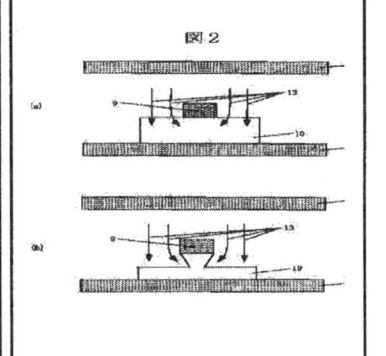

ドーピング
ドーパントを半導体層中へ導入する技術でイオン注入などで行われる。

結晶成長
各層を作製する技術で、化学反応を利用した有機金属気相成長法と、蒸着のような分子線成長法に大別される。

材料技術

ドーパント材料
ドーパント材料の種類により、層の電導型をn型もしくはp型に設定することができる。

表1.1.3-1 半導体レーザの活性層の技術 (1/3)

技術要素		解説
基本構造	1) 3元系（活性層に元素が3種類用いられているもの）	3元系は、それぞれの組成を変化させることによりエネルギーギャップを連続的に調節することができ、発光波長の設定が行いやすいところに特徴がある。 　具体的には例えば、高速光データリンクや光メモリー用光源として今後の需要拡大に期待がかかる面発光レーザでは、InGaAs を用いるものもあり、発信波長 670nm 帯の高出力赤色半導体レーザでは、活性層に GaInP などが使用されている。 　また、昨今注目されている青紫色半導体レーザは、InGaN などの多重量子井戸構造による活性層が使用されている。 　また 1.3μm 帯の半導体レーザでは4元系 GaInAsP 系材料が一般的に使用されているが、より低閾値化を目指して3元系 InAsP 材料の開発が進められている。
	2) 4元系（活性層に元素が3種類用いられているもの）	4元系は、3元系のメリットに加えて、屈折率、格子定数なども調節することができるという特徴がある。 　1970年代後半には GaInAsP により 1.3μm 帯や 1.5μm 帯長波長半導体レーザが開発され、1980年代からの長波長単一モード光通信システム実用化に大きく貢献した。 　また発振波長 1.48μm のファイバアンプ用励起光源は、高い量子井戸効果が要求されることから、InP 基板上に格子整合した GaInNAs 4元系混晶が形成される。さらに最近ではより温度特性に優れた AlGaInAs 系材料の開発が進められている。 　そのほか、光ディスク用で使用される 670nm 半導体レーザには AlGaInP 系材料が使用されている。面発光レーザに関しては、1.3μm 帯での実現を目指して、GaInNAs 材料での実用化に期待がかかっている。
	3) 光ガイド層	光ガイド層は活性層内の光密度を調整する役割を持つもので重要である。 　具体的には例えば、1.3、1.5μm 帯長波長半導体レーザでは InGaAsP 系などの材料が、また 780nm 帯高出力半導体レーザでは AlGaAs 系などの材料がそれぞれ光ガイド層に使用され、Al 組成比および層厚により活性層の光密度調整を行っている。 　青紫半導体レーザでは GaN などによる光ガイド層が用いられている。
基本構造	4) クラッド層	pn を接合する活性層の接合領域の電子密度およびホール密度を高める為のものである。 　具体的には例えば、長波長帯の光通信用半導体レーザにおいては InP などのクラッド層が一般的に使用される。またリッジ導波路型による光通信用や 780nm、670nm 帯の高出力半導体レーザなどでは AlGaAs や AlGaInP をクラッド層とするものもある。 　青紫半導体レーザでは、クラッド層として AlGaN/GaN を用いた分離閉じ込め型レーザや、AlGaN/InGaN を用いた InGaN レーザなどが開発されている。

表1.1.3-1 半導体レーザの活性層の技術（2/3）

	技術要素	解説
基本構造	5）活性層埋込構造	長距離大容量伝送で使用される DFB レーザや一般加入者系を中心に使用されるファブリペロー型半導体レーザでは、通常、活性層に多層膜を形成させた多重量子井戸（MQW）構造による BH (Buried Heterostructure) 構造がとられるが、さらに電流狭窄効果が高く、活性層へ高効率な電流注入を行うことができる FBH (Flat-surface Buried Heterostructure) 構造などが開発され、低閾値電流化と高発光効率化が実現されている。 　光ファイバアンプ用で使用される 1.48μm 帯半導体レーザでは横方向の光閉じこめおよび低消費電力化を目的に、活性層を 2μm 程度にした BH 構造が通常とられる。 　AlGaAs 系の 780nm 帯、680nm 高出力半導体レーザなどでは、通常 DH(Double Heterostructure)構造が広く用いられてきたが、より一層の高出力化を図るために光密度を低減しても閾値電流を小さく維持できる TQW—SCH(Triple Quantum Well Separate Confinement Heterostructure) といった構造なども開発され実用化されている。
材料技術	6）ドーパント材料	ドーピングは、層の純粋な結晶に微量の不純物を添加（ドープ）することにより、電気的物性の調節を行う技術である。添加（ドーピング）する材料を変更することにより、層の p・n（正・負）の性質やをキャリア濃度（電子濃度・ホール濃度）の調節を行うことが可能になる。不純物の主な種類として、Si,Mg,Zn などが挙げられる。
製造技術	7）結晶成長	特に、青色光の製造実現に際して問題となったのが結晶成長であったため、結晶成長技術は注目されている技術である。 　変調器集積型半導体レーザや高出力化ニーズの強いファイバアンプ励起用の 0.98μm、1.48μm 帯の半導体レーザ、高歪み量子井戸活性層を使った面発光レーザ、光ディスク用などで使用される高出力半導体レーザなどでは、活性層を中心に従来の液相成長法に代わり、気相成長法の MOCVD (Metal Organic Chemical Vapor Deposition) や MBE（分子線エピタキシャル成長）法が一般的に使用されている。 　また最近ではウエハ内で半導体組成の制御を自由に行うことができる選択 MOVPE (Metal Organic Vapor Phase Epitaxy) 法が開発され、より一層の低コスト化や高性能化を目指した半導体レーザの開発が行われている。
	8）ドーピング	Si,Mg,Zn などの不純物元素を結晶内に添加する技術。ドーピング方法には、熱拡散法、イオン注入法などの拡散技術や、超格子構造の無秩序化などがある。

表1.1.3-1 半導体レーザの活性層の技術（3/3）

技術要素		解説
製造技術	9）エッチング	最近は従来からの液体化学薬品を用いたウエットエッチングから気体ガスを使用したドライエッチングへと加工方法が変わってきており、より精密なパターン形成が行われるようになってきている。 　また、最初に誘電体マスクを基板上に形成し、マスクのない領域にだけ結晶を成長させる全選択MOVPE法が開発されたことで、DHメサの形成において、ダイレクトに導波路を形成することができるようになった。 　リッジ導波路型レーザでは、そのリッジ型導波路の形成に際してはコンタクト層とクラッド層を通常のエッチングで除去し、ストライプ構造を作成することも行われている。

1.2 半導体レーザの活性層技術の特許情報へのアクセス

半導体レーザの活性層技術に関する特許調査を行う場合の参考として、FT（Fターム）、FI（ファイル インデックス）、IPC分類を使用した検索式を紹介する。

表1.2-1 半導体レーザの活性層技術のアクセスツール

テーマ	検索式
半導体レーザの活性層 （Ⅲ-Ⅴ族半導体 多重量子井戸 ストライプ構造）	FT=((5F073AA74*5F073CA01*5F073AA01)+((5F073AA74*5F073CA01)#(5F073AA41+5F073AA42+5F073AA61+5F073AA62+5F073AA81+5F073AA89)))-①

表1.2-2 半導体レーザの活性層技術要素のアクセスツール

	技術要素	検索式	概要
基本構造	1.3元系活性層	①*5F073CA03	活性層もしくはクラッド層がⅢ-Ⅴ族半導体の3元系である技術
	2.4元系活性層	①*5F073CA11	活性層もしくはクラッド層がⅢ-Ⅴ族半導体の4元系である技術
	3.光ガイド層技術	①*5F073AA76	超格子構造をもつ光ガイド層
	4.クラッド層技術	①*5F073AA77	超格子構造をもつクラッド層
	5.活性層埋込構造	①*5F073AA88	半導体レーザの端部で活性層を埋め込んだ技術
材料技術	6.ドーパント技術	①*5F073CB13	活性層に添加するドーパント材料に特徴がある技術
製造技術	7.結晶成長	①*5F073DA01	結晶成長に特徴のある技術
	8.ドーピング	①*5F073DA11	ドーピング法に特徴のある技術
	9.エッチング	①*5F073DA21	エッチング法に特徴のある技術

注）①は本解析範囲のベース集合である表1.2-1の検索式①を表す

なお、上記検索式は本解析範囲を指定するためのものである。一般的には以下の検索式も参考にしていただきたい。

表1.2-3 半導体レーザの活性層関連技術のアクセスツール（1/3）

技術範囲		検索式	概要
1）用途			
	光通信	FT=5F073BA01	光通信の光源、光通信の通信用などの光通信技術
	光ピックアップ	FT=5F073BA04	VD、DAD、CD用ピックアップ、光ディスク用ピックアップなどの情報の読み取り用に用いる技術

表1.2-3 半導体レーザの活性層関連技術のアクセスツール (2/3)

技術範囲			検索式	概要
2)構造	Ⅲ-Ⅴ族	2元	FT=5F073CA02+IC=H01S/323	活性層がⅢ-Ⅴ族である2元系
		3元	FT=5F073CA03+IC=H01S/323	活性層が GaAlAs、InGaP などのⅢ-Ⅴ族である3元系
		4元	FT=5F073CA11+IC=H01S/323	活性層が InGaAsP、InGaAlP などのⅢ-Ⅴ族である4元系
		5元以上	FT=5F073CA18+IC=H01S/323+ H01S/343	活性層が InGaAlAsP などのⅢ-Ⅴ族である5元系以上
	Ⅳ-Ⅵ族		FT=5F073CA21	活性層がⅣ-Ⅵ族
	Ⅱ-Ⅵ族		FT=5F073CA18+IC=H01S/327+ H01S/347	活性層が ZnCdSe などのⅡ-Ⅵ族
	量子井戸	単一	FT=5F073AA73+IC=H01S5/34	単一量子井戸(SQW)構造の活性層
		多重	FT=5F073AA73+IC=H01S5/34	多重量子井戸(MQW)構造の活性層
	超格子		FT=5F073AA72+IC=H01S5/34	超格子構造の活性層
	PN接合		IC=H01S5/32+IC=H01S5/34	ヘテロ、ダブルヘテロ接合などの pn 接合
	活性層埋込構造		FT=5F073AA72+IC=H01S5/223+ IC=H01S5/227	端部で活性層を埋め込んだもの
	分布		FT=5F073AA31	不純物分布や形状分布などの活性層に屈曲率分布をもたせた構造
	光共振器		FT=H01S5/10	光共振器
3)製造方法	結晶成長		FT=5F073DA01	LPE,VPE,MBE などの結晶成長方法
	ドーピング		FT=5F073DA11	熱拡散、イオン注入、超格子構造の無秩序化などのドーピング方法
	熱処理		FT=5F073DA16	レーザーアニールなどの熱処理方法

表1.2-3 半導体レーザの活性層関連技術のアクセスツール (3/3)

	技術範囲	検索式	概要
3)製造方法	エッチング	FT=5F073DA21	ウエットエッチング、ドライエッチングなどのエッチング方法
	酸化処理	FT=5F073DA27	陽極酸化、プラズマ酸化などの酸化処理方法
	電極形成	FT=5F073DA30	半導体レーザの電極形成方法
	共振器面形成	FT=5F073DA31	へき開面形成などの共振器面形成方法
	端面被膜	FT=5F073DA33	端面被膜形成方法
	素子分割	FT=5F073DA34	レーザースクライブ法などの素子分割方法
4)材料	ドーパント	FT=5F073CB13	活性層用のドーパント材料
5)活性層周辺	電極	FI=H01S5/042,612	プレーナ型、タンデム型などの電極構造
	コンタクト層	FI=H01S5/042,614	コンタクト層
	バッファ層	FT=5F073CB06	均一層、グレーテッド層、歪超格子層などのバッファ層
	クラッド層	FT=5F073AA77	超格子からなるクラッド層
	埋込層	FT=5F073AA21	BH、DC-PBHなどの埋込型の活性層
	光ガイド層	FT=5F073AA43	LOC、SCHなどの光ガイド層

表1.2-4 半導体レーザの活性層周辺技術のアクセスツール

関連分野	関連FI・Fターム
マウント・ハウジング	H01S5/02
コーティング(被膜)	H01S5/028
励起方法・励起装置	H01S5/04
レーザ出力パラメータの制御	H01S5/06
光共振器の構造・形状	H01L5/10
光導波構造・形状	H01S5/20
2以上の半導体レーザの配列	H01S5/40

注)先行技術調査を完全に漏れなく行うためには、調査目的に応じて上記以外の分類も調査しなければならないことも有り得ますので、ご注意ください。

1.3 技術開発活動の状況

1.3.1 半導体レーザの活性層

図1.3.1-1に、3元系活性層の出願人数と出願件数の推移を示す。

1998年に出願人数、出願件数共に減少するものの、89年以来順調に出願人数、出願件数が増えてきており、半導体レーザの活性層技術の開発は、年々盛んになってきているといえる。これは、IT産業の発展に伴う光通信設備、光記憶装置などで使用される半導体レーザのニーズが高まってきているためと思われる。

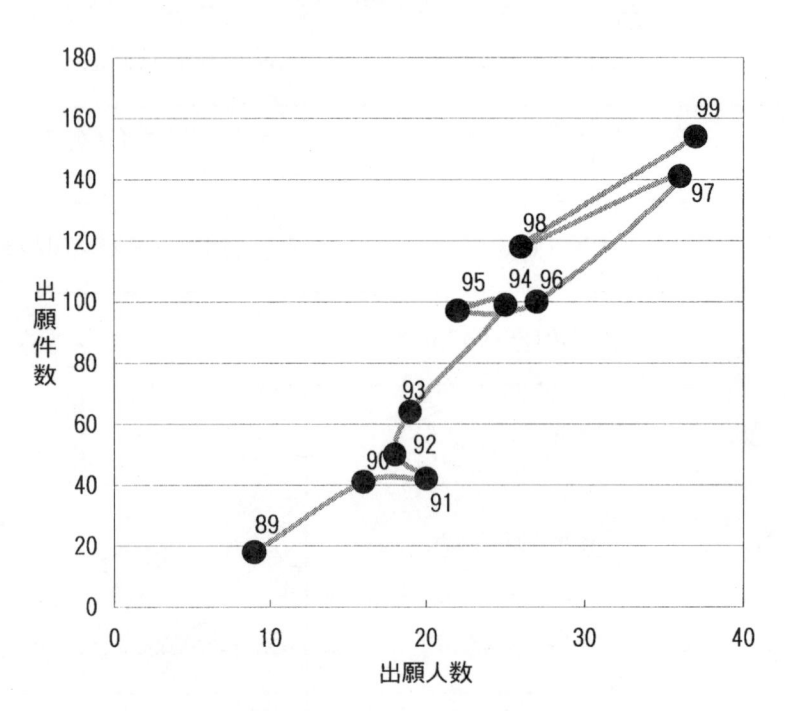

図1.3.1-1 出願人数-出願件数の推移

表1.3.1-1に主要出願人の出願状況を示す。

日本電気は出願件数がきわめて多く、かつ1989年ごろから継続的に出願している。出願件数第2位以降は三菱電機、日立製作所と出願件数に大差なく続いている。ほとんどの企業は88年から91年（もしくはそれ以前）から出願しているが、日亜化学工業・沖電気工業・富士写真フィルム・豊田合成・リコー・三菱化学は94年から96年ごろから出願が増えている。

表1.3.1-1 主要出願人の出願状況（1/2）

出願人	88	89	90	91	92	93	94	95	96	97	98	99	00	合計
日本電気		3	8	10	8	25	17	19	19	19	23	29	1	181
三菱電機			2	1	7		10	16	8	11	6	4		65
日立製作所		4	1		6	4	6	6	5	18	9	6		65
シャープ			4		5	2	2	2	5	10	11	22	1	64
松下電器産業	1	1	1	1	3	10	8	1	11	4	5	11		57
日本電信電話		1	5	3	6	5	8	9	3	9	1	4		54
富士通		1	4		2	1	6	7	8	8	6	2	1	46
ソニー				2		1	2	5	4	10	13	8		45
東芝		4	5	4	2	1	2	4	5	8	5	4		44
三洋電機				1	2		7	6	2	3	6	10		37

表1.3.1-1 主要出願人の出願状況（2/2）

出願人	88	89	90	91	92	93	94	95	96	97	98	99	00	合計
日亜化学工業									3	10	13	10	1	37
キヤノン			4	4		3	8	4	7	1		1		32
古河電気工業	2	1		3	2	1	2	3	5	1	4	4		28
沖電気工業							4	3	1	5	2	1		16
富士写真フィルム							2			2	2	6	1	13
豊田合成								1	4	3		5		13
リコー									2	1	1	5	1	10
三菱化学							2			1	2	4		9
住友電気工業	1		1			1	1		1	1	2	1		9
ゼロックス				2	1	2			1	1		1		8

1.3.2 基本構造

(1) 3元系活性層

図1.3.2-1に、3元系活性層の出願人数と出願件数の推移を示す。

全体としてみれば、出願件数・出願人数とも増加傾向を示している。

1990年以前は、出願人数は10人以下であったが、94年に出願人数が15人を超えてからは、出願人数15人以上を保持しており、本テーマ全体傾向と同様94年以降に参入企業が増加している。

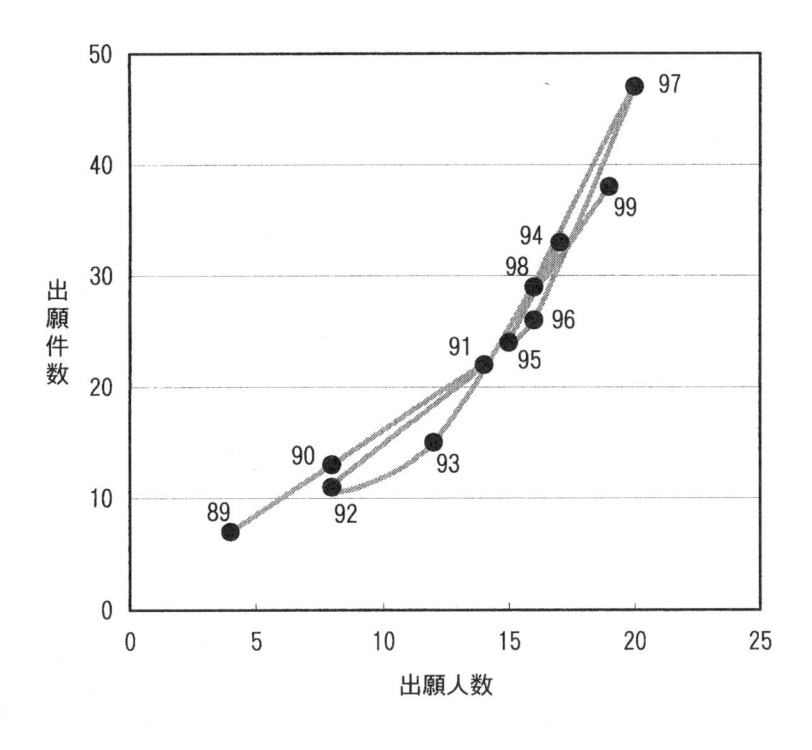

図1.3.2-1 出願人数-出願件数の推移

表1.3.2-1に主要出願人の出願状況を示す。

1989年～93年までは、日本電気などの電機系企業の出願が多かったが、94年以降は、電機系企業に加え、三菱化学・日亜化学工業などの化学企業や、富士写真フィルム・豊田合成など企業から出願がなされている。これも全体傾向と同様である。

表1.3.2-1 主要出願人の出願状況

企業名	89	90	91	92	93	94	95	96	97	98	99	計
日本電気		3	6	2	3	5	2	6	7	4	5	43
日立製作所	4			3	2	5	3	4	5	3		29
三菱電機		2		1		2	3	1	6	2	1	18
日本電信電話	1	2	1	1	1	3	3		5		1	18
東芝			1	1	1		2	3	2	1	4	15
キヤノン		2	2		1	4	2				1	12
シャープ				1			1	5	2		2	11
三洋電機			1			2	1		2	2	3	11
松下電器産業	1		1		1	1		3	1		2	10
日亜化学工業									3	2	5	10
ソニー			2				1		1	3		7
古河電気工業			1			1	1	1	1	2		7
三菱化学						1			1	2	3	7
富士通	1	1		1		1	1	1	1			7
ゼロックス			2		1			1				4
住友電気工業							1		1		1	3
富士写真フィルム						1			1		2	4
豊田合成							1	2			1	4
沖電気工業						1				1		2
リコー										1		1

(2) 4元系活性層

図1.3.2-2に、4元系活性層の出願人数と出願件数の推移を示す。

1994年までは出願件数・出願人とも増加傾向にあったが、95年以降、出願人数は減少していないものの、出願件数は伸び悩んでいる。

図1.3.2-2 出願人数-出願件数の推移

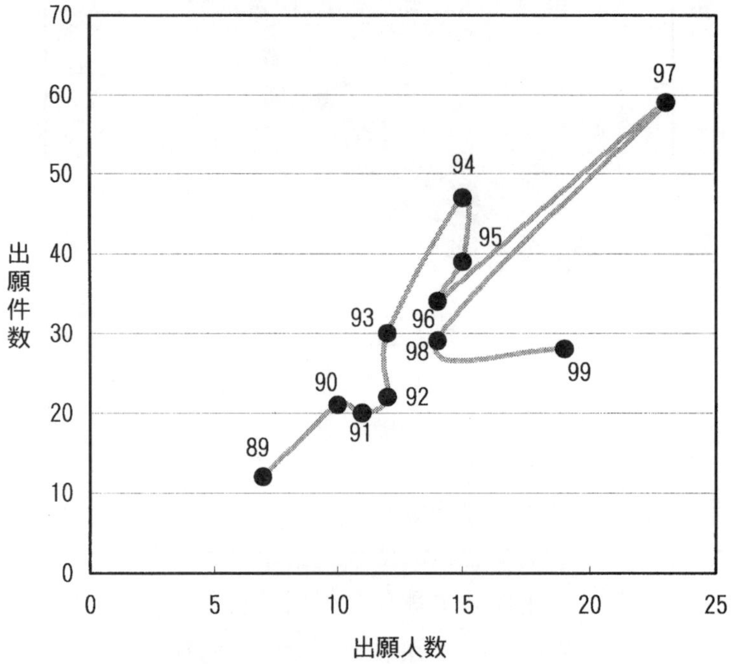

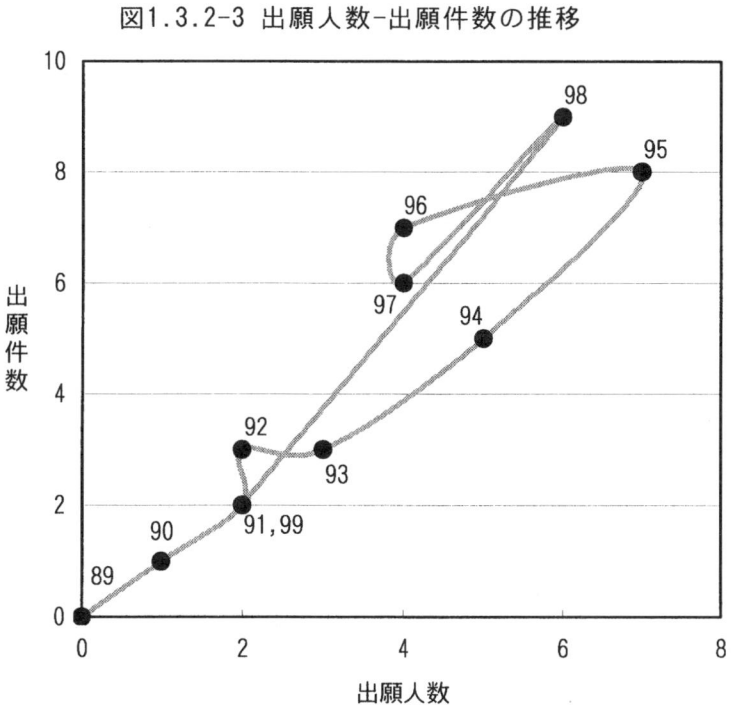

表1.3.2-2に主要出願人の出願状況を示す。

出願件数が最も多い日本電気（計81件）は、出願件数2位の日立製作所に比べ、約3倍の出願がなされている。

全体として電機系企業の出願が多いが、1994年以降は、電機系企業に加え、日亜化学工業・富士写真フィルムなどの企業からも出願がなされている。

表1.3.2-2 主要出願人の出願状況

企業名	89	90	91	92	93	94	95	96	97	98	99	計
日本電気	3	4	7	5	13	12	8	6	13	3	7	81
日立製作所	3	1		3	2	3	3	2	6	3	2	28
日本電信電話		3	1	2	1	4	8	2	4		1	26
富士通	1	3		1		4	4	5	4	1	1	24
松下電器産業	1			1	5	5	1	7	2			22
東芝		4	4	2	1	2	1	3	5		1	23
三菱電機		2				2	3	2	4	5	1	19
古河電気工業	1		2	2		1	2		1	3	2	16
シャープ		1		3	1				2	2	2	11
ソニー			1				1	1	4	3	1	11
三洋電機				2		4	2		1		2	11
キヤノン					1	3	2	2			1	9
沖電気工業						3			2		1	6
住友電気工業		1		1	1		1		1	1		6
富士写真フィルム						1			1	2	1	5
日亜化学工業									2	2		4
ゼロックス				1	2							3
リコー										1		1
豊田合成										1		1

(3) 光ガイド層

図1.3.2-3に、光ガイド層の出願人数と出願件数の推移を示す。

1995年までは出願件数・出願人数とも増加傾向にあったが、96年以降、成熟の段階に入っている。

図1.3.2-3 出願人数-出願件数の推移

表1.3.2-3に主要出願人の出願状況を示す。

日本電気などの電機系企業の出願がほとんどである。そして1990年前半に出願を行っている企業は、90年から95年に出願が集中している。97年以降の出願は、95年以降参入の出願人がほとんどである。

表1.3.2-3 主要出願人の出願状況

企業名	89	90	91	92	93	94	95	96	97	98	99	計
キヤノン						1	2	3				6
日亜化学工業									2	3		5
日本電気		1	1		1		1		1			5
日本電信電話			1	2	1		1					5
松下電器産業					1		1	2				4
日立製作所						1	1			2		4
シャープ									2		1	3
三菱電機						1		1	1			3
東芝							1			1		2
ゼロックス									1			1
沖電気工業										1		1
古河電気工業								1				1
三洋電機							1					1
住友電気工業										1		1

(4) クラッド層

図1.3.2-4に、クラッド層の出願人数と出願件数の推移を示す。

1996年までは出願人数は3人以下であったが、99年に出願人数が8人となり、近年多くの企業に本技術要素が注目され始めたと思われる。

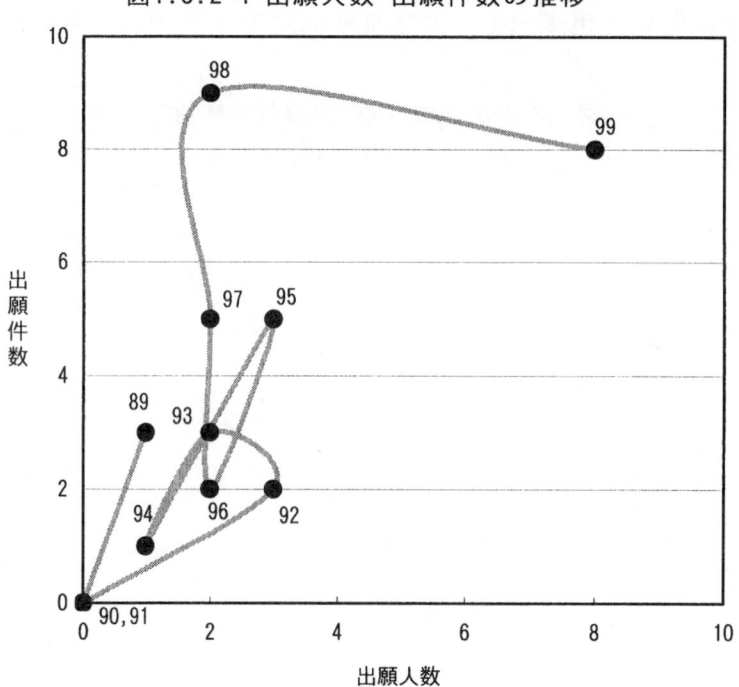

図1.3.2-4 出願人数-出願件数の推移

表1.3.2-4に主要出願人の出願状況を示す。

出願件数が最も多い日亜化学工業（計12件）は、1997年より出願がなされている。

表1.3.2-4 主要出願人の出願状況

企業名	89	90	91	92	93	94	95	96	97	98	99	計
日亜化学工業									4	7	1	12
日本電気				2			1	1	2	1		7
東芝	3									1		4
日立製作所				1	1			1				3
シャープ							1			1		2
ソニー							2					2
三菱電機							2					2
ゼロックス										1		1
三洋電機						1						1
松下電器産業										1		1
富士写真フィルム										1		1

（5）活性層埋込構造

図1.3.2-5に、活性層埋込構造の出願人数と出願件数の推移を示す。

出願件数・出願人数とも増減を繰り返しており、特に傾向はみられない。

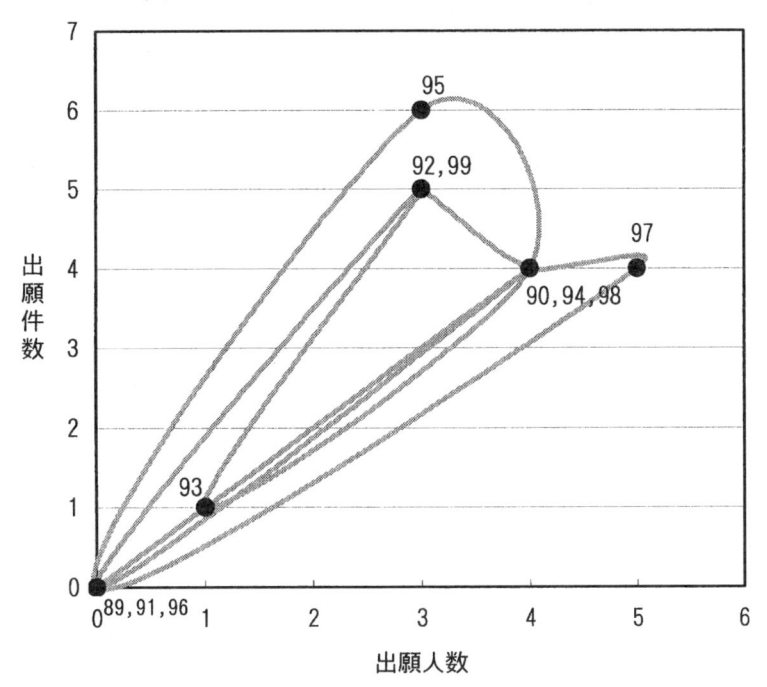

図1.3.2-5 出願人数-出願件数の推移

表1.3.2-5に主要出願人の出願状況を示す。

件数は少ないながらも、日本電気・富士通は近年継続的に出願を行っている。これに対し、日本電気・富士通以外は単発で出願を行っている。

表1.3.2-5 主要出願人の出願状況

企業名	89	90	91	92	93	94	95	96	97	98	99	計
日本電気		1					4		1	1	3	10
富士通						1			1	1	1	4
沖電気工業						1	1					2
日本電信電話				1	1							2
日立製作所						1			1			2
キヤノン		1										1
シャープ		1										1
ソニー										1		1
三菱化学											1	1
三洋電機						1						1
住友電気工業										1		1
松下電器産業				1								1

1.3.3 材料技術

(1) ドーパント材料

図1.3.3-1に、ドーパントの出願人数と出願件数の推移を示す。

1996年までは出願件数・出願人とも増加傾向にあったが、97年以降出願件数・出願人数ともに大きな変化はない。

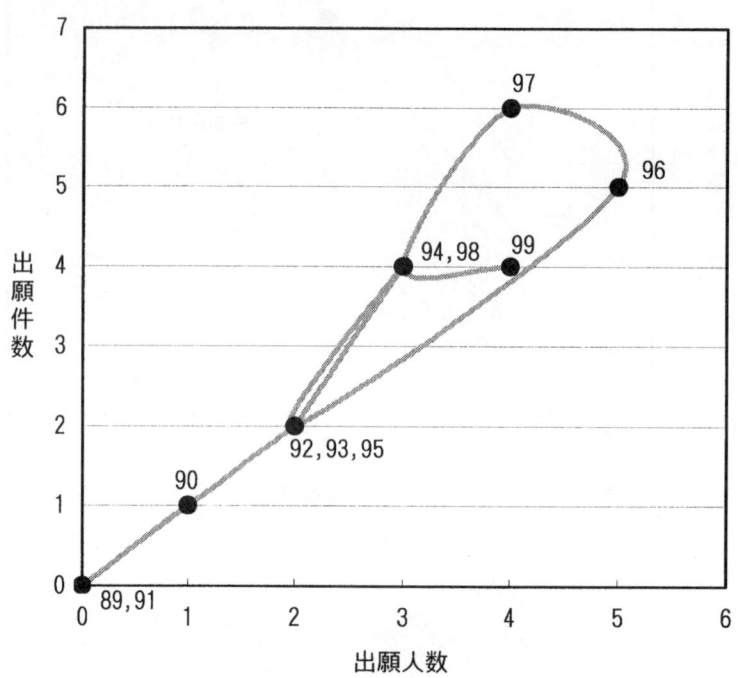

図1.3.3-1 出願人数-出願件数の推移

表1.3.3-1に主要出願人の出願状況を示す。

件数は少ないながら、日亜化学工業・ソニーなどから出願がなされている。

表1.3.3-1 主要出願人の出願状況

企業名	89	90	91	92	93	94	95	96	97	98	99	計
松下電器産業		1						1			2	4
日亜化学工業									1	2	1	4
日本電信電話					1	1			2			4
ソニー									2	1		3
日立製作所				1		1				1		3
シャープ							1	1				2
三菱電機						2						2
東芝					1			1				2
三洋電機											1	1
豊田合成								1				1

1.3.4 製造技術
(1) 結晶成長

図1.3.4-1に、結晶成長の出願人数と出願件数の推移を示す。

全体としてみれば、出願件数・出願人数とも増加傾向を示しており、本技術要素は製造方法として注目されていると思われる。

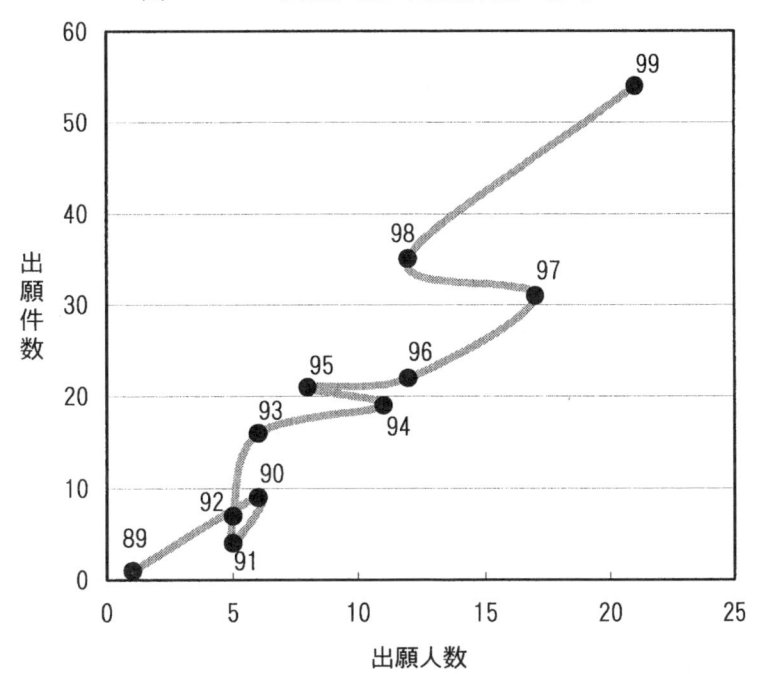

図1.3.4-1 出願人数-出願件数の推移

表1.3.4-1に主要出願人の出願状況を示す。

出願件数が最も多い日本電気（計61件）は、出願件数2位のシャープに比べ、約3倍の出願がなされており、1993年以降出願件数が増加している。97年以降に出願件数が増加している企業は、シャープ・ソニー・日亜化学工業・三洋電機・リコー・日立製作所そして豊田合成である。

表1.3.4-1 主要出願人の出願状況

企業名	89	90	91	92	93	94	95	96	97	98	99	計
日本電気	1	3	1	1	8	3	9	7	9	8	11	61
シャープ		1			1	1		1	1	7	7	19
ソニー					1			2	3	5	5	16
松下電器産業				1	2	5		1	1	3	2	15
富士通		1			1	2	3	2	1	4		14
三菱電機				3		1	2	1	1	1	1	10
古河電気工業			1			1	2	1			3	8
三洋電機								1	1	3	3	8
日亜化学工業									1	2	5	8
日本電信電話		1		1	3	1			1		1	8
キヤノン		1	1			2		2				6
リコー									1		5	6
沖電気工業						1	2	1	2			6
東芝		2						2	2			6
日立製作所									2	2	2	6
豊田合成									3		2	5
富士写真フィルム											2	2

(2) ドーピング

図1.3.4-2に、ドーピングの出願人数と出願件数の推移を示す。

全体としてみれば、出願件数・出願人数とも増加傾向を示している。

1993年以前は、出願人数は5人以下であったが、94年以降、出願人数が8人以上を保持しており、近年注目されている技術であると思われる。

図1.3.4-2 出願人数-出願件数の推移

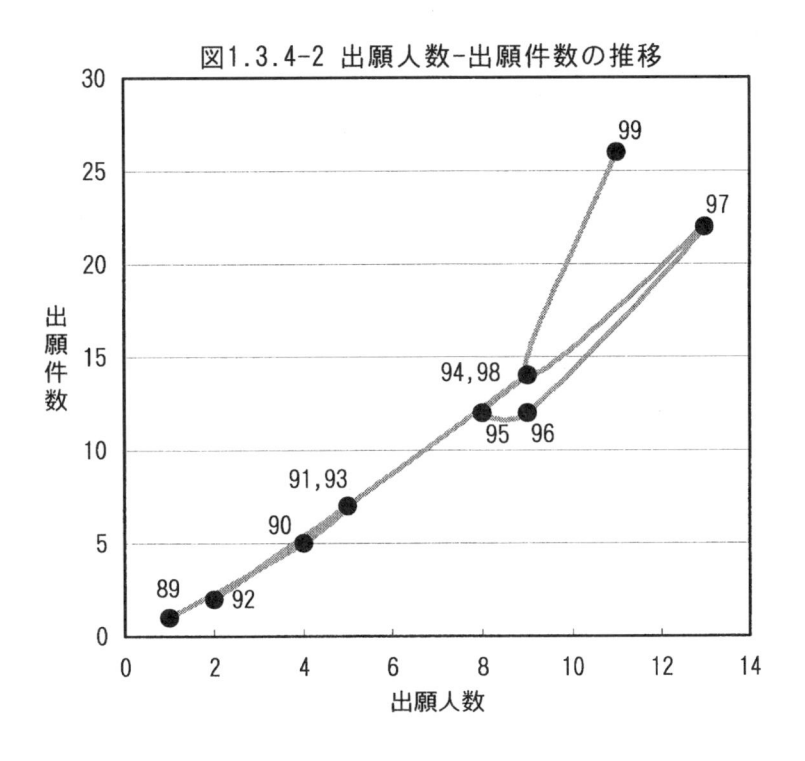

表1.3.4-2に主要出願人の出願状況を示す。

出願件数上位の企業である日本電気から日本電信電話は古くから継続的に出願している。また、日本電気・シャープ・ソニーそして松下電器産業は、1999年の出願が増加している。

表1.3.4-2 主要出願人の出願状況

企業名	89	90	91	92	93	94	95	96	97	98	99	計
日本電気		2	2		2	2	2	1	1	3	6	21
三菱電機		1	1			5	2	2	3	1	1	16
シャープ		1		1		1			1	1	6	11
ソニー			1			1		1	3	1	3	10
松下電器産業		1		1	1			1		1	4	9
東芝	1					2			1	3	1	8
日本電信電話			1		2	1			3		1	8
日立製作所									5	2		7
三洋電機							2				2	4
日亜化学工業								3	1			4
キヤノン					1	1	1					3
古河電気工業									1	1	1	3
リコー									1	1		2
富士通					1							1
豊田中央研究所										1		1

(3) エッチング

図1.3.4-3に、エッチングの出願人数と出願件数の推移を示す。

1994年までは出願件数・出願人とも増加傾向にあったが、95年以降出願件数・出願人数ともにほぼ一定であり、特に、出願人数の変化が少ない。

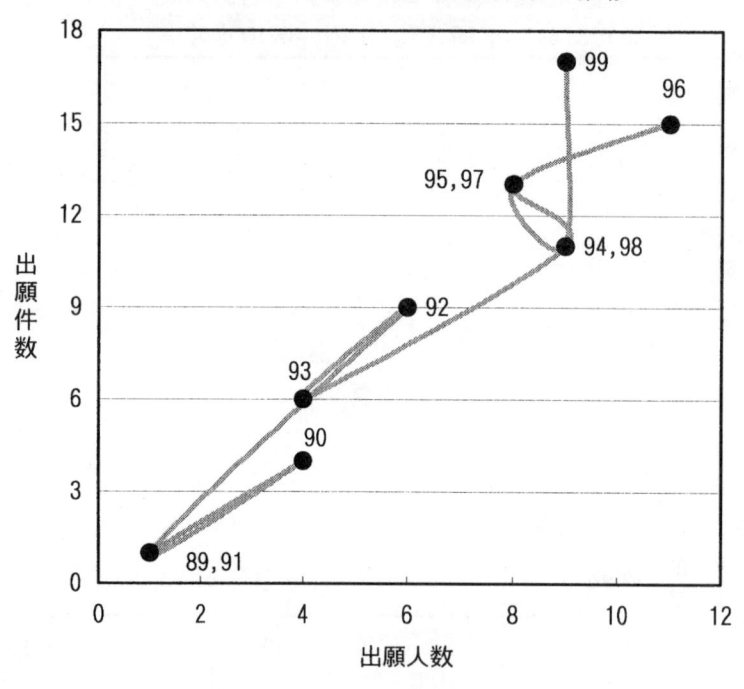

図1.3.4-3 出願人数-出願件数の推移

表1.3.4-3に主要出願人の出願状況を示す。

日本電気・シャープ・日立製作所・松下電器産業・三洋電機・富士通そして豊田合成は、1996年以降出願に力を入れており、エッチング技術に注目している。

表1.3.4-3 主要出願人の出願状況

企業名	89	90	91	92	93	94	95	96	97	98	99	計
日本電気		1		2	2	1	2	4		3	4	19
三菱電機				3		2	5	2	2			14
シャープ		1		1		1		2	1		3	9
日立製作所					1		1		3	1	2	8
松下電器産業					2			1	1	3		7
三洋電機							1	1	1	2	1	6
富士通								1	2	1		4
豊田合成								2			2	4
キヤノン			1			1			1			3
ソニー							1	1		1		3
沖電気工業							1		1			3
東芝		1		1			1					3
日本電信電話							1	1			1	3
三菱化学						1						1
日亜化学工業										1		1

1.4 技術開発の課題と解決手段

1.4.1 基本構造
(1) 3元系活性層

表1.4.1-1 3元系活性層の課題と解決手段の対応表

課題 \ 解決手段	層の構造: 活性層厚	層の構造: 活性層幅（層の幅、成長マスクの幅）	層の構造: その他	層の性質: バンドギャップ（禁制帯幅、エネルギー幅、サブバンド）	層の性質: 組成（組成比、供給比、原料、材料）	層の性質: 格子定数（格子整合、不整合、歪）	その他
出力特性: 漏れ電流・低閾値・発光効率（連続発振、高効率、変調特性）	日本電気4件 日亜化学工業2件 東芝1件 三菱電機1件 富士通1件 計9件	日立製作所1件 計2件	日立製作所3件 三洋電機2件 東芝1件 日本電気1件 豊田合成1件 シャープ1件 日亜化学工業1件 計13件	日本電気2件 三菱電機2件 富士通2件 日亜化学工業2件 東芝1件 日本電信電話1件 日立製作所1件 計18件	東芝4件 日本電気2件 日立製作所1件 古河電気工業1件 富士通1件 シャープ1件 松下電器産業1件 計11件	松下電器産業2件 日本電気1件 古河電気工業1件 計4件	東芝2件 沖電気工業1件 日本電信電話1件 日本電気1件 日立製作所1件 シャープ1件 計7件
出力特性: 高出力	日本電信電話1件 シャープ1件 計4件	三菱化成1件 計1件	シャープ1件 計2件		三菱化成1件 計2件	日本電信電話1件 計1件	日亜化学工業2件 計3件
出力特性: 温度特性	三洋電機1件 ソニー1件 計2件		日本電気1件 日立製作所1件 計5件	日立製作所1件 計1件	日本電気2件 住友電気工業1件 松下電器産業1件 計4件	日本電気1件 キャノン1件 計2件	日本電気1件 計1件
出力特性: 波長特性	ソニー1件 日本電気1件 日立製作所1件 三菱電機1件 松下電器産業1件 日亜化学工業1件 計8件	日本電信電話1件 日立製作所1件 計2件	日本電気1件 三菱電機1件 富士写真フィルム1件 計5件	ゼロックス2件 キャノン1件 日本電信電話1件 住友電気工業1件 計8件	日本電信電話2件 日本電気1件 三菱電機1件 三洋電機1件 ゼロックス1件 計8件	東芝1件 日本電信電話1件 松下電器産業1件 ゼロックス1件 計5件	キャノン1件 日本電気1件 三菱化成1件 計3件
出力特性: ビーム形状	三菱電機1件 シャープ1件 計2件	日立製作所2件 富士写真フィルム2件 ソニー1件 計5件					
出力特性: キャリア（均一性、注入効率、局在化抑制、オーバーフロー）	日本電気1件 古河電気工業1件 計3件		富士通1件 計3件	日本電気2件 ソニー1件 日立製作所1件 計4件	松下電器産業1件 日立製作所1件 計2件	日本電気1件 古河電気工業1件 富士通1件 三洋電機1件 計4件	
出力特性: その他出力特性	東芝1件 計1件	日本電気2件 日本電信電話1件 キャノン1件 計4件	ソニー1件 日本電信電話1件 日本電気1件 三菱電機1件 松下電器産業1件 計7件	日本電信電話1件 日本電気1件 シャープ1件 計3件	富士写真フィルム1件 計1件	キャノン4件 日本電信電話3件 三菱電機1件 富士通1件 計10件	キャノン2件 シャープ2件 日立製作所2件 住友電気工業1件 計6件
結晶性向上（COD、表面損傷、端面破壊、転位、欠陥、混入・拡散抑制、素子特性）	東芝1件 日本電信電話1件 三菱電機1件 豊田合成1件 日亜化学工業1件 計5件	三菱電機1件 計1件	日本電気1件 日立製作所1件 古河電気工業1件 計3件	日本電気2件 東芝1件 三菱化成1件 三洋電機1件 計5件	日本電気5件 三菱電機2件 三菱化成1件 シャープ1件 松下電器産業1件 計12件	沖電気工業1件 ソニー1件 日立電機1件 三菱化成1件 リコー1件 計5件	日立製作所3件 三菱電機2件 日本電気1件 豊田合成1件 計8件
生産性（歩留まり、ばらつき、工程簡略・不要）	日立製作所1件 三菱電機1件 計3件	日本電気2件 住友電気工業1件 計3件	日立製作所2件 東芝1件 豊田合成1件 計6件	日本電気1件 シャープ1件 計4件	三洋電機1件 計3件	日立製作所1件 計2件	日本電信電話1件 計1件
その他	キャノン1件 計1件	日本電信電話1件 計1件				キャノン1件 計1件	日立製作所1件 計1件

（出願人名は主要20社のみ記載）

表1.4.1-1に3元系活性層の技術開発の課題を分類し、解決手段との関連性を体系化した。課題は、「出力特性」、「結晶性向上」、「生産性」と「その他」からなる。

課題「出力特性」は、さらに「漏れ電流・低閾値・発光効率（連続発振、高効率、変調特性）」、「高出力」、「温度特性」、「波長特性」、「ビーム形状」、「キャリア」、「その他出力特性」に分けられる。

また、解決手段は、活性層の形状に特徴がある「層の構造」による解決と活性層の性質を調節する「層の性質」による解決がある。

解決手段「層の構造」は、「活性層厚」、「活性層幅」、「その他」として分けられる。

解決手段「層の性質」は、「バンドギャップ（禁制帯幅、エネルギー幅、サブバンド）」、「組成（組成比、供給比、原料、材料）」、「格子定数（格子整合、不整合、歪）」に分けられる。

全体的な傾向としては、「出力特性」の課題「漏れ電流・低閾値・発光効率（連続発振、高効率、変調特性）」に多く出願されており、中でもその課題を解決するために「バンドギャップ（禁制帯幅、エネルギー幅、サブバンド）」を解決手段とする出願が多い。同じ「出力特性」の課題では、「波長特性」も多く出願されている。また、「組成（組成比、供給比、原料、材料）」の課題に多く出願されている。特に、その中でも結晶性を向上するものが最も多く出願されている。

具体的には、「出力特性」の課題「漏れ電流・低閾値・発光効率（連続発振、高効率、変調特性）」に対しては、層の構造に関して、日本電気や日亜化学工業などが解決手段「活性層厚」を採用しており（特許2800425（日本電気）バリア層の層厚を薄くすることで、量子井戸間の電子・ホールのトンネリングを効率良く行うと共に、量子井戸層のサブバンド幅を狭くすることで、量子井戸効果による状態密度低減効果を維持する）、また、日立製作所は解決手段「活性層幅（層の幅、成長マスクの幅）」を採用している（特開平09-232675（日立）青紫波長領域の窒化物半導体レーザにおいて、活性層へ不純物をドープし、かつ光導波層を超格子構造にすることで、活性層ストライプ幅を拡大することが可能になり、この幅の拡大により、活性層の体積の増大による素子の高出力化が可能になる）。

また、「出力特性」の課題「漏れ電流・低閾値・発光効率（連続発振、高効率、変調特性）」に対しては、日立製作所・豊田合成・日亜化学工業などが、解決手段「その他」を採用している（特開2001-7447（日亜化学）発振波長が420nm以下となるよう井戸層のIn組成比が調整された量子井戸構造を有する活性層について、井戸層の全積層数を2以下とする）（特開平10-12922（豊田合成）発光層が量子井戸構造のIII族化合物半導体発光素子であり、発光層にアクセプタ不純物（亜鉛・マグネシウム）またはドナー不純物（シリコン）を添加することで、発光効率を向上させる）。

さらに、「出力特性」の課題「漏れ電流・低閾値・発光効率（連続発振、高効率、変調特性）」に対しては、層の性質に関して、日本電気・三菱電機・富士通・日亜化学工業などは、解決手段「バンドギャップ（禁制帯幅、エネルギー幅、サブバンド）」を採用している（特開2001-135889（日本電気）BH型ストライプ導波路型レーザにおいて、窓構造に設けられた第1の半導体層の間に、活性層に代えて、発振レーザ光エネルギーより大きなバンドギャップを有する第2の半導体層を設ける）。

さらに、「出力特性」の課題「漏れ電流・低閾値・発光効率（連続発振、高効率、変調特性）」に対しては、東芝・日本電気などは、解決手段「組成（組成比、供給比、原料、材料）」を採用している（特開平07-235732（日本電気）多重量子井戸活性層の各バリアのAl組成を

p型からn型に向かうにしたがって徐々に減らすことにより、電子のオーバーフローを少なくし、かつホールを各量子井戸に均一に注入できる）。

「結晶性向上(COD(Catastropic Optical Damage:瞬時光学損傷)、表面損傷、端面破壊、転位、欠陥、混入・拡散抑制、素子特性)」に対しては、日本電気などが解決手段「組成（組成比、供給比、原料、材料）」を採用している（特許2914210（日本電気）少なくとも井戸層と障壁層からなる多重量子井戸構造を有する光半導体において、井戸層をInGaAsPとし、障壁層をInGaAlAsPとする）。

(2) 4元系活性層

表1.4.1-2 4元系活性層の課題と解決手段の対応表

課題 \ 解決手段		形状・構造 活性層厚	形状・構造 活性層幅（層の幅、成長マスクの幅）	形状・構造 その他	元素・材料 バンドギャップ（禁制帯幅、エネルギー幅、サブバンド）	元素・材料 組成（組成比、供給比、原料、材料）	元素・材料 格子定数（格子整合、不整合、歪）	その他
出力特性	漏れ電流・低閾値・発光効率（連続発振、高効率、変調特性）	富士通4件 日本電気4件 三菱電機2件 松下電器産業2件 東芝1件 日亜化学工業1件	日立製作所4件 日本電気2件 富士通1件 松下電器産業1件	日立製作所4件 日本電気2件 沖電気工業1件 古河電気工業1件 富士通1件 シャープ1件 松下電器産業1件	日本電気4件 東芝3件 日立製作所3件 日本電信電話2件 富士通2件 ソニー1件 古河電気工業1件	東芝4件 日本電気3件 日立製作所1件 三洋電機1件 シャープ1件 松下電器産業1件	東芝2件 日立製作所2件 三洋電機2件 住友電気工業2件 日本電信電話1件 古河電気工業1件 富士写真フィルム1件 松下電器産業1件	東芝2件 日亜化学工業1件 日立製作所1件 日本電信電話1件
		計14件	計5件	計12件	計19件	計11件	計13件	計5件
	高出力	日本電気1件 日本電信電話1件	日本電気1件 松下電器産業1件	三洋電機1件 日亜化学工業1件	日本電信電話1件 沖電気工業1件	富士写真フィルム1件		富士通1件 日本電気1件 日亜化学工業1件
		計3件	計2件	計3件	計2件	計2件		計3件
	温度特性	ソニー1件	住友電気工業1件 東芝1件	日本電気3件 富士通2件 シャープ2件 日立製作所1件	シャープ1件	日本電気2件 住友電気工業1件 松下電器産業1件	古河電気工業2件 キャノン1件 ソニー1件 東芝1件 日本電気1件 富士通1件	日本電気2件 三洋電機1件
		計1件	計2件	計10件	計1件	計5件	計7件	計3件
	波長特性	ソニー1件 日本電気1件 松下電器産業1件 三菱電機1件	日本電信電話1件 日本電気1件 沖電気工業1件	東芝1件 日本電信電話1件 古河電気工業1件 三菱電機1件 富士通1件 松下電器産業1件	日本電信電話1件 住友電気工業1件 シャープ1件 ゼロックス1件	ソニー1件 東芝1件 日本電信電話1件 日本電気1件 古河電気工業1件 三菱電機1件 富士写真フィルム1件	松下電器産業2件 東芝1件 日本電信電話1件 古河電気工業1件 三菱電機1件 ゼロックス1件	日本電気1件
		計5件	計3件	計10件	計6件	計9件	計8件	計1件
	ビーム形状		日本電信電話1件 日本電気1件 日立製作所1件	シャープ1件	古河電気工業1件			
			計4件	計1件	計1件			
	キャリア（均一性、注入効率、局在化抑制、オーバーフロー）	日本電信電話1件 日本電気1件 古河電気工業1件 三洋電機1件 松下電器産業1件	日本電気1件	日本電気1件 古河電気工業1件	日本電気6件 沖電気工業1件 富士通1件	松下電器産業1件 日立製作所1件	日本電信電話2件 日本電気1件 古河電気工業1件 富士通1件 三洋電機1件 シャープ1件 松下電器産業1件	日立製作所1件
		計5件	計1件	計3件	計9件	計2件	計8件	計1件
	その他出力特性	日本電気3件 富士通2件 東芝1件 日立製作所1件 三菱電機1件	日本電気3件 キャノン1件	ソニー2件 キャノン1件 日本電気1件 日立製作所1件 富士通1件 ゼロックス1件	日本電気2件 三菱電機2件 富士通1件 シャープ1件	日本電気1件	キャノン5件 日本電信電話4件 松下電器産業2件 東芝1件 日本電気1件 日立製作所1件 古河電気工業1件 三菱電機1件 富士通1件	日本電気4件 日本電信電話2件 日立製作所2件 キャノン1件 富士通1件 住友電気工業1件
		計8件	計4件	計9件	計8件	計2件	計18件	計11件
結晶性向上（COD、表面損傷、端面破壊、転位、欠陥、混入・拡散抑制、素子特性）		日本電信電話1件 富士通1件	日本電気2件 三菱電機1件 松下電器産業1件	日本電気1件 日立製作所1件	日本電信電話1件 日本電気1件	日本電気6件 三菱電機2件 シャープ2件 日立製作所1件 松下電器産業1件	沖電気工業1件 ソニー1件 東芝1件 日本電信電話1件 三菱電機1件 リコー1件 富士写真フィルム1件 三洋電機1件	日本電気1件 三菱電機1件 日立製作所1件
		計2件	計4件	計2件	計2件	計13件	計8件	計2件
生産性（歩留まり、ばらつき、工程簡略・不要）		日本電気2件 富士通1件	日本電気5件 日立製作所2件 沖電気工業1件 古河電気工業1件	東芝2件 日立製作所1件 豊田合成1件	日本電気1件 三菱電機1件	日本電気2件 富士写真フィルム1件 富士通1件 三洋電機1件	日立製作所1件	日本電気1件 日立製作所1件
		計3件	計11件	計5件	計3件	計6件	計1件	計3件
その他					日本電気1件 日本電信電話1件			
					計2件			

（出願人名は主要20社のみ記載）

表1.4.1-2に４元系活性層の技術開発の課題を分類し、解決手段との関連性を体系化した。

課題は、「出力特性」、「結晶性向上（COD(Catastropic Optical Damage:瞬時光学損傷)、表面損傷、端面破壊、転位、欠陥、混入・拡散抑制、素子特性）」、「生産性（歩留まり、ばらつき、工程簡ほぼ・不要）」と「その他」からなる。

課題「出力特性」は、「漏れ電流・低閾値・発光効率（連続発振、高効率、変調特性）」、「高出力」、「温度特性」、「波長特性」、「ビーム形状」、「キャリア（均一性、注入効率、局在化抑制、オーバーフロー）」と「その他出力特性」に分けられる。

また、解決手段は、「層の構造」、「層の性質」として大別される。

解決手段「層の構造」は、さらに「活性層厚」、「活性層幅（層の幅、成長マスクの幅）」、「その他」と分けられる。

解決手段「層の性質」は、「バンドギャップ（禁制帯幅、エネルギー幅、サブバンド）」、「組成（組成比、供給比、原料、材料）」、「格子定数（格子整合、不整合、歪）」に分けられる。

全体的な傾向としては、「漏れ電流・低閾値・発光効率（連続発振、高効率、変調特性）」の課題を解決している出願が多く、特に、この課題を「バンドギャップ（禁制帯幅、エネルギー幅、サブバンド）」で解決している技術が多く出願されている。また、解決手段に関しては、「組成（組成比、供給比、原料、材料）」、「格子定数（格子整合、不整合、歪）」に関するものが多く出願されている。

具体的には、「出力特性」の課題「漏れ電流・低閾値・発光効率（連続発振、高効率、変調特性）」に対しては、層の構造に関して、富士通・日本電気・日亜化学工業などが解決手段「活性層厚」を採用している（特開2000-133883（日亜化学）多重量子井戸構造の活性層は、アンドープ井戸層と、単一膜厚が70〜500オングストロームのｎ型不純物ドープ障壁層を備えることで、光電変換効率を高める）。

さらに、「出力特性」の課題「漏れ電流・低閾値・発光効率（連続発振、高効率、変調特性）」に対しては、層の性質に関して、日本電気・東芝・日立製作所などが、解決手段「バンドギャップ（禁制帯幅、エネルギー幅、サブバンド）」を採用している（特開平04-269886（東芝）ストライプ状の活性層を、この活性層より屈折率が低くバンドギャップが大きい混晶化層で埋めこむことにより、屈折率導波構造を形成できる）。

また、「出力特性」の課題「漏れ電流・低閾値・発光効率（連続発振、高効率、変調特性）」に対しては、層の性質に関して、東芝・日本電気などが解決手段「組成（組成比、供給比、原料、材料）」を採用している（特許3123433（日本電気）可飽和吸収層形成時のⅤ族原料供給量／Ⅲ族原料供給量が、活性層形成時のⅤ／Ⅲよりも低く設定されることなどにより、可飽和吸収層のバンドギャップを発振波長エネルギーにほぼ等しくする）。

また、「出力特性」の課題「漏れ電流・低閾値・発光効率（連続発振、高効率、変調特性）」

に対しては、層の性質に関して、東芝・日立製作所・三洋電機・住友電気工業などが、解決手段「格子定数（格子整合、不整合、歪）」を採用している（特開平11-330636（三洋電機）活性層の井戸層に引っ張り歪みを加え、障壁層に圧縮歪みを加える）。

さらに、課題「温度特性」に対しては、日本電気・富士通・シャープなどが、解決手段の「その他」を採用している（特許2937740（日本電気）4ウェル以下の多重量子井戸活性層と、200μm以下の素子長とにより、利得ピーク波長の温度係数とフラッグ波長の温度係数とがほぼ等しくなり、広い温度範囲にわたり単一モード発振が可能となる）。

さらに、課題「その他の出力特性」に対しては、キヤノン・日本電信電話などが、解決手段「格子定数（格子整合、不整合、歪）」を採用している（特開平09-191159（キヤノン）光導波路領域の活性層が、無歪ないし圧縮歪みの量子井戸と引っ張り歪みの量子井戸とをそれぞれ一つ以上有し、複数の導波領域で井戸数を異ならせ、光ガイド層の中央部の膜厚を薄くすることで、ホールバーニング効果を押さえ、安定した偏波変調を達成）。

さらに、課題「結晶性向上（COD）、表面損傷、端面破壊、転位、欠陥、混入・拡散抑制、素子特性）」に対しては、日本電気・三菱電機・シャープなどが、解決手段「組成（組成比、供給比、原料、材料）を採用している（特許3132433（日本電気）結晶成長中にサーファクタントを供給することで、結晶構造原子の自発的なオーダリングの無い無秩序化結晶構造を容易に製造できる）。

さらに、課題「生産性（歩留まり、ばらつき、工程簡ほぼ・不要）」に対しては、日本電気・日立製作所などが、解決手段「活性層幅（層の幅、成長マスクの幅）」を採用している（特許2701569（日本電気）マスクを用いて選択成長によりDH構造をリッジ状に形成することで、エッチングが不要となり均一な活性層・導波路が制御できる）。

(3) 光ガイド層

表1.4.1-3 光ガイド層の課題と解決手段の対応表

課題	解決手段	層の構造 層の形状・配置	層の構造 層の厚さ・幅	層の性質(ドープ・拡散)	その他
出力特性改善	波長特性	日本電信電話1件 日本電気1件 キヤノン1件 計3件		日亜化学工業2件 計4件	
出力特性改善	低閾値	日立製作所3件 計3件	三洋電機1件 シャープ1件 計2件	シャープ1件 日亜化学工業1件 ゼロックス1件 日立製作所1件 計5件	東芝1件 計1件
出力特性改善	その他出力	日本電信電話3件 キヤノン2件 松下電器産業1件 日本電気1件 計7件	日本電気1件 キヤノン1件 計2件	日本電気2件 日本電信電話1件 松下電器産業2件 キヤノン1件 日亜化学工業1件 計7件	キヤノン1件 計1件
特性維持(安定化)		三菱電機1件 計1件		日立製作所1件 東芝1件 三菱電機1件 シャープ1件 計4件	
生産性向上		松下電器産業1件 住友電気工業1件 計2件		日亜化学工業1件 古河電気工業1件 計3件	沖電気工業1件 計1件
その他			三菱電機1件 計1件		

(出願人名は主要20社のみ記載)

表1.4.1-3に光ガイド層の技術開発の課題を分類し、解決手段との関連性を体系化した。
課題は、「出力特性改善」、「特性維持（安定化）」、「生産性向上」、「その他」に大別される。
課題「出力特性改善」は、さらに「波長特性」、「低閾値」、「その他出力」に細分される。
また、解決手段は、「層の構造」、「層の性質（ドープ・拡散）」からなる。
「層の構造」は、さらに「層の形状・配置」、「層の厚さ・幅」に細分される。
全体的な傾向としては、「層の性質（ドープ・拡散）」に解決手段をもつ出願が多く、中でも特に、課題「出力特性改善」の「低閾値」に関する課題を解決する技術が多く出願されている。また、解決手段「層の形状・配置」に関する出願も比較的多い。
具体的には、課題「出力特性改善」に対しては、「その他の出力」に関して、日本電気・松下電器産業・日亜化学工業などが、解決手段「層の性質（ドープ・拡散）」を採用している（特許2684930（松下電器）エレメント領域間の中央に非拡散領域・その両端に拡散領域を形成することで、エレメント領域間の屈折率を中央部で高め、安定的な0°位相結合モードを得る）。
さらに、同課題「出力特性改善」に対しては、「波長特性」に関して、日亜化学工業が解決

手段「層の性質(ドープ・拡散)」を採用している(特開2000-236142(日亜化学)ガイド層、クラッド層、コンタクト層にAlを使わない構造とすることで、400nmより長波長領域において、良好で安定したレーザ発振を達成)。

　また、課題「出力特性改善」に対しては、「その他の出力」に関して、日本電信電話・キヤノンなどが、解決手段「層の形状・配置」を採用している(特許3051499(日本電信電話)第1の半導体層に形成され多重量子井戸構造活性層を備える分布帰還型レーザと、第2の半導体層に形成された吸収型光変調器とを、共通のストライプ形状をなすように形成することで、分離溝無しに分離抵抗を得る)。

（4）クラッド層

表1.4.1-4 クラッド層の課題と解決手段の対応表

課題	解決手段	層の構造（層の形状・配置）	層の構造（層の厚さ・幅）	層の性質（ドープ・拡散）
出力特性改善	波長特性	日立製作所1件 東芝1件 計2件		富士写真フィルム1件 日亜化学工業1件 計2件
出力特性改善	低閾値	日立製作所1件 日亜化学工業4件 計5件	日立製作所1件 計1件	日本電気2件 日亜化学工業1件 東芝1件 ソニー1件 三洋電機1件 計6件
出力特性改善	その他出力（モード、発光特性）	日本電気2件 日亜化学工業1件 ゼロックス1件 計4件	日亜化学工業2件 計2件	日本電気1件 計1件
低抵抗				東芝2件 松下電器産業1件 計3件
特性維持（安定化）		日亜化学工業2件 三菱電機1件 シャープ1件 計4件	日亜化学工業1件 シャープ1件 計2件	日本電気1件 ソニー1件 計2件
生産性向上			日本電気1件 計1件	三菱電機1件 計1件

（出願人名は主要20社のみ記載）

表1.4.1-4にクラッド層の技術開発の課題を分類し、解決手段との関連性を体系化した。

課題には、「出力特性改善」、「低抵抗」、「特性維持（安定化）」、「生産性向上」に大別される。

課題「出力特性改善」は、さらに「波長特性」、「低閾値」、「その他出力（モード、発光特性）」に分けられる。

また、解決手段は、「層の構造」、「層の性質（ドープ・拡散）」に大別される。

「層の構造」は、さらに「層の形状・配置」、「層の厚さ・幅」に分けられる。

全体的な傾向としては、解決手段「層の形状・配置」に関する出願が多く、この解決手段により、「低閾値」の課題を解決している出願が多い。また、解決手段「層の性質（ドープ・拡散）」に関する出願も多く、これもまた「低閾値」の課題を解決している技術が多く出願がされている。

具体的には、課題「出力特性改善」に対しては、「低閾値」に関して、日亜化学工業・日立製作所などが、解決手段「層の形状・配置」を採用している（特開2000-68594（日亜化学）基板と活性層の間に、少なくとも一方にn型不純物がドープされた超格子層を含めることで、閾値電圧を低下させる）。課題「出力特性改善」に対しては、「低閾値」に関して、日本電気・日亜化学工業などが、解決手段「層の性質（ドープ・拡散）」を採用している（特許2817710（日本電気）クラッド層には可飽和吸収層が設けられ、可飽和吸収層の導電型を発生させる不純物に加え、酸素をドーピングすることにより、少数キャリア寿命が低下し、低閾値・低駆動電流および高信頼性を得る）。

(5) 活性層埋込構造

表1.4.1-5 活性層埋込構造の課題と解決手段の対応表

課題 \ 解決手段		層の構造		層の性質（ドープ、拡散）	その他
		層の形状・配置	層の厚さ・幅		
出力特性改善	高出力	日本電信電話1件 日立製作所1件 富士通1件 計3件	日本電気1件 シャープ1件 計2件		
	ビーム形状（横モード、ストライプ幅）	沖電気工業1件 キヤノン1件 計2件	日本電気1件 富士通1件 計2件	富士通1件 松下電器産業1件 計3件	
	その他出力（閾値、波長、端面反射、結合効率）	日本電気2件 住友電気工業1件 計6件		日本電気2件 計4件	富士通1件 計1件
特性維持（COD、素子劣化、結晶性、温度特性）		日本電気3件 ソニー1件 三菱化成1件 日本電信電話1件 計6件	三洋電機1件 計1件	日本電気1件 計1件	
生産性向上					
その他		日立製作所1件 計1件			沖電気工業1件 計1件

（出願人名は主要20社のみ記載）

表1.4.1-5にクラッド層の技術開発の課題を分類し、解決手段との関連性を体系化した。

課題には、「出力特性改善」、「特性維持（COD）、素子劣化、結晶性、温度特性）」、「生産性向上」、「その他」に大別される。

課題「出力特性改善」は、「高出力」「ビーム形状（横モード、ストライプ幅）」、「その他出力（閾値、波長、端面反射、結合効率）」に分けられる。

また、解決手段は、「層の構造」、「層の性質（ドープ・拡散）」に大別される。

「層の構造」は、さらに「層の形状・配置」、「層の厚さ・幅」に細分される。

全体的な傾向としては、「層の形状・配置」に解決手段をもつ出願が多く、中でも、「その多出力（閾値、波長、端面反射、結合効率）」、「特性維持（COD）、素子劣化、結晶性、温度特性）」の課題を解決している出願が多くなされている。

具体的には、課題「出力特性改善」に対して、「その多出力（閾値、波長、端面反射、結合効率）」に関して、日本電気・住友電気工業などが、解決手段「層の形状・配置」を採用している（特許2757909（日本電気）半導体基板として表面方位がストライプ方向から壁開面方位方向へ5度以上傾いたオフ角度基板を用いることで、リッジ部を含めて良好な劈開面が形成される）。さらに、課題「特性維持（COD）、素子劣化、結晶性、温度特性）」に対して、日本電気・ソニーなどが、解決手段「層の形状・配置」を採用している（特開平11-195837（ソニー）クラッド層の厚さ方向の途中の深さまでエッチングし、形成した溝の内部に活性層よりもバンドギャップの大きいn型AlGaAs層を選択成長させて埋め込む）。

1.4.2 材料技術

(1) ドーパント材料

表1.4.2-1 ドーパント材料の課題と解決手段の対応表

課題 \ 解決手段	ドーパント濃度：濃度指定、範囲	ドーパント濃度：濃度分布、不均一、傾斜	ドーパント種類：元素指定	ドーパント種類：1種類ドープ	ドーパント種類：2種類以上	その他
キャリア（均一性、注入効率、寿命）			松下電器産業1件 計1件	日本電信電話1件 東芝1件 計3件		日立製作所1件 計1件
光吸収（光学的損失）	日本電信電話1件 計1件		三菱電機1件 計1件			
結晶性（転位）			日本電信電話1件 計1件	松下電器産業1件 シャープ1件 計2件		
発光効率（遷移確率）	日本電信電話1件 日亜化学工業1件 計3件	松下電器産業1件 日立製作所1件 三洋電機1件 計3件	日立製作所1件 計1件	日亜化学工業1件 計1件	豊田合成1件 計1件	
拡散抑制			シャープ1件 東芝1件 計2件			
その他			松下電器産業1件 三菱電機1件 計1件	ソニー3件 日亜化学工業1件 計2件		日亜化学工業1件 計1件

（出願人名は主要20社のみ記載）

　表1.4.2-1にドーパント技術の技術開発の課題を分類し、解決手段との関連性を体系化した。

　課題には、「キャリア（均一性、注入効率、寿命）」、「光吸収（光学的損失）」、「結晶性（転位）」、「発光効率（遷移確率）」、「拡散抑制」、「その他」に大別される。

　また、解決手段は、「ドーパント濃度」、「ドーパント種類」、「その他」に大別される。

　「ドーパント濃度」は、さらに「濃度指定、範囲」、「濃度分布、不均一、傾斜」に分けられる。

　「ドーパント種類」は、さらに「元素指定」、「1種類ドープ」、「2種類以上」に分けられる。

　全体的な傾向としては、「発光効率（遷移確率）」に課題をもつ出願が多く、中でも、「濃度指定、範囲」により、その課題を解決している出願が多い。また、解決手段に関しては、「元素指定」、「1種類ドープ」を採用している出願が多い。

　具体的には、課題「発光効率（遷移確率）」に対しては、日亜化学工業・日本電信電話などが、解決手段「ドーパント濃度」の「濃度指定、範囲」を採用している（特開平11-54835（日本電信電話）n型のドーパントであるシリコンを$1 \times 10^{17} cm^{-3}$で導入した半導体層をメサ形状に加工することにより活性層を形成し、活性層に埋め込むように活性層側面に接して電流狭窄層を設けることによって、活性層の不純物が除去されやすくなり発光効率が高まる）。

また、課題「発光効率（遷移確率）」に対しては、日亜化学工業が、解決手段「１種類ドープ」を採用している（特開平11-312841（日亜化学）障壁層にのみｎ型不純物をドープし、発光閾値を低下させる）。

　また、課題「発光効率（遷移確率）」に対しては、豊田合成が、解決手段「２種類以上」を採用している（特開平10-12922（豊田合成）３族窒化物半導体の歪超格子からなる多重量子井戸構造を備え、井戸層に亜鉛とシリコンの両方を添加することにより、発光効率を高める）。

1.4.3 製造技術
(1) 結晶成長

表1.4.3-1 結晶成長の課題と解決手段の対応表

課題＼解決手段	成長条件・方法（圧力、温度、速度）	供給（流量、中断、パルス、フラックス比）	成長マスク	成長基板（基板上保護膜）	原料（添加、成長・キャリアガス、雰囲気）	成長装置	その他
結晶性（転位、欠陥、組成、界面、表面清浄、異常成長、混入抑制）	日本電気5件 ソニー4件 日立製作所3件 シャープ2件 日本電信電話1件 松下電器産業1件 三菱電機1件 リコー1件 三洋電機1件 計20件	日本電気6件 シャープ2件 松下電器産業1件 沖電気工業1件 東芝1件 三洋電機1件 ソニー1件 計14件	三菱電機1件 シャープ1件 計2件	日亜化学工業8件 三洋電機4件 シャープ2件 豊田合成2件 ソニー2件 松下電器産業2件 富士通1件 リコー1件 三菱電機1件 計23件	日本電気4件 沖電気工業3件 シャープ2件 富士通2件 ソニー2件 三菱電機1件 東芝1件 豊田合成1件 日立製作所1件 松下電器産業1件 計20件	リコー2件 計3件	キヤノン1件 古河電気工業1件 日本電気1件 計3件
生産性（歩留まり、工程容易・不要、成長回数、成長時間）	日本電気3件 松下電器産業2件 キヤノン1件 古河電気工業1件 シャープ1件 三菱電機1件 リコー1件 計10件	日本電信電話1件 東芝1件 計2件	日本電気15件 富士通3件 松下電器産業3件 沖電気工業2件 三洋電機2件 日本電信電話1件 古河電気工業1件 計29件	キヤノン3件 日本電信電話2件 シャープ2件 ソニー1件 古河電気工業1件 三洋電機1件 リコー1件 松下電器産業1件 計13件	日本電気2件 キヤノン1件 松下電器産業1件 東芝1件 豊田合成1件 古河電気工業1件 富士通1件 計8件	リコー1件 計2件	日本電気1件 計1件
成長層厚さ（段差、平坦）	日本電気4件 日本電信電話2件 三菱電機1件 シャープ1件 古河電気工業1件 日立製作所1件 ソニー1件 計11件	日本電気3件 ソニー1件 富士通1件 計5件	日本電気3件 富士通1件 計4件	富士写真フィルム3件 富士通3件 東芝1件 三菱電機1件 シャープ1件 計9件	日本電気1件 計2件		
バンドギャップ・波長	日本電気1件 古河電気工業1件 計2件	シャープ2件 計2件	日本電気3件 三菱電機1件 計4件		日立製作所1件 日本電気1件 ソニー1件 計3件	松下電器産業1件 計1件	
素子特性（温度特性、発光特性、抵抗、閾値、漏れ電流、光・キャリア閉じ込め）	日本電気3件 松下電器産業2件 日本電信電話1件 ソニー1件 計8件	日本電気1件 ソニー1件 計2件	三菱電機2件 日本電気1件 東芝1件 計6件	シャープ1件 日本電気1件 計2件	富士通3件 シャープ2件 ソニー1件 豊田合成1件 日本電気1件 計9件		
その他		シャープ1件 計1件	日本電気1件 計1件		日亜化学工業1件 計1件		

（出願人名は主要20社のみ記載）

表1.4.3-1に結晶成長の技術開発の課題を分類し、解決手段との関連性を体系化した。

課題には、「結晶性（転位、欠陥、組成、界面、表面清浄、異常成長、混入抑制）」、「生産性（歩留まり、工程容易・不要、成長回数、成長時間）」、「成長層厚さ（段差、平坦）」、「バンドギャップ・波長」、「素子特性（温度特性、発光特性、抵抗、閾値、漏れ電流、光・キャリア閉じ込め）」、「その他」に大別される。

また、解決手段は、「成長条件・方法（圧力、温度、速度）」、「供給（流量、中断、パルス、フラックス比）」、「成長マスク」、「成長基板（基板上保護膜）」、原料（添加、成長・キャリアガス、雰囲気）、「成長装置」、「その他」に大別される。

全体的な傾向としては、課題「結晶性（転位、欠陥、組成、界面、表面清浄、異常成長、混入抑制）」に関する出願が多く、解決手段では「成長条件・方法（圧力、温度、速度）」に関

する出願が多い。中でも、「結晶性（転位、欠陥、組成、界面、表面清浄、異常成長、混入抑制）」の課題を「成長条件・方法（圧力、温度、速度）、「成長基板（基板上保護膜）」により解決している出願が多い。これら以外に、「生産性（歩留まり、工程容易・不要、成長回数、成長時間）」の課題を「成長マスク」により解決している出願も多い。

具体的には、課題「結晶性（転位、欠陥、組成、界面、表面清浄、異常成長、混入抑制）」に対しては、日本電気・ソニーなどが、解決手段「成長条件・方法（圧力、温度、速度）」を採用している（特許2674474（日本電気）活性層以降の成長温度を活性層の成長温度と等しくすることで、活性層に導入される欠陥の密度が低くなる）（特開平09-275241（ソニー）共振器短面近傍にZnSe層をドーパント（Zn）のマスク層として成長させることで、レーザー結晶以外にはZnの拡散が起こらないようにする）。

また、課題「結晶性（転位、欠陥、組成、界面、表面清浄、異常成長、混入抑制）」に対しては、日亜化学工業・三洋電機・ソニー・豊田合成などが、解決手段「成長基板（基板上保護膜）」を採用している（特開平11-191657（日亜化学）基板上の窒化物半導体層に保護膜を部分的に形成し、第1の窒化物半導体を前記窒化物半導体だけでなく保護膜上にまで成長させることで、格子欠陥が少なくなり結晶性を向上できる）。

また、課題「結晶性（転位、欠陥、組成、界面、表面清浄、異常成長、混入抑制）」に対しては、日本電気・沖電気工業などが、解決手段「原料（添加、成長・キャリアガス、雰囲気）」を採用している（特開平09-139548（沖電気）化合物半導体の再成長の前処理として、30分程度水素アニールを行うことで、再成長界面の界面準位を低減させる）。

さらに、課題「生産性（歩留まり、工程容易・不要、成長回数、成長時間）」については、日本電気などが、解決手段「成長マスク」を採用している（特許2814906（日本電気）MQW層の形成において、Egの小さな領域では絶縁膜ストライプマスクを用いて選択的形成し、導波領域以外ではクラッド層をMQW層を覆う様に形成することにより、半導体メサエッチングを用いることなく製造が可能となる）。

(2) ドーピング

表1.4.3-2 ドーピングの課題と解決手段の対応表

課題＼解決手段	無秩序化（窓形成）	ドープ・注入領域	拡散領域	不純物濃度	ドーパント・不純物	注入・拡散温度	その他
漏れ電流抑制（電流広がり、電流集中、電流路）	日立製作所1件 日本電気1件	日本電気1件 シャープ1件 東芝1件	日本電気2件	松下電器産業1件 日本電気2件 東芝2件 日本電信電話1件	松下電器産業1件 リコー1件		日本電気1件
	計2件	計3件	計3件	計6件	計2件		計2件
(単一)基本横モード			シャープ1件 ソニー1件	三菱電機1件	古河電気工業1件 三菱電機1件 キヤノン1件	古河電気工業1件	
			計2件	計1件	計3件	計1件	
拡散抑制			シャープ1件	日本電信電話1件 日立製作所1件 日本電気2件 三菱電機1件 シャープ1件	三菱電機2件 日本電信電話1件 松下電器産業1件 シャープ1件 ソニー1件 日本電気1件	日本電気1件	日立製作所1件 日本電気1件
			計1件	計6件	計7件	計1件	計2件
結晶性（欠陥、平坦化）	三菱電機1件	三菱電機1件 東芝1件		日本電信電話1件 三菱電機1件 日本電気1件	日本電信電話1件 三洋電機1件 シャープ2件 東芝1件 松下電器産業1件 三菱電機1件	日本電気1件	
	計1件	計2件		計4件	計9件	計2件	
生産性（工程簡略、制御・再現性、歩留まり）	東芝1件		日本電気1件 三洋電機1件 ソニー2件	古河電気工業1件 リコー1件 日本電気1件 ソニー1件 日本電信電話1件	シャープ2件 東芝1件 キヤノン1件 日本電気1件 日本電信電話1件 ソニー1件	ソニー1件	松下電器産業1件 東芝1件 キヤノン1件
	計1件	計1件	計5件	計6件	計7件	計1件	計4件
出力特性（高出力、温度特性、光吸収）	三菱電機2件		日立製作所2件 三洋電機1件 日本電気1件 三菱電機1件	日亜化学工業2件 日本電気1件 ソニー1件	松下電器産業1件 日立製作所1件 日本電気1件 富士通1件	日本電気1件	日立製作所1件
	計2件		計6件	計4件	計6件	計1件	計2件
その他	松下電器産業1件			日本電気1件 三菱電機1件 三洋電機1件 松下電機産業1件	三菱電機3件 日亜化学工業1件 シャープ2件 日本電信電話1件 ソニー1件	松下電器産業1件	日亜化学工業1件 ソニー1件
	計1件			計5件	計9件	計1件	計2件

（出願人名は主要20社のみ記載）

表1.4.3-2にドーピングの技術開発の課題を分類し、解決手段との関連性を体系化した。

課題には、「漏れ電流抑制（電流広がり、電流集中、電流路）」、「(単一)基本横モード」、「拡散抑制」、「結晶性（欠陥、平坦化）」、「生産性（工程簡略、制御・再現性、歩留まり）」、「出力特性（高出力、温度特性、光吸収）」、「その他」に大別される。

また、解決手段は、「無秩序化(窓形成)」、「ドープ・注入領域」、「拡散領域」、「不純物濃度」、「ドーパント・不純物」、「注入・拡散温度」、「その他」に大別される。

　全体的な傾向としては、課題では、「漏れ電流抑制（電流広がり、電流集中、電流路）」に関する出願が多く、解決手段では「不純物濃度」、「ドーパント・不純物」に関する出願が多い。中でも、「拡散抑制」、「結晶性（欠陥、平坦化）」の課題を「ドーパント・不純物」を工夫することで解決する出願が多い。

　具体的には、課題「結晶性（欠陥、平坦化）に対しては、シャープなどが、解決手段「ドーパント・不純物」を採用している（特開2001-77476（シャープ）窒化化合物半導体基板中に、不純物としてイオン半径の大きい第Ⅶ族に属する元素を含有させることで、窒化化合物の転位密度が小さくなり、発光強度が増大し、寿命特性が向上する）。

　さらに、課題「拡散抑制」に対しては、三菱電機などが、解決手段「ドーパント・不純物」を採用している（特許2653562（三菱電機）p型クラッド層に少量のn型不純物ドープを行い、n型クラッド層に少量のp型ドープを行うことにより、活性層への不純物拡散を防止）。

　さらに、課題「生産性（工程簡ほぼ、制御・再現性、歩留まり）」に対しては、シャープ・東芝・キヤノン・日本電気などが、解決手段「ドーパント・不純物」を採用している（特開2001-85736（シャープ）窒化物半導体基板に塩素をドーピングすることによって、チップ分割が容易になる）。

(3) エッチング

表1.4.3-3 エッチングの課題と解決手段の対応表

課題 \ 解決手段	被エッチング構造		エッチャント(エッチング液、エッチングガス)	マスク	エッチング条件(ガス圧、温度、電圧、雰囲気)	エッチング方法・組合せ	その他
	エッチング停止層	異なるエッチング速度					
エッチング停止(確実性、高精度)	松下電器産業1件 三菱電機1件 富士通1件 三洋電機1件 シャープ1件 計5件	三洋電機1件 計1件	松下電器産業1件 計2件		日本電気1件 沖電気工業1件 計2件	沖電気工業1件 計2件	
垂直・平坦性		三菱電機1件 計1件	日立製作所1件 計1件			豊田合成2件 計2件	
結晶品質(表面損傷、端面破壊、不純物)	三菱化成1件 計1件	三洋電機1件 計1件	日本電気1件 富士通1件 計2件		日本電信電話1件 日立製作所1件 シャープ1件 計3件	日立製作所3件 キャノン1件 日本電気1件 三菱電機1件 計6件	日本電気1件 計2件
所望形状	日立製作所1件 計1件	日本電気2件 三菱電機1件 計3件	三菱電機2件 日本電信電話1件 沖電気工業1件 計4件	豊田合成1件 日立製作所1件 計2件		日本電気1件 計1件	三洋電機1件 計1件
素子特性(抵抗、閾値、漏れ電流、反射率)	シャープ1件 計1件	日本電気2件 富士通1件 ソニー1件 シャープ1件 計5件		日本電気1件 計1件	松下電器産業1件 日本電気1件 計2件	松下電器産業1件 計2件	日本電気2件 ソニー1件 計4件
生産性(歩留まり、ばらつき)	三菱電機3件 東芝1件 日立製作所1件 ソニー1件 計7件	シャープ1件 計1件	三菱電機2件 日本電気1件 日本電信電話1件 松下電器産業1件 シャープ1件 計8件	日本電気3件 松下電器産業1件 三菱電機1件 計6件	東芝1件 富士通1件 三菱電機1件 シャープ1件 計5件	三菱電機1件 三洋電機1件 日本電気1件 計3件	キャノン2件 シャープ2件 東芝1件 三洋電機1件 豊田合成1件 日亜化学工業1件 松下電器産業1件 計11件
その他						日本電気1件 計1件	

(出願人名は主要20社のみ記載)

表1.4.3-3にエッチングの技術開発の課題を分類し、解決手段との関連性を体系化した。

課題には、「エッチング停止（確実性、高精度）」、「垂直・平坦性」、「結晶品質（表面損傷、端面破壊、不純物）」、「所望形状」、「素子特性（抵抗、閾値、漏れ電流、反射率）」、「生産性（歩留まり、ばらつき）」、「その他」に大別される。

また、解決手段は、「被エッチング構造」、「エッチャント（エッチング液、エッチングガス）」、「マスク」、「エッチング条件（ガス圧、温度、電圧、雰囲気）」、「エッチング方法・組み合せ」、「その他」に大別される。

「被エッチング構造」は、さらに「エッチング停止層」、「異なるエッチング速度」に細分される。

全体的な傾向としては、「生産性（歩留まり、ばらつき）」の課題を解決している出願が多く、その中でも特に、この課題を「エッチング停止層」、「エッチャント（エッチング液、エッチングガス）」で解決する出願が多い。

具体的には、課題「生産性（歩留まり、ばらつき）」に対しては、三菱電機などが、解決

手段「エッチング停止層」を採用している(特許2869276(三菱電機)クラッド層上のAlGaAsについて、AlAs組成比を0.6より大きくしたエッチング阻止層を形成する)。

　また、課題「生産性(歩留まり、ばらつき)」に対しては、三菱電機などが、解決手段「エッチャント(エッチング液、エッチングガス)」を採用している(特開平09-139550(三菱電機)有機レジスト系膜の下部に除去されずに残されたSiN膜をマスクとして、第2クラッド層を硫酸系エッチャントを用いたエッチングによりバンド不連続緩和層に対して選択的にエッチングして、リッジ構造を形成する)。

2. 主要企業等の特許活動

2.1 半導体レーザの活性層の主要企業
2.2 日本電気
2.3 三菱電機
2.4 日立製作所
2.5 シャープ
2.6 松下電器産業
2.7 日本電信電話
2.8 富士通
2.9 ソニー
2.10 東芝
2.11 三洋電機
2.12 日亜化学工業
2.13 キヤノン
2.14 古河電気工業
2.15 沖電気工業
2.16 富士写真フィルム
2.17 豊田合成
2.18 リコー
2.19 三菱化学
2.20 住友電気工業
2.21 ゼロックス

> 特許流通
> 支援チャート
>
> # 2．主要企業等の特許活動
>
> 主要企業とみなす出願件数トップ20社が全体の87％を占めている。

2.1 半導体レーザの活性層の主要企業

　表2.1-1、図2.1-1に示す主要企業は本解析範囲全体の出願件数トップ20社であり、かつこれらの企業は前述の9つの技術要素においても上位を占める企業である。特徴的な点は、上位20社の企業の出願が全体の87％を占めていることである。つまり今回の解析範囲においては、これら上位20社が主な出願を保有しており、開発をリードしていると考えられる。ただし、これらの事実は本解析範囲のみでいえることであり、半導体レーザ全体では状況が異なる可能性があることに注意していただきたい。

　なお、本章で掲載した特許（出願）は、各々、各企業から出願されたものであり、各企業の事業戦略などによっては、ライセンスされるとは限らない。

表2.1-1 主要企業20社

企業名	出願件数
日本電気	181
三菱電機	65
日立製作所	65
シャープ	64
松下電器産業	57
日本電信電話	54
富士通	46
ソニー	45
東芝	44
三洋電機	37
日亜化学工業	37
キヤノン	32
古河電気工業	28
沖電気工業	16
富士写真フィルム	13
豊田合成	13
リコー	10
三菱化学	9
住友電気工業	9
ゼロックス（米国）	8
その他	125

図2.1-1 出願件数割合

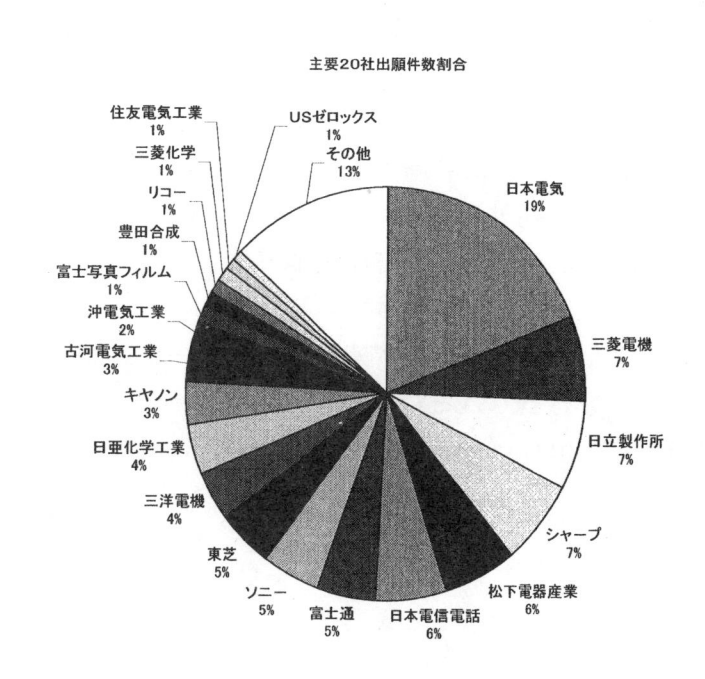

主要20社出願件数割合

- 日本電気 19%
- 三菱電機 7%
- 日立製作所 7%
- シャープ 7%
- 松下電器産業 6%
- 日本電信電話 6%
- 富士通 5%
- ソニー 5%
- 東芝 5%
- 三洋電機 4%
- 日亜化学工業 4%
- キヤノン 3%
- 古河電気工業 3%
- 沖電気工業 2%
- 富士写真フィルム 1%
- 豊田合成 1%
- リコー 1%
- 三菱化学 1%
- 住友電気工業 1%
- USゼロックス 1%
- その他 13%

2.2 日本電気

2.2.1 企業の概要

表2.2.1-1 企業の概要

1)	商号	日本電気株式会社		
2)	設立年月日	1899年7月		
3)	資本金	2,383億7,926万円		
4)	従業員	34,900名		
5)	事業内容	通信機器、コンピューター、電子デバイスの製造・販売		
6)	技術・資本提携関係	［技術導入・提供契約先］ エイ・ティー・アンド・ティー社（米国）、インターナショナル・ビジネス・マシーンズ社（米国）、インテル社（米国）、シーメンス社（ドイツ）、テキサス・インスツルメンツ社（米国）、ハリス社（米国）、マイクロソフト・ライセンシング社（米国）、ラムバス社（米国）		
7)	事業所	本社／東京都港区芝5-7-1 工場／神奈川県川崎市、東京都府中市、神奈川県相模原市、神奈川県足柄上郡、神奈川県横浜市、千葉県我孫子市		
8)	関連会社	東北日本電気、山形日本電気、秋田日本電気、富山日本電気、長野日本電気、福井日本電気、関西日本電気、広島日本電気、山口日本電気、九州日本電気、福岡日本電気、熊本日本電気、大分日本電気、鹿児島日本電気、NECモバイルエナジー、NEC SCHOTTコンポーネンツ、NECエレクトロニクス社（米国）、NECセミコンダクターズ・シンガポール社（シンガポール）、NECテクノロジーズ・タイランド社（タイ）、NECコンポーネンツ・フィリピン社（フィリピン）、NECセミコンダクターズ・マレーシア社（マレーシア）、NECセミコンダクターズ・UK社（イギリス）、NECセミコンダクターズ・アイルランド社（アイルランド）、その他		
9)	業績推移	H11.3	H12.3	H13.3
	売上高(百万円)	3,686,444	3,784,519	4,099,323
	当期利益(千円)	140,287,000	22,824,000	23,670,000
10)	主要製品	パソコン、ソフトウェア、スーパーコンピューター、ストレージ、プリンタ、プロジェクタ、ビジネスソフト、ネットワークシステム、半導体、RF&マイクロ波、オプトエレクトロニクス、PDPモジュール、LCDモジュール、プリント配線板		
11)	主な取引先	NTT、KDDI、防衛庁、官公庁、JRグループ		

　日本電気は、光通信用半導体レーザの分野で総合的に製品展開を行っている。

　技術開発に関しては、光通信システム用の波長の異なる複数の半導体レーザを1枚のウエハ上に一括して形成し、多重量子井戸活性層を作製する製造技術に関する研究を行っており、この研究の一環として、半導体レーザの活性層の組成を、発振波長に整合するようにウエハ面内で自在に制御できる選択MOVPE成長技術を開発した。これにより、広い波長域にわたって素子特性が均一な異波長半導体レーザを1ウエハで製造可能にした。また、DVD-ROM用光源として650nm帯赤色半導体レーザでも同様な基板上結晶成長技術による多重量子井戸活性層の作製を行っている。

　また、窒化ガリウム系の青紫色半導体レーザも開発しており、この開発でも、選択成長による作製を行っている。

　参考文献：http://www.labs.nec.co.jp/Topics/data/r010905a/

2.2.2 半導体レーザ技術に関連する製品・技術

表2.2.2-1 半導体レーザ技術に関連する製品・技術

技術用途	製品	製品名	出典
光通信システム用	2.5Gbit/s,10Gbit/s用DFB	NX8300BE,CE-CC	日本電気カタログ(2001.8発行)
	変調器内蔵DFB	NX8560LJ-CC NX8564LE-CC NX8565LE-CC	
	DWDM用波長ロッカ内蔵DFB	NX8570SA NX8571SA	
	光ファイバアンプ励起用	NX7461LE-CC NX7462LE-CC	
4元系 InGaAsP 波長多重光通信用	FP－LD	NX5302SJ NX5302SH NX7300BA-CC NX7300CH-CC NX7301BA-CC NX7301CH-CC NX7302BA-CC NX7302CH-CC NX7303BA-CC NX7303CH-CC NX7304BG-CC	http://www.csd-nec.com/opto/japanese/fiberoptic_j.html

　紹介したこれらの製品は半導体レーザを用いたものであり、活性層に特徴がある可能性のあるものである。したがって、必ずしも活性層に特徴のある製品ではないことに注意していただきたい。

2.2.3 技術開発課題対応保有特許の概要

　各技術要素での登録・公告されているものの中で出願が早く、内容的にも重要と思われる出願については、概要・代表図を添付した。

　出願の傾向としては、前述のように出願量はほかの企業に比べて多く、技術要素全般に出願している。また、前表1.4.1-1、表1.4.1-2を参照すると、技術要素3元系活性層・4元系活性層では活性層の結晶性を向上するために、組成に工夫した出願が多い。表1.4.1-4を参照すると、技術要素クラッド層では層の性質（ドープ・拡散）に工夫をした出願が多い。また、表1.4.3-1を参照すると、技術要素結晶成長では生産性の課題を成長マスクにより解決している出願が多い。表1.4.3-2を参照すると、技術要素ドーピングでは、課題を不純物濃度により解決している出願が多い。

表2.2.3-1 技術開発課題対応保有特許の概要(1/28)

技術要素			公報番号	特許分類	課題	概要(解決手段)あるいは発明の名称	代表図
基本構造							
	3元系活性層	活性層厚	特許2800425	H01S3/18	漏れ電流・低閾値・発光効率	バリア層を薄くし、活性層のサブバンドを狭く保つことにより、発振閾値が低く、高温動作が可能でかつ高速変調が可能となる	
			特開平04-277686	H01S3/18		半導体レーザ	
			特開平05-167187	H01S3/18		半導体レーザ	
			特許2924433	H01S3/18,642		位相シフト領域付近でMQWウェル層を挟むガイド層を薄く、他の領域で厚くすることにより、高いFM変調効率を得ると共に電界の集中する部分での漏れたキャリアの量を低減することができる	
			特開平07-131108	H01S3/18	波長特性	半導体レーザ	
			特許2682474	H01S3/18	キャリア	障壁層が2種類以上の異なるバンドギャップをもつ、または組成が連続的に変化する層であり、かつ障壁層を厚くすることにより、障壁層に分布するキャリアの波動関数が重ならず、量子井戸層に効果的に注入する	

50

表2.2.3-1 技術開発課題対応保有特許の概要(2/28)

技術要素			公報番号	特許分類	課題	概要(解決手段)あるいは発明の名称	代表図
基本構造	3元系活性層	活性層厚	特許2630264	H01S3/18	結晶性	歪量子井戸層とその上層との界面縞状凹凸構造を形成する単位構造で、短形波型単位構造の占める割合を1／2以上とすることにより、成長時に結晶欠陥が導入され難くすることができる	
		活性層幅	特許2636754	H01S3/18	その他出力	量子細線を活性層とする半導体レーザ光増幅器の量子細線で、<100>方向に垂直な長さが<100>方向の長さよりも長くすることにより、偏波無依存の光増幅が実現できる	
			特許2900824	H01L27/15 H01L27/15 G02B6/13 H01S3/18		光半導体装置の製造方法	
			特開平10-117040	H01S3/18 H01S3/082	生産性	半導体レーザ素子の製造方法	
			特許3104789	H01S5/22 H01L33/00		半導体光素子およびその製造方法	
		構成その他	特許2595774	H01S3/18	漏れ電流・低閾値・発光効率	面発光半導体レーザの製造方法	
			特開2000-077780	H01S3/18	温度特性	半導体レーザとその製造方法	
			特開2000-164990	H01S5/343	波長特性	半導体レーザ	
			特開2000-223776	H01S3/18,654	その他出力	半導体発光素子	
			特開2000-269606	H01S3/18,677	結晶性	半導体レーザ素子とその製造方法	
		バンドギャップ	特開平04-252089	H01S3/18	漏れ電流・低閾値・発光効率	半導体レーザ	
			特開2001-135889	H01S5/16 H01S5/227		半導体レーザおよびその製造方法	
			特許2877107	H01S3/18	キャリア	多重量子井戸型半導体レーザ	
			特許3075346	H01S5/343 H01S5/065		半導体レーザ	

表2.2.3-1 技術開発課題対応保有特許の概要(3/28)

技術要素			公報番号	特許分類	課題	概要(解決手段)あるいは発明の名称	代表図
基本構造	3元系活性層	バンドギャップ	特許2943359	H01S3/18,642 H01S3/18,694	その他出力	バンドギャップが発振光のエネルギーよりも20～100meV高い半導体層を導波層とし、活性層に電流を注入する手段から電気的に分離して導波層に電界を印加することにより、小さな変化で大きく発振光出力を変調できる。つまりドライブ電圧を小さくできる	
			特許2661563	H01S3/18	結晶性	半導体レーザ	
			特開平11-307866	H01S3/18		窒化物系化合物半導体レーザ素子	
			特許3024611	H01S5/227	生産性	半導体レーザおよびその製造方法	
		組成	特開平07-235732	H01S3/18 H01L33/00	漏れ電流・低閾値・発光効率	半導体レーザ	
			特許3123433	H01S5/065 H01S5/323		自励発振型半導体レーザ	
			特許2663880	H01S3/18	温度特性	AlInGaAsP半導体材料をバリアに用い、高温時に電子がバリアへ溢れるのを防止するようにしたため、高温時においても低閾値、低駆動電流で動作可能とすることができる	
			特開平11-087835	H01S3/18		半導体レーザ及びその製造方法	
			特許3189791	H01S5/343 H01L33/00	波長特性	半導体レーザ	
			特開平08-102566	H01S3/18	結晶性	量子井戸構造光半導体装置及びその製造方法	
			特許2914210	H01S3/18,677		多重量子井戸構造光半導体装置及びその製造方法	
			特開平10-022564	H01S3/18		半導体レーザ、半導体光変調器および半導体レーザの製造方法	
			特許2937156	H01S3/18,677 H01L21/205 H01L33/00		半導体レーザの製造方法	

表2.2.3-1 技術開発課題対応保有特許の概要(4/28)

技術要素			公報番号	特許分類	課題	概要(解決手段)あるいは発明の名称	代表図
基本構造	3元系活性層	組成	特開平11-126945	H01S3/18 H01L21/20	結晶性	歪み半導体結晶の製造方法	
		格子定数	特開2000-315837	H01S5/068 H01S5/227 H01S5/343	漏れ電流・低閾値・発光効率	自励発振型半導体レーザ	
			特許3132445	H01S5/183	温度特性	長波長帯面発光型半導体レーザ及びその製造方法	
			特開平04-049688	H01S3/18	キャリア	歪バリヤ量子井戸半導体レーザ	
		その他	特許2839084	H01S3/18 H01L33/00	漏れ電流・低閾値・発光効率	光半導体素子の製造方法	
			特許3024354	H01S5/10	温度特性	半導体レーザ	
			特許2836675	H01S3/18	波長特性	凸部ストライプの側方の斜面に相当する部分で劈開することにより、端面でのバンドギャップと共振器内部のバンドギャップ差が40meV以上であるウィンドウレーザを得ることができる	
			特開2000-353860	H01S5/34 G01B21/32 G01N37/00	結晶性	歪多重量子井戸構造の歪量測定方法及び作製方法	
	4元系活性層	活性層厚	特開平04-277686	H01S3/18	漏れ電流・低閾値・発光効率	半導体レーザ	
			特開平05-167187	H01S3/18		半導体レーザ	
			特許2924433	H01S3/18,642		半導体レーザ及びその製造方法	
			特許2555974	H01S3/18 H01L29/06		多重量子井戸構造活性層においてバリア層の中に厚さ5nm以上の領域と3nm以下の領域が存在する構造とすることにより、発振閾電流値が低く微分量子効率を高くすることができる	

表2.2.3-1 技術開発課題対応保有特許の概要(5/28)

技術要素			公報番号	特許分類	課題	概要(解決手段)あるいは発明の名称	代表図
基本構造	4元系活性層	活性層厚	特開平06-112586	H01S3/18	高出力	活性層として充分に薄いバルク層または多重量子井戸層を用いることで、発振閾値電流を低減し、高出力動作特性を改善する	
			特開平07-131108	H01S3/18	波長特性	半導体レーザ	
			特許2682474	H01S3/18	キャリア	半導体レーザ装置	
			特許2771276	H01S3/18	その他出力	半導体光集積素子とその製造方法	
			特公平08-034333	H01S3/18		分布帰還型量子井戸半導体レーザ	
			特開2000-277721	H01L27/15 G02B6/122 H01S3/18,616		半導体光集積素子、光集積モジュール、及び、光通信システム	
			特許2814906	H01S3/18 G02F1/025	生産性	光半導体素子およびその製造方法	
			特許3067702	G02B6/12 G02B6/122 H01S5/227		半導体光集積素子およびその製造方法	
		活性層幅	特許2746065	H01S3/18	漏れ電流・低閾値・発光効率	<001>方向に5度以上の角度をなす方向に互いに平行な絶縁膜からなるストライプ状マスクを形成し、注入電流が活性層に集中して流れるようすることで高光出力、高利得を得ることができる	
			特許3037111	H01S3/18 H01S3/096		半導体レーザおよび複合半導体レーザ	
			特許2555955	H01S3/18 H01S3/10	高出力	絶縁体マスクの幅を光入射端面付近よりも光出射端面付近において狭く形成することにより、活性層のバンドギャップ波長を光入射側端面よりも光出射端面付近において短波長とすることができ、利得を高くかつ飽和光出力を高くする	
			特許2950302	H01S3/18,642	波長特性	半導体レーザ	

表2.2.3-1 技術開発課題対応保有特許の概要(6/28)

技術要素			公報番号	特許分類	課題	概要(解決手段)あるいは発明の名称	代表図
基本構造	4元系活性層	活性層幅	特許2723045	H01S3/18	ビーム形状	活性層幅が共振器方向に変化するフレア構造半導体レーザの活性堂波路が横方向にリッジ波構造とすると共にリッジ構造の外側領域で活性層をとぎらせる、または全て除去する放射モード抑制領域を形成することにより、リップルのきれいな発光遠視野像を持つことができる	
			特許2697615	H01S3/18	キャリア	MQWレーザにおいて、活性層を含むストライプ構造の幅を正孔の拡散長の2倍程度以下とし、かつストライプ構造の側面の両側から正孔を注入する構造とすることにより、正孔の局在を回避し、しきい値電流の温度依存性を低減できる	
			特許2900824	H01L27/15 H01L27/15 G02B6/13 H01S3/18	その他出力	光半導体装置の製造方法	

表2.2.3-1 技術開発課題対応保有特許の概要(7/28)

技術要素			公報番号	特許分類	課題	概要(解決手段)あるいは発明の名称	代表図
基本構造	4元系活性層	活性層幅	特許2842387	H01S3/18 G02F1/025	その他出力	半導体層上にストライプ方向で幅を変化させた2本の平行なストライプ状誘電体薄膜を形成し、誘電体薄膜をマスクとして量子井戸構造を含む半導体層を結晶成長することにより、均一な活性層、導波路幅が作成でき、量子井戸構造の等価屈折率や発光エネルギーを局所的に変えることができる	
			特開平11-307862	H01S3/18		半導体レーザ	
			特許2914235	H01S3/18,67 7	結晶性	複数本のストライプ状誘電体膜を成長阻止マスクとして用い、量子井戸層または、バルク層からなる半導体多層構造を結晶成長することにより、マスク幅の異なる領域でも結晶の歪量変化を抑制しつつ、大きな層厚変化を得る	
			特開2001-148542	H01S5/227 H01S5/026		光半導体装置及びその製造方法並びに光通信装置	
			特許2701569	H01S3/18 G02F1/025 H01L21/20 H01L25/00	生産性	マスクを用いて選択成長を行うと、マスクに挟まれた部分の側面はリッジ状に成長するため、エッチングが不要となり、均一な活性層、導波路幅が制御できる	
			特許2865000	H01S3/18 G02B6/122 G02B6/13		出力導波路集積半導体レーザとその製造方法	
			特許2882335	H01S3/18		光半導体装置およびその製造方法	

表2.2.3-1 技術開発課題対応保有特許の概要(8/28)

技術要素			公報番号	特許分類	課題	概要(解決手段)あるいは発明の名称	代表図
基本構造	4元系活性層	活性層幅	特開平10-117040	H01S3/18 H01S3/082	生産性	半導体レーザ素子の製造方法	
			特許3104789	H01S5/22 H01L33/00		半導体光素子およびその製造方法	
		構成その他	特許2550729	H01S3/18	漏れ電流・低閾値・発光効率	半導体レーザ	
			特開平07-193313	H01S3/18		半導体レーザ	
			特許2937740	H01S3/18,644	温度特性	分布帰還型半導体レーザ	
			特開平09-129970	H01S3/18		レーザダイオード素子	
			特開2000-077780	H01S3/18		半導体レーザとその製造方法	
			特開平06-268314	H01S3/18	キャリア	半導体レーザ	
			特開2000-223776	H01S3/18,654	その他出力	半導体発光素子	
			特開2000-269606	H01S3/18,677	結晶性	半導体レーザ素子とその製造方法	
		バンドギャップ	特開平04-252089	H01S3/18	漏れ電流・低閾値・発光効率	半導体レーザ	
			特許2546127	H01S3/18		バンドギャップエネルギE1のクラッド層とE2の井戸層の間にE1≧2×E2が成り立つようにして、波長540nmの緑色のSHG光を効率よく発生することができる	
			特許3080831	H01S3/18		多重量子井戸半導体レーザ	
			特開平07-240562	H01S3/18		半導体レーザの製造方法	
			特許2800425	H01S3/18	キャリア	半導体レーザ	
			特許2556273	H01S3/18		変調ドープ多重量子井戸型半導体レーザ装置	
			特許2748838	H01S3/18		量子井戸半導体レーザ装置	

表2.2.3-1 技術開発課題対応保有特許の概要(9/28)

技術要素			公報番号	特許分類	課題	概要(解決手段)あるいは発明の名称	代表図
基本構造	4元系活性層	バンドギャップ	特許2555983	H01S3/18 H01L33/00	キャリア	MQW活性層に隣接してクラッド層と量子井戸層との中間のバンドギャップエネルギを有する第2クラッド層を形成することにより、活性層の積層方向に対して横方向からも有効質量の大きなホールを注入でき、キャリアが不均一に分布するのを緩和することにより、高い利得特性を得ることが出きる	
			特許2877107	H01S3/18		多重量子井戸型半導体レーザ	
			特許3075346	H01S5/343 H01S5/065		半導体レーザ	
			特許2943359	H01S3/18,642 H01S3/18,694	その他出力	半導体レーザ装置	
			特許2870632	H01S3/18 H01L27/15		半導体光集積回路およびその製造方法	
			特許2661563	H01S3/18	結晶性	半導体レーザ	
			特許3024611	H01S5/227	生産性	半導体レーザおよびその製造方法	
			特公平07-073137	H01S3/18 C30B29/40 C30B29/68	その他	量子井戸構造	
		組成	特許3063355	H01S5/343	漏れ電流・低閾値・発光効率	半導体レーザ	
			特開平07-235732	H01S3/18 H01L33/00		半導体レーザ	
			特許3123433	H01S5/065 H01S5/323		過飽和吸収層を活性層と比較して、V族／III族原料供給量比を低く、Al組成比を高く、かつ、層厚を薄くすることで、過飽和吸収層のキャリア寿命を短くし、閾値電流を低くできる	
			特許2663880	H01S3/18	温度特性	多重量子井戸構造半導体レーザ	

表2.2.3-1 技術開発課題対応保有特許の概要(10/28)

技術要素			公報番号	特許分類	課題	概要(解決手段)あるいは発明の名称	代表図
基本構造	4元系活性層	バンドギャップ	特開平11-087835	H01S3/18	温度特性	半導体レーザ及びその製造方法	
			特許2842292	H01S3/18	波長特性	半導体光集積装置および製造方法	
			特許2917974	H01S3/18,677 H01L21/205	その他出力	結晶成長方法及び半導体レーザの製造方法	
			特開平08-102566	H01S3/18	結晶性	量子井戸構造光半導体装置及びその製造方法	
			特許2914210	H01S3/18,677		多重量子井戸構造光半導体装置及びその製造方法	
			特開平10-022564	H01S3/18		半導体レーザ、半導体光変調器および半導体レーザの製造方法	
			特許3132433	C30B29/40,502 H01L21/20 H01L21/205 H01S5/323		無秩序化結晶構造の製造方法、半導体レーザの製造方法及びウインドウ構造半導体レーザの製造方法	
			特開平11-126945	H01S3/18 H01L21/20		歪み半導体結晶の製造方法	
			特開2000-353861	H01S5/343 H01L21/205		Ⅲ－Ⅴ族半導体発光デバイスの製造方法	
			特公平07-073143	H01S3/18	生産性	半導体レーザの製造方法	
			特許3189880	H01S5/026 G02B6/14		光半導体素子	
		格子定数	特許3132445	H01S5/183	温度特性	長波長帯面発光型半導体レーザ及びその製造方法	
			特開平04-049688	H01S3/18	キャリア	歪バリヤ量子井戸半導体レーザ	
			特許2712767	H01S3/18		歪量子井戸半導体レーザ	
			特許3006553	G02F1/025 G02B6/14 H01S3/18,694	その他出力	半導体集積型偏波モード変換器	
		その他	特許2669374	H01S3/18	高出力	フレア構造レーザにおいて、活性層幅の広いほうと狭いほうを互いに近接させてアレイ状に配置することで、電-光変換効率が高く、大出力が得られる	

表2.2.3-1 技術開発課題対応保有特許の概要(11/28)

技術要素			公報番号	特許分類	課題	概要(解決手段)あるいは発明の名称	代表図
基本構造	4元系活性層	その他	特許3024354	H01S5/10	温度特性	2つの出射端面を有していて、基板表面から形成した溝により一方の端面側を形成し、反対の出射端面に反射膜を形成し、かつその共振器長を150μm以下とすることで、温度特性に優れた半導体レーザを得る	
			特許2839084	H01S3/18 H01L33/00		第1回目の選択成長として、同一導電型のクラッド層、活性層などの半導体層を結晶成長することにより、選択成長を行った際にマスク上に多結晶が析出することを防止する	
			特許2647018	H01S3/18	波長特性	多重量子井戸が2つ以上の異なる利得ピークを有し、動作温度範囲とブラッグ波長の温度依存性を考慮し、いずれの動作温度でもブラッグ波長の近傍に少なくとも1つの利得ピークがあるようにすることで、デチューニング量の増大を抑え、温度特性の向上をえる	

表2.2.3-1 技術開発課題対応保有特許の概要(12/28)

技術要素			公報番号	特許分類	課題	概要(解決手段)あるいは発明の名称	代表図
基本構造	4元系活性層	その他	特許2995972	H01S3/18,692	その他出力	<-111>または<1-11>方向に秩序状態を形成するバルク活性層において、光導波層を<-110>または<1-10>方向に形成することでTEモード、<110>または<-1-10>方向に形成することでTMモードを選択的に増幅できる	
			特開平09-064460	H01S3/18		分布帰還型半導体レーザ	
			特許2917975	H01S3/18,676		半導体レーザ	
			特開2000-208862	H01S3/18,616 G02B6/122 G02F1/035		半導体光集積素子及びその製造方法	
			特開2000-353860	H01S5/34 G01B21/32 G01N37/00	結晶性	劈開面の断面構造を操作トンネル顕微鏡で画像化し、歪量を測定することにより、成長後のミスフィット転位の発生を抑制する	
			特開2000-133875	H01S3/18,648	生産性	レーザ構造を作製後、共振器端面の一方にZn拡散源であるZnO膜を形成することで、加熱処理を行わず歩留まり良く端面近傍に窓構造を形成できる	
	光ガイド層	層の形状・配置	特許2947142	H01S3/18,616	波長特性	波長可変半導体レーザ	
			特許2842387	H01S3/18 G02F1/025	その他出力	半導体光集積素子の製造方法	

61

表2.2.3-1 技術開発課題対応保有特許の概要(13/28)

技術要素			公報番号	特許分類	課題	概要(解決手段)あるいは発明の名称	代表図
基本構造	光ガイド層	層の厚さ・幅	特許2913922	H01S3/18,67	その他出力	ガイド層の膜厚の合計を200nm以上と厚くして光閉じ込め係数をおおきくし、ガイド層を量子井戸構造とすることにより、大きなFM変調効率を得ることができる	
		層の性質	特許2755141	H01S3/18 H01L29/06 H01L29/68 H01L33/00	その他出力	第1の閉込め層よりもバンドギャップの小さなn型不純物をドープした第2の閉込め層を第1閉込め層内に有することで、周波数変調効率が大きく低雑音な量子井戸構造素子を得ることができる	
			特開平11-307866	H01S3/18		窒化物系化合物半導体レーザ素子	
	クラッド層	層の形状・配置	特許3006553	G02F1/025 G02B6/14 H01S3/18,694	その他出力	半導体集積型偏波モード変換器	
			特開2000-091709	H01S3/18,67		歪多重量子井戸構造を活性層に有する半導体レーザ素子において、pクラッド層に第1量子準位の電子とホールのエネルギー差がバリア層のバンドギャップエネルギー以上である量子井戸層を有し、クラッド層にあふれ出した電子をレーザ発振に寄与させることにより、光変換効率を高くすることが出きる	

表2.2.3-1 技術開発課題対応保有特許の概要(14/28)

技術要素			公報番号	特許分類	課題	概要(解決手段)あるいは発明の名称	代表図
基本構造	クラッド層	層の厚さ・幅	特開2000-349396	H01S5/323 H01L33/00	生産性	n型クラッド層の層厚をd1μm、歪量をε1、p型クラッド層の層厚をd2μm、歪量をε2としたとき、$-0.0024 \leq \varepsilon1 \cdot d1 + \varepsilon2 \cdot d2 \leq 0.0024$を満たすように構成することで、クラック発生を抑制し、歩留まりを向上する	
		層の性質	特公平07-077283	H01S3/18	低閾値	半導体レーザ	
			特許2817710	H01S3/18		過飽和吸収層に酸素をドーピングすることにより少数キャリアを消費させることで、少数キャリア寿命が低下し、低閾値、低駆動電流及び高信頼性を得る	
			特開2000-174394	H01S3/18,676	その他出力	歪多重量子井戸を有する半導体レーザであって、n型クラッド層内に光フィールド制御層を有し、光がp型クラッド層へのしみ出すのを抑制することにより、価電子帯間吸収を極力抑えた高出力が可能な半導体レーザを得る	

表2.2.3-1 技術開発課題対応保有特許の概要(15/28)

技術要素			公報番号	特許分類	課題	概要(解決手段)あるいは発明の名称	代表図
基本構造	クラッド層	層の性質	特許2536713	H01S3/18	特性維持	AlGaInP半導体素子でpクラッド層にAl組成の異なる層を交互に積層し、Al組成の小さい層に引っ張り歪を導入しZn拡散抑制層とすることで、キャリアオーバフローを抑制することで特性を維持し、高温特性を向上させることができる	(図)
	活性層埋込構造	層の形状・配置	特開平09-064460	H01S3/18	その他出力	分布帰還型半導体レーザ	
			特許2757909	G02F1/35,501 H01L27/15 H01S3/18		光半導体素子及びその製造方法	
			特許2595774	H01S3/18	特性維持	面発光半導体レーザの製造方法	
			特開2000-223775	H01S5/16 H01S5/323		半導体レーザとその製造方法	
			特開2000-277858	H01S3/18,665 H01S3/18,648 H01S3/18,677		半導体レーザおよび製造方法	
		層の厚さ・幅	特許3037111	H01S3/18 H01S3/096	高出力	半導体レーザおよび複合半導体レーザ	
			特許3104789	H01S5/22 H01L33/00	ビーム形状	半導体光素子およびその製造方法	
		層の性質	特許2870632	H01S3/18 H01L27/15	その他出力	半導体光集積回路およびその製造方法	
			特許3164072	H01S5/16		窓領域を活性層に比してバンドギャップの大きな半導体層で埋め込む構造とすることで、素子端面での光吸収の低減、端面破壊の抑制ができ、光高出力特性を得ることができる	(図)

表2.2.3-1 技術開発課題対応保有特許の概要(16/28)

技術要素			公報番号	特許分類	課題	概要(解決手段)あるいは発明の名称	代表図
基本構造	活性層埋込構造	層の性質	特開2001-135889	H01S5/16 H01S5/227	特性維持	窓領域において、発振レーザエネルギーより大きなバンドギャップを有する半導体材料層を活性層に代えて配置することにより、閾値電流、動作電流の増大を抑制し、信頼性を高く保つ	
製造技術							
	結晶成長	成長条件・方法	特許2674474	H01S3/18 H01L21/205	結晶性	活性層成長温度を580～640℃の範囲に設定し、活性層以降の成長温度を活性層成長温度と等しくすることにより、活性層に導入される欠陥の密度を低くすることができる	
			特許2937156	H01S3/18,667 H01L21/205 H01L33/00		半導体レーザの製造方法	
			特開平11-145552	H01S3/18		半導体レーザ及びその製造方法	
			特開2000-058461	H01L21/205 C23C16/18 C23C16/34 H01L33/00 H01S3/18		窒化物半導体層の選択成長方法	
			特開2001-007441	H01S5/227 H01S5/343		半導体レーザの製造方法	
			特許2998629	H01S3/18,665 H01L21/205	生産性	光半導体装置とその製造方法	
			特許3060973	H01S5/22 H01L33/00 H01S5/343		選択成長法を用いた窒化ガリウム系半導体レーザの製造方法及び窒化ガリウム系半導体レーザ	
			特開2000-340892	H01S3/18,673 H01L21/28,301 H01L33/00		化合物半導体装置及びその製造方法	
			特許2967719	H01S3/18,667 H01L21/20 H01L21/205 H01L33/00 H01L21/02	成長層厚さ	半導体結晶成長方法および半導体素子	

表2.2.3-1 技術開発課題対応保有特許の概要(17/28)

技術要素			公報番号	特許分類	課題	概要(解決手段)あるいは発明の名称	代表図
製造技術	結晶成長	成長条件・方法	特開2000-260714	H01L21/205 H01S3/18,665	成長層厚さ	有機金属気相成長による成膜方法及びこれを用いた半導体レーザの製造方法	
			特開2000-332360	H01S3/18,665 H01S3/18,673		半導体レーザの製造方法	
			特開2001-156399	H01S5/227		半導体レーザの製造方法	
			特許2500588	H01S3/18	バンドギャップ・波長	ダブルヘテロ成長を基板に格子整合する半導体結晶のバンドギャップが極小となる温度±10℃の範囲で行うことにより、半導体結晶のバンドギャップエネルギーが極小となる	
			特許2914330	H01S3/18,665 H01L21/203 H01L21/205	素子特性	自励発振型半導体レーザ素子の成長方法	
			特開2000-216501	H01S3/18,677 H01S3/18,665		自励発振型半導体レーザの製造方法	
			特開2000-294882	H01S5/343 G02F1/01,601 G02F1/015,601 H01L21/205 H01L31/10		光半導体装置の製造方法	
		供給	特開平08-102566	H01S3/18	結晶性	量子井戸構造光半導体装置及びその製造方法	
			特許2914210	H01S3/18,677		多重量子井戸構造光半導体装置及びその製造方法	
			特開2000-022264	H01S3/18		半導体レーザの製造方法	
			特開2000-022267	H01S3/18		半導体レーザの製造方法	
			特開2000-091700	H01S3/18,665		半導体レーザの製造方法	
			特開2001-044571	H01S5/343 H01L21/205		半導体光素子およびその製造方法	

表2.2.3-1 技術開発課題対応保有特許の概要(18/28)

技術要素			公報番号	特許分類	課題	概要(解決手段)あるいは発明の名称	代表図
製造技術	結晶成長	供給	特公平07-073143	H01S3/18	成長層厚さ	傾斜基板を用いた結晶成長時のV族／Ⅲ族供給比を1000以上にすることで、ステップバンチングが低減し、量子井戸層の平坦化、閾値電流の低減、および信頼性を向上させる	
			特許3045115	H01S5/22 H01L21/205		光半導体装置の製造方法	
			特開2000-187127	G02B6/13 G02F1/025 H01L21/205 H01S5/227 H01S5/50,630		光半導体装置の製造方法	
			特許2991074	H01L21/205 C23C16/18 H01S3/18	素子特性	InGaAsP層を成長後、V族ガス待機工程間に、TBP待機工程を用いて界面における砒素の残留や脱離を抑制し、界面を急峻に形成することにより、レーザ特性を向上させることができる	
		成長マスク	特許2932690	H01S3/18,665	生産性	光半導体素子の製造方法	
			特許2701569	H01S3/18 G02F1/025 H01L21/20 H01L25/00		光半導体素子の製造方法	
			特許2950028	H01S3/18,665		光半導体素子の製造方法	
			特許2746065	H01S3/18		光半導体素子の製造方法	

表2.2.3-1 技術開発課題対応保有特許の概要(19/28)

技術要素			公報番号	特許分類	課題	概要(解決手段)あるいは発明の名称	代表図
製造技術	結晶成長	成長マスク	特許2814906	H01S3/18 G02F1/025	生産性	多重量子井戸層を、バンドギャップエネルギの小さな領域では絶縁膜ストライプマスクを用いて選択的に形成し、大きな領域では全面に形成する事により、エッチングを用いることなくバンドギャップエネルギ差を拡大でき、歩留りが高く素子特性を改善できる	
			特許2865000	H01S3/18 G02B6/122 G02B6/13		出力導波路集積半導体レーザとその製造方法	
			特許3007928	H01S3/18,665		光半導体素子の製造方法	
			特許2900824	H01L27/15 H01L27/15 G02B6/13 H01S3/18		光半導体装置の製造方法	
			特開平09-036496	H01S3/18 G02F1/025		半導体光素子	
			特開平09-129968	H01S3/18		半導体レーザの製造方法	
			特開平10-075009	H01S3/18		光半導体装置とその製造方法	
			特許2967737	H01S3/18,616 H01S3/18,677		光半導体装置とその製造方法	
			特開2000-174391	H01S3/18,665 H01L21/205 H01L33/00		化合物半導体素子の製造方法	
			特開2000-216495	H01S3/18,665 H01S3/18,677		半導体光素子の製造方法	
			特開2000-012952	H01S3/18,669 G02B6/122		半導体光導波路アレイの製造方法及びアレイ構造半導体光素子	
製造技術	結晶成長	成長マスク					

表2.2.3-1 技術開発課題対応保有特許の概要(20/28)

技術要素			公報番号	特許分類	課題	概要(解決手段)あるいは発明の名称	代表図
製造技術	結晶成長	成長マスク	特公平07-050815	H01S3/18 G02B6/13 G02B6/42 H01L27/15	成長層厚さ	誘電体薄膜のマスキングにより結晶成長領域、結晶速度を制御することで、エッチングを用いず均一な活性層、導波路幅が作成できる	
			特許2842387	H01S3/18 G02F1/025		半導体光集積素子の製造方法	
			特開2001-148348	H01L21/205 C30B29/38 H01L21/02 H01L33/00 H01S5/343 C23C16/34		GaN系半導体素子とその製造方法	
			特公平07-101674	H01L21/205 H01S3/18 H01L21/203	バンドギャップ・波長	光半導体素子の製造方法	
			特許2914235	H01S3/18,667		半導体光素子およびその製造方法	
			特許3104789	H01S5/22 H01L33/00		直線部で一定の開口部、テーパ部で端面に向かいマスク幅、開口部が漸減する選択成長マスクを用いることにより、光導波路がテーパ形状部分を有し、テーパ形状部分においては光導波路の膜厚とそのバンドギャップ波長がほぼ一定に保持されている光素子を製造できる	
			特許3024611	H01S5/227	素子特性	マスクを用い活性層と再結合層の幅を設定して、狭バンドギャップ層の位置とバンドギャップ組成を任意に制御最適化することで、電流狭窄特性を向上させ、高温・高出力特性を向上する	

表2.2.3-1 技術開発課題対応保有特許の概要(21/28)

技術要素			公報番号	特許分類	課題	概要(解決手段)あるいは発明の名称	代表図
製造技術	結晶成長	成長マスク	特開平10-117040	H01S3/18 H01S3/082	その他	回折格子のピッチに応じて絶縁膜マスクの幅を変えることにより、複数の活性層のそれぞれの組成を互いにことなるようにして、発振波長を変えた場合にもデチューニングを適切な範囲に設定できる	
		成長基板	特許3119200	H01S5/323 H01L21/205 H01L33/00	素子特性	窒化物系化合物半導体の結晶成長方法および窒化ガリウム系発光素子	
		原料	特許2669401	H01S3/18	結晶性	半導体レーザおよびその製造方法	
			特開平10-107363	H01S3/18		半導体レーザ素子の製造方法	
			特開平11-126945	H01S3/18 H01L21/20		歪み半導体結晶の製造方法	
			特開2000-031600	H01S3/18 H01L21/205 H01L33/00		半導体レーザの製造方法	
			特許2692557	H01S3/18	生産性	半導体レーザの製造方法	
			特許2842292	H01S3/18		量子井戸構造を選択成長する半導体光集積装置の製造方法においてV族原料としてAsH₃を用いMOVPE成長し、その他の層にTBA、TBPを用いることにより、井戸層のみの禁制帯幅、及び膜厚を変化させ、結晶性、歩留まりが向上する	
			特許2822868	H01S3/18	成長層厚さ	電流ブロック層を選択成長させるときに用いる原料ガスに微量のHClガスを混入し、メサ側面での電流ブロック層の突起厚さが平坦部の10%以下の厚さとなるようにすることで、ストレスを低減し信頼性を向上させる	

表2.2.3-1 技術開発課題対応保有特許の概要(22/28)

技術要素			公報番号	特許分類	課題	概要(解決手段)あるいは発明の名称	代表図
製造技術	結晶成長	成長マスク	特開2000-353861	H01S5/343 H01L21/205	バンドギャップ・波長	III-V族半導体発光デバイスの製造方法	
			特開2000-323789	H01S5/16 H01S5/227	素子特性	窓型半導体レーザおよびその製造方法	
		その他	特許3139450	H01L21/205 H01S5/00	結晶性	半導体層の結晶成長方法において毎分1nm以下の成膜速度で形成したマスクを用いた結晶成長と、成長室中にてマスク除去する工程を反復することで、界面の欠陥を低減する	
			特許2771276	H01S3/18	生産性	発光領域と光変調領域で井戸層の層厚が異なる素子を結晶成長で同時に形成することにより、製造が容易で、高い光学的な結合効率が得られる	
	ドーピング	無秩序化	特許2595774	H01S3/18	漏れ電流抑制	面発光半導体レーザの製造方法	
		ドープ領域	特開2000-353849	H01S5/026 H01L21/205 H01S5/227 H01S5/343	漏れ電流抑制	光半導体装置およびその製造方法	
		拡散領域	特許2555984	H01S3/18	漏れ電流抑制	埋め込み層成長中にP型埋め込み層に添加された不純物が成長中に拡散し、ワイドギャップ層の内部にpn接合を形成することにより、電流狭窄層におけるpn接合のビルトイン電圧を高くし、漏れ電流を抑制することができる	
			特開2001-148535	H01S5/065		自励発振型半導体レーザ及びその製造方法	
			特開2000-031596	H01S3/18 H01L33/00	生産性	半導体レーザ及び半導体レーザの製造方法	

表2.2.3-1 技術開発課題対応保有特許の概要(23/28)

技術要素			公報番号	特許分類	課題	概要(解決手段)あるいは発明の名称	代表図
製造技術	ドーピング	拡散領域	特許2812024	H01S3/18	出力特性	面発光素子の製造方法において拡散マスクを用いメサ円柱の側面だけに不純物の選択拡散を行うことで、表面再結合が低減され低閾値で発振する	
		不純物濃度	特許3116350	H01S5/227 H01S5/343	漏れ電流抑制	半導体レーザの製造方法	
			特開2001-210911	H01S5/227 H01S5/343		半導体レーザとその製造方法及び半導体レーザを用いた光モジュール及び光通信システム	
			特許2699848	H01S3/18	拡散抑制	InP系の材料を用いた半導体レーザにおいて、p型クラッド層へ導入する不純物の濃度を活性層近傍では低濃度、遠ざかるほど高濃度にすることにより、活性層への不純物の拡散を防止する	
			特許2780625	H01S3/18		半導体レーザの製造方法	
			特開平03-208388	H01S3/18	結晶性	半導体レーザ及びその製造方法と不純物拡散方法	
			特許2924834	H01S3/18,665	生産性	第1埋め込み層を第2埋め込み層よりドーピング濃度を高くすることで、pn接合のビルトイン電圧を高くし、一回の埋め込み成長で高出力化、低損失化を両立する	
			特開2000-101186	H01S3/18,665 H01S3/18,677	出力特性	半導体光素子およびその製造方法	
			特開2001-160653	H01S5/16 H01S5/227 H01S5/343	その他	半導体レーザ素子及びその製造方法	
		ドーパント	特開平09-116233	H01S3/18 H01L33/00	拡散抑制	III-V族光半導体素子およびIII-V族光半導体集積素子	

表2.2.3-1 技術開発課題対応保有特許の概要(24/28)

技術要素			公報番号	特許分類	課題	概要(解決手段)あるいは発明の名称	代表図
製造技術	ドーピング	ドーパント	特許3132433	C30B29/40,502 H01L21/20 H01L21/205 H01S5/323	生産性	無秩序化結晶構造の製造方法、半導体レーザの製造方法及びウインドウ構造半導体レーザの製造方法	
			特許2870632	H01S3/18 H01L27/15	出力特性	第1光導波層よりバンドギャップエネルギの大きい第2光導波層を第1光導波層に連続して形成し、そして、第1光導波層の側面と第2光導波層の上面を、アンドープ半導体、アクセプタ濃度が5×10^{17}cm^{-3}以下の半導体、または、Fe、Cr、Ti若しくはCoがドープされた高抵抗半導体層によって被覆し、かつ、第1光導波層の上面を第2導電型半導体層によって被覆することによって、半導体レーザと導波路での光損失が少なく、高い結合効率を得る	
		注入・拡散温度	特開2000-269606	H01S3/18,67	拡散抑制	活性層を歪多重井戸とすることでZn拡散熱処理を低温・短時間とすることにより、励起領域へのZn拡散を抑制し、品質低下を防止する	

73

表2.2.3-1 技術開発課題対応保有特許の概要(25/28)

技術要素			公報番号	特許分類	課題	概要(解決手段)あるいは発明の名称	代表図
製造技術	ドーピング	注入・拡散温度	特開2000-294882	H01S5/343 G02F1/01,601 G02F1/015,601 H01L21/205 H01L31/10	結晶性	亜鉛ドープp型InGaAsコンタクト層を590℃以下の成長温度と933hPa以上の圧力で成長させることで、良好な結晶性を保ちつつ$1\times10^{19}cm^{-3}$以上の高いアクセプタ濃度を得る	
			特開平06-104522	H01S3/18	出力特性	共振器端面に形成されたSiを含有する誘電体膜を800℃以上の高温で熱処理することでSiを端面近傍で拡散させ、量子井戸を無秩序化することにより、高出力で安定した出力動作の半導体レーザ素子を製造できる	
		その他	特許2917787	H01S3/18,665	漏れ電流抑制	埋め込み構造半導体光導波路素子の製造において、レーザ部と変調器部で成長阻止マスク幅を変え、また活性層両側面を不純物吸収を抑制した電界緩和層で覆うことにより、逆方向トンネル漏れ電流を抑制できる	
			特開2001-077465	H01S5/16 H01S5/227	拡散抑制	半導体レーザ及びその製造方法	
	エッチング	異なるエッチング速度	特許2932968	H01L21/308 H01S3/18	所望形状	エッチングレートが順に大きくなるように化合物半導体層を積層し、マスクを形成した後にエッチングを行なうことにより、1回のマスク形成だけで簡便に左右対称な2段メサ形状を形成する	

表2.2.3-1 技術開発課題対応保有特許の概要(26/28)

技術要素			公報番号	特許分類	課題	概要(解決手段)あるいは発明の名称	代表図
製造技術	エッチング	異なるエッチング速度	特開平10-190144	H01S3/18 H01L33/00	所望形状	埋め込みリッジ型半導体レーザ及びその製造方法	
			特許2877096	H01S3/18	素子特性	低駆動電流のメサストライプ型半導体レーザーにおいて、面方位が異なる2種の基板を用い、特定方位のみエッチングすることで、漏れ電流を抑制し、低閾値化することができる	
			特開平11-274657	H01S3/18,673 H01L21/3065		半導体レーザ及びその製造方法	
		エッチャント	特開平09-153657	H01S3/18	結晶性	硫酸をエッチャントとして使用し、ドライエッチングによる損傷を除去することにより、再結晶成長時に障害となるような段差の発生を防ぐことができる	
			特許2917695	H01S3/18,665	生産性	誘電体薄膜ストライプをマスクとして塩酸(HCl)とリン酸(H_3PO_4)混合液を用いて電流ブロック層をエッチングし、エッチング部分を基板と同伝導型の半導体で埋め込み成長することにより、大面積ウェハで均一な活性層、導波路幅を有した光半導体素子を製造する	

表2.2.3-1 技術開発課題対応保有特許の概要(27/28)

技術要素			公報番号	特許分類	課題	概要(解決手段)あるいは発明の名称	代表図
製造技術	エッチング	マスク	特開2000-075157	G02B6/13 G02B6/122	素子特性	半導体光導波路構造において、フォトレジストマスク幅と開口幅を回折格子領域とそれ以外の領域で異ならせることにより、導波路幅を連続にして、低閾値、高効率にする	
			特許2611486	H01S3/18	生産性	メサストライプ平坦部のみ自己整合的にエッチングマスクを残すことで、メサ両脇を対称性よくエッチングでき、歩留まりが向上する	
			特開平06-085395	H01S3/18		光半導体素子の製造方法	
			特許3191784	H01S5/12 G02B5/18 G03F7/40,521 H01L21/306		回折格子の製造方法及び半導体レーザの製造方法	
		エッチング条件	特許2601229	H01S3/18 H01L21/3065	エッチング停止	半導体光素子構造のエッチングにおいて、波長λのレーザ光を入射し、その反射光をモニタしながらエッチングを行うことで、エッチング終点を高精度に検出できる	
			特開2000-294877	H01S3/18,665	素子特性	高出力半導体レーザ及びその製造方法	
		エッチング方法・組合せ	特開2000-216489	H01S3/18,648 H01S3/18,664	結晶性	半導体レーザの製造方法	
			特開2001-068787	H01S5/227	所望形状	リッジストライプ型半導体レーザ装置及びその製造方法	
			特開2000-058979	H01S3/18 G02F1/025	生産性	半導体光導波素子の製造方法	
		その他	特開2000-277858	H01S3/18,665 H01S3/18,648 H01S3/18,677	結晶性	半導体レーザおよび製造方法	

表2.2.3-1 技術開発課題対応保有特許の概要(28/28)

技術要素			公報番号	特許分類	課題	概要(解決手段)あるいは発明の名称	代表図
製造技術	エッチング	マスク	特許2560619	H01S3/18	素子特性	エッチング端面を光出力端面とする半導体レーザにおいて、エッチング両端から共振器長方向に一部または全面に回折格子を設ける、もしくは活性層を緩やかに湾曲させて反射率を高めることで、広範囲の環境温度で低閾値特性がえられる	
			特許2871635	H01S3/18		半導体レーザおよびその製造方法	
			特許2546135	H01S3/18	その他	電子ビーム露光の際に、中央部分が両端部分よりも電子ビーム照射量が多くなるように露光を行なうことで、レジストパターンの高さを制御し、分布帰還型レーザを歩留まりよく製造できる	

2.2.4 技術開発拠点

出願明細書中の発明者住所から技術開発拠点の割り出しを行ったが、日本電気の出願の発明者住所は全て東京都の日本電気会社住所と同じであったため、発明者の住所から技術開発拠点を特定することはできなかった。

2.2.5 研究開発者

図2.2.5-1 日本電気の発明者数－出願件数推移

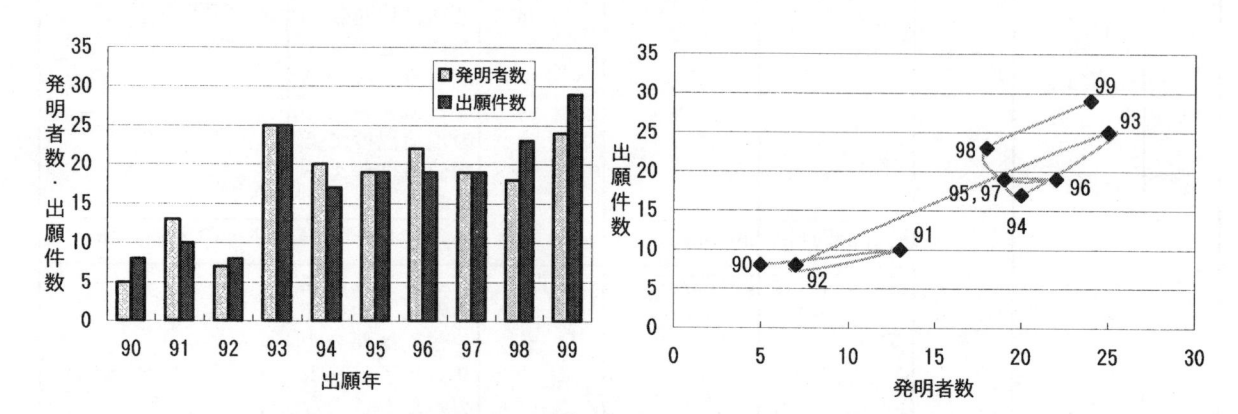

図2.2.5-1に、発明者数と出願件数の推移を示す。1993年に出願件数・発明者数（研究開発担当者数）がともに増加し、その後も継続的に出願件数・発明者数を維持している。

2.3 三菱電機
2.3.1 企業の概要

表2.3.1-1 企業の概要

1)	商号	三菱電機株式会社
2)	設立年月日	1921年1月
3)	資本金	1,758億2,077万円
4)	従業員	40,906名
5)	事業内容	重電機器、電子機器、産業機器、標準機器、家庭電器の製造・販売
6)	技術・資本提携関係	［技術導入契約先］ ラムバス社、インクリメント・ピー社、ソニー、ルーセント・テクノロジーズ・ジー・アール・エル社、ユニシス社、レーセオン社、インターナショナル・レクティファイア社、コーニンクレッカ・フィリップス・エレクトロニック社 ［相互技術援助契約先］ ロバート・ボッシュ社、モトローラ社、テキサス・インスツルメンツ社、三星電子社、インターナショナル・ビジネス・マシーンズ社、ルーセント・テクノロジーズ・ジー・アール・エル社 ［技術供与契約先］ エムペグ・エルエー社、上海三菱電梯有限公司、パワーチップ・セミコンダクター社
7)	事業所	本社／東京千代田区丸の内2-2-3　三菱電機ビル 工場／愛知県稲沢市、兵庫県尼崎市、神奈川県相模原市、福島県郡山市、京都府長岡京市、岐阜県中津川市、長野県飯田市、和歌山県和歌山市、長崎県西彼杵郡、静岡県静岡市、群馬県新田郡、愛知県名古屋市、愛知県新城市、岐阜県可児市、広島県福山市、福岡県福岡市、兵庫県姫路市、兵庫県三田市、熊本県菊池郡、愛知県西条市、愛知県香美郡、
8)	関連会社	三菱電機インフォメーションシステムズ、三菱電機ビルテクノサービス 島田理化工業、アドバンスト・ディスプレイ、第一電工、その他
9)	業績推移	<table><tr><td></td><td>H11.3</td><td>H12.3</td><td>H13.3</td></tr><tr><td>売上高(百万円)</td><td>2,770,756</td><td>2,705,055</td><td>2,932,682</td></tr><tr><td>当期利益(千円)</td><td>92,543,000</td><td>12,242,000</td><td>32,483,000</td></tr></table>
10)	主要製品	AV・情報通信機器、電化機器、冷凍・冷蔵・冷水ショーケース、吸収式冷温水器、自動販売機、半導体、液晶パネル、LED、半導体レーザ、電池、太陽光発電システム
11)	主な取引先	電力会社、三菱重工業、三菱エレクトリック・ヨーロッパ社、三菱エレクトロニクス・アメリカ社、三菱商事

高密度光ディスクドライブ、記録型DVDドライブ用および光通信用の横モードAlGaInP半導体レーザを生産しており、例えばレーザ光の高出力化に課題をおいて研究開発を行っている。

2.3.2 半導体レーザ技術に関連する製品・技術

表2.3.2-1 半導体レーザ技術に関連する製品・技術

技術用途	製品	製品名	出典
光通信システム用	光通信用LD	ML7xx28 10Gbps用 ML7XX4 CATV用 ML7XX8 622Mbps用 ML7XX10 OTDR用 ML7XX11 622Mbps用 ML7XX14 CATV用 ML7XX16 2.5Gbps用 ML7XX19 2.5Gbps用 ML8XX2 Fiber Amp用 ML9XX6 622Mbps用 ML9XX8 Fiber Amp用 ML9XX10 OTDR用 ML9XX11 622Mbps用 ML9XX12 2.5Gbps用 ML9XX17 2.5Gbps用 ML9XX18 10Gbps用 ML9XX19 2.5Gbps用 ML9XX22Coarse WDM用 ML9XX25Fiber Amp用	http://www.semicon.melco.co.jp/semicon/html/006/010_010_015.html
情報処理用	光ディスク・PPC用LD	ML1XX2 ODD用 ML1XX6 DVD用 ML1XX8 DVD用 ML1XX10 ODD用 ML1XX14 DVD用 ML6XX16 ODD用 ML6XX24 CD-R用 ML1XX16 記録型DVDドライブ用	http://www.semicon.melco.co.jp/semicon/html/006/010_010_010.html

　紹介したこれらの製品は半導体レーザを用いたものであり、活性層に特徴がある可能性のあるものである。したがって、必ずしも活性層に特徴のある製品ではないことに注意していただきたい。

2.3.3 技術開発課題対応保有特許の概要

　前表1.4.1-1、表1.4.1-2を参照すると技術要素3元系活性層、4元系活性層では、波長特性、結晶性向上の課題に関する出願が多い。また、前表1.4.3-1の技術要素結晶成長では、結晶性に課題を持つ出願が多く、表1.4.3-3の技術要素エッチングでは、生産性に課題を持つ出願が多い。

表2.3.3-1 技術開発課題対応保有特許の概要(1/7)

技術要素			公報番号	特許分類	課題	概要(解決手段)あるいは発明の名称	代表図
基本構造							
	3元系活性層	活性層厚	特開平09-148668	H01S3/18	漏れ電流・低閾値・発光効率	パルセーションレーザとその製造方法	
			特開平10-093196	H01S3/18 G02F1/025	波長特性	半導体レーザ及び光変調器つき半導体レーザ装置	
			特開2001-210910	H01S5/22 H01S5/323	ビーム形状	半導体レーザ	
			特開平11-112081	H01S3/18	生産性	半導体レーザ、及びその製造方法	
		活性層幅	特開平08-116135	H01S3/18 H01L21/205 H01L21/208 H01L21/428 H01L27/15	結晶性	<100>面方位を有する基板に<001>方向のストライプ状リッジを形成し、リッジの幅をレンズ領域でテーパ状に変化させることにより、格子歪の発生による結晶品質の劣化を防止する	(図)
		その他	特開平05-67835	H01S3/18	波長特性	半導体レーザ装置の製造方法	
		バンドギャップ	特開平10-209558	H01S3/18	漏れ電流・低閾値・発光効率	半導体レーザ	
			特開平11-243249	H01S3/18		半導体レーザダイオード	
		組成	特開平10-256642	H01S3/18	波長特性	自励発振型半導体レーザ	
			特許2553731	H01S3/18	結晶性	$(Al_X Ga_{1-X})_{0.47} In_{0.53} P_Y As_{1-Y}$からなる井戸層と$(Al_{X'}, Ga_{1-X'})_{0.47} In_{0.53} P_Y As_{1-Y}$からなる障壁層で構成し、その一部を無秩序化することにより、格子不整合を生じずに高信頼性を得る	(図)
			特許2863677	H01S3/18		半導体レーザ及びその製造方法	
		格子定数	特許3135202	H01S5/343 H01L29/06	その他出力	半導体装置、及びその製造方法	
		その他	特開平07-335988	H01S3/18 H01L33/00	結晶性	化合物半導体装置及びその製造方法	

表2.3.3-1 技術開発課題対応保有特許の概要(2/7)

技術要素			公報番号	特許分類	課題	概要(解決手段)あるいは発明の名称	代表図
基本構造	3元系活性層	その他	特開平09-023037	H01S3/18	結晶性	半導体レーザ装置の製造方法，及び半導体レーザ装置	
	4元系活性層	活性層厚	特開平09-148668	H01S3/18	漏れ電流・低閾値・発光効率	パルセーションレーザとその製造方法	
			特開平11-340562	H01S3/18		半導体レーザ装置とその製造方法	
			特開平10-93196	H01S3/18 G02F1/025	波長特性	半導体レーザ及び光変調器つき半導体レーザ装置	
			特開平11-238939	H01S3/18	その他出力	半導体レーザダイオード	
		活性層幅	特開平11-103130	H01S3/18 H01L27/15	ビーム形状	半導体光素子、及びその製造方法	
			特開平07-335977	H01S3/18	結晶性	半導体レーザ及び光集積デバイス並びにその製造方法	
		その他	特開平05-067835	H01S3/18	波長特性	半導体レーザ装置の製造方法	
		バンドギャップ	特開平11-243249	H01S3/18	漏れ電流・低閾値・発光効率	半導体レーザダイオード	
			特開平10-256652	H01S3/18	その他出力	活性層吸収型パルセーション半導体レーザダイオードとその製造方法	
			特開2000-277869	H01S3/18,694 H01S3/18,665 G02F1/025		変調器集積型半導体レーザ装置及びその製造方法	
			特開平11-220214	H01S3/18	生産性	半導体レーザダイオード	
		組成	特開平10-256642	H01S3/18	波長特性	自励発振型半導体レーザ	
			特許2553731	H01S3/18	結晶性	半導体光素子	
			特開平09-246654	H01S3/18 H01L33/00		半導体レーザ装置	
		格子定数	特開平08-307014	H01S3/18 G02F1/025 H01L31/10	その他出力	光半導体装置	
			特開平09-106946	H01L21/20 H01L29/778 H01L21/338 H01L29/812 H01S3/18	結晶性	半導体装置、及び半導体レーザ、並びに高電子移動度トランジスタ装置	
		その他	特開平07-335988	H01S3/18 H01L33/00	結晶性	化合物半導体装置及びその製造方法	
	光ガイド層	層の形状・配置	特開平08-116135	H01S3/18 H01L21/205 H01L21/208 H01L21/428 H01L27/15	特性維持	導波路集積素子の製造方法、及び導波路集積素子	

表2.3.3-1 技術開発課題対応保有特許の概要(3/7)

技術要素			公報番号	特許分類	課題	概要(解決手段)あるいは発明の名称	代表図
基本構造	光ガイド層	層の厚さ・幅	特開平10-239543	G02B6/122 G02B6/13 H01S3/18	その他	アイソレーションメサ部下部の光導波路の実効屈折率を大きくすることにより、光伝搬特性に影響を与えることなく、アイソレーションメサを深く形成でき、これによりアイソレーションメサ部の分離抵抗が高くなるため、伝送品質が向上する	
		層の性質	特開平09-283839	H01S3/18	特性維持	半導体レーザ装置、およびその製造方法	
	クラッド層	層の形状・配置	特開平08-307003	H01S3/18	特性維持	第2クラッド層として、GaAsより格子定数の大きいp-AlGaAs層とGaAsより格子定数の小さいp-InGaAsとを積層した超格子構造とすることにより、結晶の劣化を防止し、クラッド層の厚さを厚くでき、垂直放射角の拡がりを抑制できる	
		層の性質	特開平09-074246	H01S3/18	生産性	クラッド層上に活性層よりも実効的なバンドギャップエネルギーが大きい材料からなる高濃度p型半導体層と高濃度n型半導体層とにより構成されるトンネルダイオード構造を設けることで、クラッド層とキャップ層とを2μm以上に成長させる必要もなく、生産性を向上する	
材料技術	ドーパント材料	元素指定	特許2827919	H01S3/18	光吸収	半導体レーザ装置及びその製造方法	
			特開平08-125280	H01S3/18 H01L33/00	その他	半導体レーザ装置、及びその製造方法	

表2.3.3-1 技術開発課題対応保有特許の概要(4/7)

技術要素			公報番号	特許分類	課題	概要(解決手段)あるいは発明の名称	代表図
製造技術							
	結晶成長	成長条件・方法	特開平09-237933	H01S3/18	結晶性	半導体レーザ、及びその製造方法	
			特開平06-204601	H01S3/18	生産性	回折格子の形成方法	
			特許2726209	H01S3/18	成長層厚さ	有機金属気相成長法で層厚差をつけた成長、原子層エピタキシーで層厚差をつけない成長をすることによって、活性層が段差のない平坦面上に出射端面側が薄く、レーザ内部が厚い層厚に形成する	
		成長マスク	特開平11-251686	H01S3/18 H01L21/205 H01L21/306 H01S3/103	結晶性	変調器付半導体レーザ及びその製造方法	
			特開平07-335977	H01S3/18	バンドギャップ・波長	半導体レーザ及び光集積デバイス並びにその製造方法	
			特開平11-112081	H01S3/18	素子特性	半導体レーザ、及びその製造方法	
			特開2000-269604	H01S5/227 H01L21/205 H01S5/343		半導体レーザダイオードとその製造方法	
		成長基板	特開平09-139552	H01S3/18 H01L29/06 H01L29/778 H01L21/338 H01L29/812	結晶性	半導体装置、及びその製造方法	
			特許2815769	H01S3/18	成長層厚さ	基板に凸部を形成し、その上に成長することにより、端面と内部の井戸層の厚さを変化させ端面破壊を抑制する	
		原料	特開平09-199425	H01L21/205 H01L33/00 H01S3/18	結晶性	化合物半導体装置の製造方法	

表2.3.3-1 技術開発課題対応保有特許の概要(5/7)

技術要素			公報番号	特許分類	課題	概要(解決手段)あるいは発明の名称	代表図
製造技術	ドーピング	無秩序化	特許2827919	H01S3/18	結晶性	第1上クラッド層と第2上クラッド層とからなる量子井戸構造層に不純物を注入する際、第1上クラッド層のみを介して注入することができるようにすることで、無秩序化して窓構造を形成する際の結晶欠陥の発生を抑える不純物の注入する加速電圧を低くできる	
			特開平11-017267	H01S3/18	出力特性	活性層近傍を導波される光によりZn膜を加熱して拡散された活性層をディスオーダすることにより、窓形成時の加熱によるレーザ特性の劣化を防ぐ	
			特開2000-196190	H01S3/18,662		半導体レーザダイオードおよび製造方法	
		ドープ領域	特開平10-261835	H01S3/18	結晶性	リッジストライプ形状部の下方に位置する領域近傍に設けられた活性層をイオン注入と熱処理により窓構造とすることにより、窓形成時における半導体レーザの品質劣化を低減する	
		拡散領域	特開平11-026866	H01S3/18	出力特性	半導体レーザ及びその製造方法	
		不純物濃度	特開平09-199803	H01S3/18 H01S3/133 H01S3/07 H01S3/094 H01S3/10	基本横モード	クラッドよりAl組成比が小さいブロック層に$1\times 10^{19} cm^{-3}$以上のSiをドープすることにより、高次モードの発生を抑制し、単峰の基本横モードを安定させる	
			特開2001-185818	H01S5/343 H01S5/223	拡散抑制	半導体レーザ装置及びその製造方法	

表2.3.3-1 技術開発課題対応保有特許の概要(6/7)

技術要素			公報番号	特許分類	課題	概要(解決手段)あるいは発明の名称	代表図
製造技術	ドーピング	不純物濃度	特開平08-046283	H01S3/18	結晶性	半導体レーザの製造方法	
			特開平09-018079	H01S3/18	その他	リッジ脇のマスクに浅いドナーN_{SD}、浅いアクセプタN_{SA}であり、深いドナーN_{DD}が$N_{SA}>N_{SD}$かつ$N_{SA}-N_{SD}<N_{DD}$となる高抵抗層を成長することで、良好なオーミック接触を容易に得る	
		ドーパント	特開平09-036474	H01S3/18	基本横モード	半導体レーザ及びその製造方法	
			特許2653562	H01S3/18	拡散抑制	p型クラッドにp型不純物より少量のn型不純物をドープ、n型クラッドにn型不純物より少量のp型不純物をドープすることで、活性層への不純物の拡散防止する	
			特開平10-190145	H01S3/18 H01L33/00		半導体装置の製造方法	
			特開平08-102567	H01S3/18 H01L21/203 H01L21/205 H01L33/00	結晶性	Beドーピング方法，エピタキシャル成長方法，半導体光素子の製造方法，及び半導体光素子	
			特開平05-067835	H01S3/18	その他	半導体レーザ装置の製造方法	
			特開平08-125280	H01S3/18 H01L33/00		レーザ共振器端面に活性層と同じ族の元素をイオン注入して無秩序化することにより、COD防止、不純物レベルの形成を抑える	
			特開平08-162701	H01S3/10 H01L27/15 H01S3/18		光半導体装置、及びその製造方法	
	エッチング	エッチング停止層	特開平10-075012	H01S3/18	エッチング停止	半導体レーザ装置、及びその製造方法	
			特許2869276	H01S3/18	生産性	半導体レーザ装置及びその製造方法	
			特開平09-172220	H01S3/18 H01L21/308		半導体レーザ装置およびその製造方法	

表2.3.3-1 技術開発課題対応保有特許の概要(7/7)

技術要素			公報番号	特許分類	課題	概要(解決手段)あるいは発明の名称	代表図
製造技術	エッチング	エッチング停止層	特開平11-097799	H01S3/18 H01L21/3065 H01L21/306 H01L21/306	生産性	半導体装置の製造方法	
		異なるエッチング速度	特開平08-250801	H01S3/18	垂直・平坦性	クラッドとコンタクト層の間に両者の中間的なアルミ組成を有するバッファ層を挿入することで、コンタクト・クラッドの中間エッチング速度のバッファ層を形成し、両者の間の段差を緩和する	
			特開平07-235722	H01S3/18	所望形状	半導体レーザの製造方法、及び半導体レーザ	
		エッチャント	特開平09-116222	H01S3/18	所望形状	半導体レーザの製造方法、及び半導体レーザ	
			特開平10-012973	H01S3/18 H01L21/306		半導体レーザ装置およびその製造方法	
			特開平09-139550	H01S3/18 H01L21/308	生産性	半導体レーザ装置の製造方法、及び半導体レーザ装置	
			特開平11-004041	H01S3/18		半導体レーザの製造方法	
		マスク	特開平08-242033	H01S3/18	生産性	半導体レーザ、及び半導体レーザの製造方法	
		エッチング条件	特開平07-263355	H01L21/205 H01L21/3065 H01L21/3065 H01L29/205 H01L21/331 H01L29/73 H01S3/18	生産性	混合ガスを供給して表面の酸化膜を除去した後、外気と触れない状態でエッチングや成長を行うことにより、製造を簡便、確実にする	
		エッチング方法・組合せ	特開平06-232099	H01L21/302 H01L21/302 H01L21/205 H01L29/06 H01S3/18	結晶性	ドライエッチングをキャップ層から行い、硫化アンモニウムでキャップ層のクリーニングを行うことにより、結晶品質を向上する	
			特許3026389	H01S5/227	生産性	ウェットエッチングにより生じる底部をプラズマエッチングで除去することにより、工程を短縮する	

2.3.4 技術開発拠点
発明者の住所から割り出した技術開発拠点を以下に示す。

東京都：三菱電機-（*）
兵庫県：光・マイクロデバイス波研究所
兵庫県：北伊丹製作所
注（*）は公報に事業所名の記載なし

2.3.5 研究開発者
特許情報から得られた実質発明者数により、研究開発担当者数の推移を説明する。

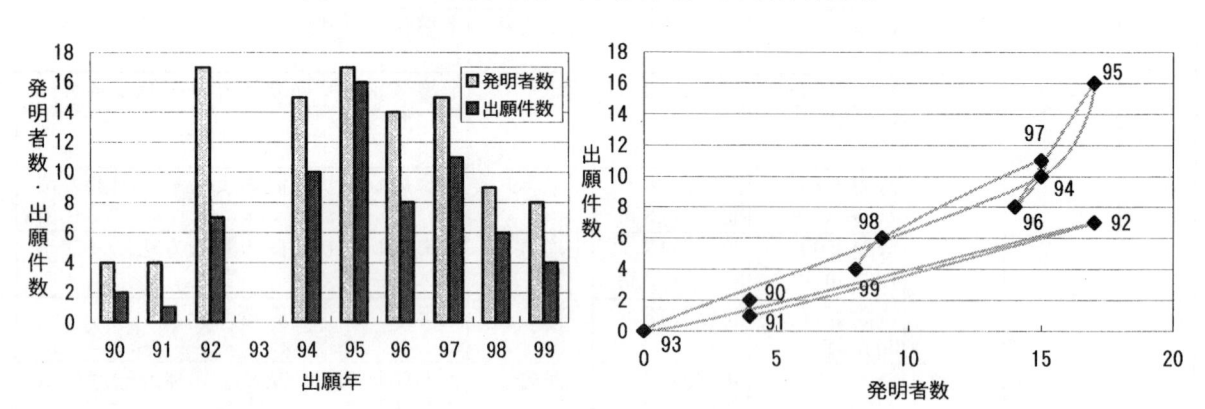

図2.3.5-1 三菱電機の発明者数－出願件数推移

図2.3.5-1に発明者数と出願件数の推移を示す。1995年が発明者数・出願件数のピークとなっている。

2.4 日立製作所

2.4.1 企業の概要

表2.4.1-1 企業の概要

1)	商号	株式会社日立製作所
2)	設立年月日	1920年2月
3)	資本金	2,817億5,405万円
4)	従業員	54,017名
5)	事業内容	電気機器、産業機器、車両、通信・電子機器、照明・家庭用機器、光学、医療機械器具、計量器の製造・販売及びサービス
6)	技術・資本提携関係	［技術導入契約先］ General Electric Co.（米国）、Mondex International Led.（米国）、QUALCOMM Inc.（米国） ［相互技術援助契約先］ General Electric Co.（米国）、Lucent Technologies,Inc.（米国）、International Business Machines Corp.（米国）、Hew-lett-Packard Co.（米国）、ST Microelectronics N.V.（オランダ） ［技術供与契約］ セイコーエプソン、ソニー、ST Microelectronics N.V.（オランダ）、Forrum Engineering Ltd.（フィンランド）、LG Chemical Ltd.（韓国）、Vacuumschmelze GmbH（ドイツ）、DEGREMONT S.A.（フランス）
7)	事業所	本社／東京都千代田区神田駿河台4-6 工場／山口県下松市、静岡県清水市
8)	関連会社	日立電子エンジニアリング、日立北海セミコンダクタ、日立メディコ、日立テレコムテクノロジー、日立東京エレクトロニクス、バブコック日立、日立空調システム、日立建機、日立ホームテック、日立マクセル、日立メディアエレクトロニクス、日本オプネクスト、日立電線、日立化成工業、日立金属、その他
9)	業績推移		H11.3	H12.3	H13.3
		売上高(百万円)	3,781,118	3,771,948	4,015,824
		当期利益(千円)	175,534,000	11,872,000	40,121,000
10)	主要製品	デジタル家電、パソコン・周辺機器、半導体、ネットワーク・情報通信、映像システム
11)	主な取引先	日製産業、日立セミコンデバイス、日立キャピタル、HITACHI EUROPE LTD.、HITACHI AMERICA LTD.

半導体レーザでは長波長光通信用を中心に製品展開を行っている。最近では、日立製作所半導体グループがアスペクト比1.2の円形ビーム赤色MQW半導体レーザダイオードを製品化している。

2.4.2 半導体レーザ技術に関連する製品・技術

表2.4.2-1 半導体レーザ技術に関連する製品・技術

技術用途	製品	製品名	出典
光通信システム用	2.5Gbit/s,105Gbit/s用DFB	LB7677 LB7678 LE7602-SA,LA,VA LE7612-VA	日本オプネクストカタログ（2001.9発行） 日本オプネクストは日立製作所の半導体レーザ製造販売子会社
レーザレベラ用	円形ビーム赤色レーザダイオード	HL6335G HL6340MG	http://www.hitachi.co.jp/New/cnews/2001/0625/index.html
光ストレージ用	レーザダイオード	HL6501MG/HL6503MG/ HL6504FM/HL6733FM/ HL6738MG HL6503MG/HL6504FM	http://www.hitachisemiconductor.com/sic/jsp/japan/jpn/Sicd/Japanese/Products/opt/optdev/03-d.htm

　紹介したこれらの製品は半導体レーザを用いたものであり、活性層に特徴がある可能性のあるものである。したがって、必ずしも活性層に特徴のある製品ではないことに注意していただきたい。

2.4.3 技術開発課題対応保有特許の概要

　前表1.4.1-1、表1.4.1-2を参照すると技術要素3元系活性層、4元系活性層に関しては、全体的にバランスよく出願されている。また、表1.4.1-4の技術要素クラッド層に関しては、層の形状・配置に解決手段をもつ出願が多い。表1.4.3-3の技術要素エッチングに関しては、結晶品質を向上させるために、エッチング方法・組合せで解決する出願が多い。

表2.4.3-1 技術開発課題対応保有特許の概要(1/8)

技術要素			公報番号	特許分類	課題	概要(解決手段)あるいは発明の名称	代表図
基本構造							
	3元系活性層	活性層厚	特開平10-289877	H01L21/203 H01L21/205 H01L33/00 H01S3/18	波長特性	化合物半導体の形成方法及び半導体装置	
			特開平08-139403	H01S3/18	生産性	半導体レーザ装置	
		活性層幅	特開平09-232675	H01S3/18 H01L33/00	漏れ電流・低閾値・発光効率	青紫波長領域の窒化物半導体レーザにおいて、活性層へ不純物をドープし、かつ光導波層を超格子構造にすることで、活性層ストライプ幅を従来の2倍以上に拡大することができ、活性層の体積の増大により利得領域を広くすることで高出力化が可能になる	
			特開平09-036473	H01S3/18	波長特性	半導体レーザ素子	

表2.4.3-1 技術開発課題対応保有特許の概要(2/8)

技術要素			公報番号	特許分類	課題	概要(解決手段)あるいは発明の名称	代表図
基本構造	3元系活性層	活性層幅	特開平08-116124	H01S3/18	ビーム形状	半導体光素子	
			特開平09-307181	H01S3/18		半導体レーザ装置	
		構成その他	特開平06-077592	H01S5/00	漏れ電流・低閾値・発光効率	半導体レーザ素子およびその製造方法	
			特開平09-139543	H01S3/18		半導体レーザ素子	
			特開平11-274635	H01S3/18		半導体発光装置	
			特開平08-195522	H01S3/18	温度特性	半導体レーザ	
			特開平08-204289	H01S3/18 H01L29/06	結晶性	面発光型半導体レーザ	
			特開平06-097425	H01L29/68 H01L29/06 H01L21/338 H01L29/812 H01S3/18	生産性	量子細線超格子構造体及びその製造方法	
			特開2000-068584	H01S3/18		半導体発光装置	
		バンドギャップ	特開平03-094490	H01S3/18	漏れ電流・低閾値・発光効率	半導体レーザ素子	
			特開平06-053602	H01S5/00	温度特性	半導体レーザ素子	
			特許2950853	H01S3/18,677	キャリア	価電子帯側のバンド端不連続エネルギー値が伝導帯側のバンド端不連続エネルギー値よりも大きいエネルギーバンド構造として、正孔の各ウェル層への注入をスムーズに行うことで、低閾電流でかつ高い量子効果を得ることができる	
		組成	特開平07-122811	H01S3/18	漏れ電流・低閾値・発光効率	半導体レーザ素子	
			特開平10-145003	H01S3/18 H01L21/203 H01L33/00 H01L21/205	キャリア	半導体レーザおよび該半導体レーザを用いた光通信システム	
		格子定数	特開平10-084158	H01S3/18	結晶性	半導体レーザ装置	
			特開平03-003384	H01S3/18	生産性	半導体光素子	
		その他	特開平08-181378	H01S3/18	漏れ電流・低閾値・発光効率	半導体レーザ素子	

表2.4.3-1 技術開発課題対応保有特許の概要(3/8)

技術要素			公報番号	特許分類	課題	概要(解決手段)あるいは発明の名称	代表図
基本構造	3元系活性層	その他	特開平03-174787	H01S3/18	その他出力	半導体レーザ素子	
			特開平10-198998	G11B7/125 B41J2/44 H01S3/18		半導体レーザ素子及び光応用装置	
			特開平07-094830	H01S3/18	結晶性	端面部分の活性層を結晶内部に凹ませることにより、活性層部分の放熱性を改善し端面破壊限界を向上する	
			特開平10-223990	H01S3/18 H01L21/3065		半導体光素子の製造方法およびそれを用いた半導体光素子ならびにそれを用いた光応用システム	
			特開平10-270804	H01S3/18 H01L33/00		光情報処理装置およびこれに適した固体光源および半導体発光装置	
			特開平11-112077	H01S3/18	その他	活性層に不純物を添加した領域上を基板と同導電性の半導体層により埋め込まれた構造とすることによって、良好な電流狭窄層を有し、高信頼化を実現する	
	4元系活性層	活性層厚	特開平11-186661	H01S3/18 G02F1/025	その他出力	変調器付半導体レーザ	
		活性層幅	特開平08-116124	H01S3/18	ビーム形状	二重光導波路構造とリッジ導波路幅の変調を組み合わせることにより、非常に容易な手法で入／出射ビーム拡大を実現する	
			特開平10-209564	H01S3/18	生産性	半導体レーザ及び半導体レーザアレイ	
			特開2000-307196	H01S3/18,677		半導体光素子	
		構成その他	特開平06-077592	H01S5/00	漏れ電流・低閾値・発光効率	半導体レーザ素子およびその製造方法	
			特開平07-022692	H01S5/00		半導体レーザ	
			特開平09-139543	H01S3/18		半導体レーザ素子	
			特開平11-274635	H01S3/18		半導体発光装置	
			特開平08-195522	H01S3/18	温度特性	半導体レーザ	
			特開平10-221554	G02B6/122 H01S3/18	その他出力	導波路型半導体光素子および光通信システム	
			特開平08-204289	H01S3/18 H01L29/06	結晶性	面発光型半導体レーザ	
			特開2000-068584	H01S3/18	生産性	半導体発光装置	

表2.4.3-1 技術開発課題対応保有特許の概要(4/8)

技術要素			公報番号	特許分類	課題	概要(解決手段)あるいは発明の名称	代表図
基本構造	4元系活性層	バンドギャップ	特開平03-094490	H01S3/18	漏れ電流・低閾値・発光効率	半導体レーザ素子	
			特許3033333	H01S5/343		半導体レーザ素子	
			特開平11-220118	H01L29/06 G02F1/35 H01L33/00 H01S3/18		半導体装置	
		組成	特開平07-122811	H01S3/18	漏れ電流・低閾値・発光効率	半導体レーザ素子	
			特開平10-145003	H01S3/18 H01L21/203 H01L33/00 H01L21/205	キャリア	半導体レーザおよび該半導体レーザを用いた光通信システム	
			特開2000-277867	H01S3/18,677	結晶性	半導体レーザ装置	
		格子定数	特許3204969	H01S5/343	漏れ電流・低閾値・発光効率	半導体レーザ及び光通信システム	
			特開平08-307005	H01S3/18		半導体レーザ素子	
			特開平05-243551	H01L27/15 G02B6/12 H01S3/18	その他出力	半導体光集積素子およびその製造方法	
			特開平03-003384	H01S3/18	生産性	半導体光素子	
		その他	特開平08-181378	H01S3/18	漏れ電流・低閾値・発光効率	半導体レーザ素子	
			特開平09-298336	H01S3/18	キャリア	半導体レーザ	
			特開平03-174787	H01S3/18	その他出力	半導体レーザ素子	
			特開平10-198998	G11B7/125 B41J2/44 H01S3/18		半導体レーザ素子及び光応用装置	
			特開平10-223990	H01S3/18 H01L21/3065	結晶性	半導体光素子の製造方法およびそれを用いた半導体光素子ならびにそれを用いた光応用システム	
			特開平10-284799	H01S3/18 G02B6/42	生産性	半導体レーザ	
	光ガイド層	層の形状・配置	特開平08-116124	H01S3/18	低閾値	半導体光素子	
			特開平09-045987	H01S3/18		半導体レーザ素子	
			特開平11-274635	H01S3/18		半導体発光装置	
		層の性質	特開2000-077777	H01S3/18	低閾値	半導体レーザ素子およびその製造方法ならびに半導体レーザ装置	

表2.4.3-1 技術開発課題対応保有特許の概要(5/8)

技術要素			公報番号	特許分類	課題	概要(解決手段)あるいは発明の名称	代表図
基本構造	光ガイド層	層の性質	特開平08-195522	H01S3/18	特性維持	ΔEc(電子閉じ込めエネルギ)が十分に大きい材料を活性層などに使用することにより、高温動作特性に優れた光通信用半導体レーザを得る	
	クラッド層	層の形状・配置	特許3053139	H01S5/227	波長特性	クラッド層にGaAs光導波層を有する構造をストライプ領域内のみに形成することにより、高出力まで安定なモードで動作する0.98μm帯半導体レーザを得る	
			特開平09-232675	H01S3/18 H01L33/00	低閾値	半導体レーザ素子	
		層の厚さ・幅	特開平07-094821	H01S3/18	低閾値	ステップ間隔と超格子構造の膜厚が等しくなるように超格子の膜厚を最適化することにより、低閾値化と共に高温動作特性を改善する	
	活性層埋込構造	層の形状・配置	特開平08-018159	H01S3/18	高出力	半導体レーザ素子及びその作製方法	
			特開平11-186661	H01S3/18 G02F1/025	その他	光モニタ部を設け、後方出射面を考慮する必要をなくすことにより、歩留まり、コストの低減を図る	
材料技術	ドーパント材料	濃度分布、不均一、傾斜	特開平11-340559	H01S3/18	発光効率	バリア層に不純物を不均一添加することによって、圧電効果の電界を打ち消すことができ、遷移確率を増大させる	
		元素指定	特開平06-053602	H01S5/00	発光効率	Siドープn型光導波層、窒素ドープ活性層、Znドープp型光導波層、Znドープ薄膜層、Znドープp型光導波層を順次成長することによって、直接遷移確率を高め、600nm以下の発振レーザを室温において連続動作できる	

表2.4.3-1 技術開発課題対応保有特許の概要(6/8)

技術要素			公報番号	特許分類	課題	概要(解決手段)あるいは発明の名称	代表図
材料技術	ドーパント材料	その他	特開平08-111558	H01S3/18	キャリア	障壁中央部と光分離閉じ込め層にp型不純物をドープすることで、障壁層の量子準位を高くして、キャリアの注入効率を向上し、青紫から紫に相当する材料系において低閾値かつ高効率のレーザ発振を可能とする	
製造技術	結晶成長	成長条件・方法	特開平11-274649	H01S3/18 H01L33/00	結晶性	半導体光素子及びその製造方法	
			特開2001-031499	C30B29/38 C30B25/02 H01L21/205 H01L29/78 H01L21/338 H01L29/812 H01S5/343		III族窒化物半導体装置及びその製造方法	
			特開平11-087848	H01S3/18 H01L33/00		GaInNAsを有する半導体素子の作製方法、該作製方法を用いて作製した半導体素子、および該半導体素子を用いた光通信システム	
			特開平10-256666	H01S3/18 H01L21/205 H01L33/00	成長層厚さ	窒化物系化合物半導体の結晶成長方法及び半導体発光素子	
		原料	特開2001-024282	H01S5/323 H01L21/203 H01L21/205 H01L33/00 H01S5/183	結晶性	III-V族混晶半導体を用いた半導体装置の製造方法及び光通信システム	
			特開2000-100728	H01L21/205 H01S3/18,677	バンドギャップ・波長	結晶成長装置	
	ドーピング	無秩序化	特開2000-077777	H01S3/18	漏れ電流抑制	リッジ下の活性層側面を無秩序化することにより、発光部とその側面で横方向バンドギャップ差をつけ電子広がりを防止し、閾値及び動作電流の低減を行なう	
		拡散領域	特開平11-068217	H01S3/133	出力特性	半導体レーザ素子及びその製造方法	
			特開平11-145553	H01S3/18		半導体レーザ素子及びその作製法	
		不純物濃度	特開平11-243252	H01S3/18 H01L33/00	拡散抑制	半導体装置及びその製造方法	
		ドーパント	特開平10-335745	H01S3/18 H01L33/00	出力特性	半導体装置およびその製造方法	

表2.4.3-1 技術開発課題対応保有特許の概要(7/8)

技術要素			公報番号	特許分類	課題	概要(解決手段)あるいは発明の名称	代表図
製造技術	ドーピング	その他	特開平10-294526	H01S3/18 H01L21/205	拡散抑制	メサ表面及び側面に拡散を防止する層を形成することにより、ドーピング不純物の拡散を抑える	図1
			特開平11-068249	H01S3/18 G11B7/125	出力特性	発光活性層の水平方向から不純物拡散を行い、特に、活性層領域を含むストライプ構造の両側より拡散するのが有用であり、半導体レーザ装置の共振器の活性層領域端面近傍に対して、禁制帯幅が共振器中央部よりも大きく設定した窓構造を有することにより、共振器端面の破壊現象に制限されない高出力特性を安定に確保できる	図23
	エッチング	エッチング停止層	特開2001-144381	H01S5/343 H01S5/022 H01S5/227	所望形状	組成波長1.16μm以上のInGaAlAs混晶をエッチング停止層に用いることによって、所望のリッジ導波路形状を得る	図6
			特開平09-129975	H01S3/18 H01L21/203 H01L21/308	生産性	半導体レーザ装置およびその製造方法	
		エッチャント	特開平10-256236	H01L21/3065 C23F4/00 H01S3/18	垂直・平坦性	炭化水素系ガスを用いたドライエッチングにて反応性ガスに窒素を含む化合物ガスを添加することによって、垂直異方性に優れたエッチング加工する	図1
		マスク	特開平10-303179	H01L21/3065 H01S3/18	所望形状	陰極電極と同電位の金属材料マスクパターンを用いてドライエッチングを行なうことにより、入射イオンの方向を変え、逆メサ形状を得る	図2
		エッチング条件	特開2000-232094	H01L21/3065 H01S5/343 H01L33/00	結晶性	化合物半導体のドライエッチング方法および化合物半導体素子	

表2.4.3-1 技術開発課題対応保有特許の概要(8/8)

技術要素			公報番号	特許分類	課題	概要(解決手段)あるいは発明の名称	代表図
製造技術	エッチング	エッチング方法・組合せ	特開平07-094830	H01S3/18	結晶性	半導体レーザ素子及びその作製法	
			特開平10-223990	H01S3/18 H01L21/3065		半導体光素子の製造方法およびそれを用いた半導体光素子ならびにそれを用いた光応用システム	
			特開平11-283959	H01L21/3065 H01L21/3065 H01S3/18		半導体装置の製造方法	

2.4.4 技術開発拠点

発明者の住所から割り出した技術開発拠点を以下に示す。

東京都：東部セミコンダクタ
東京都：半導体事業部
東京都：光技術開発推進本部
東京都：中央研究所
神奈川県：情報通信事業部
埼玉県：東部セミコンダクタ

2.4.5 研究開発者

特許情報から得られた実質発明者数により、研究開発担当者数の推移を説明する。

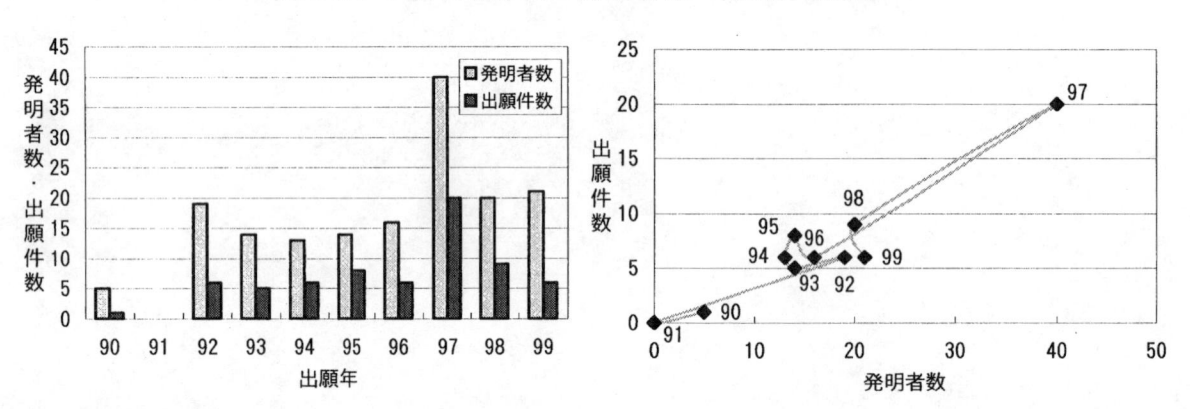

図2.4.5-1 日立製作所の発明者数－出願件数推移

図2.4.5-1に、発明者数と出願件数の推移を示す。1997年に発明者数・出願件数が最も多くなっている。

2.5 シャープ

2.5.1 企業の概要

表2.5.1-1 企業の概要

1)	商号	シャープ株式会社
2)	設立年月日	1935年5月
3)	資本金	2,040億7,208万円
4)	従業員	23,229名
5)	事業内容	電子機器、音響機器、通信機器、電化機器、情報機器、電子部品の製造・販売
6)	技術・資本提携関係	［技術導入契約先］ トムソン・マルティメディア・ライセンシング・インコーポレーテッド（米国）、テキサツ・インスツルメンツ・インコーポレイテッド（米国）、インテル・コーポレーション（米国）、インターデジタル・テクノロジー・コーポレーション、コーニンクレッカ・フィリップス・エレクトロニクス・エヌ・ヴィ（オランダ）、サンディスク・コーポレーション（米国）、ルーセント・テクノロジーズ・ジーアールエル・コーポレーション（米国）、モトローラ・インコーポレイテッド（米国）
7)	事業所	本社／大阪府大阪市阿倍野区長池町22-22 工場／栃木県矢板市、三重県多気郡、奈良県大和郡、奈良県北葛城郡、大阪府八尾市、広島県東広島市、広島県福山市
8)	関連会社	シャープマニュファクチャリングシステム、シャープ新潟電子工業、その他
9)	業績推移		H11.3	H12.3	H13.3
	売上高(百万円)	1,306,157	1,419,522	1,602,974
	当期利益(千円)	2,918,000	24,142,000	34,902,000
10)	主要製品	AV・通信機器、電化機器、情報機器、IC、液晶、半導体レーザ、太陽電池、スイッチング電源
11)	主な取引先	シャープエレクトロニクスマーケティング、シャープエレクトロニクスコーポレーション

シャープは1982年CD用半導体レーザ量産化を皮切りに、現在は主にDVD-R用高出力赤色半導体レーザの開発、およびCD、CD-R、DVDなどの民生用向けを中心に製品展開を行っている。

最近では、4倍速書き込みDVD-R/RWドライブ用赤色高出力半導体レーザの開発や、24倍速・32倍速CD-R書き込み用高出力半導体レーザなどレーザの高出力化に力を入れている。また、CD-R/RWとDVD-ROMの両方に対応するための2波長半導体レーザの開発も行われている。

2.5.2 半導体レーザ技術に関連する製品・技術

表2.5.2-1 半導体レーザ技術に関連する製品・技術

技術用途	製品	製品名	出典
情報処理用	CD オーディオ用	GH6C005B3 シリーズ GH6C005B5 シリーズ	シャープホームページ http://www.sharp.co.jp/ecg/opto/products/htm/en/ld/qr15-05.html http://www.sharp.co.jp/products/device/ctlg/jsite21/table/092.html 調査日 2002.1
	CD-ROM用	GH6C605B3 シリーズ GH6C605B5 シリーズ GH7C605B5 シリーズ GH17805B2AS シリーズ	
	CD-R／RW用	GH5R385C3 GH5R385C3C5 GH5R495A3C GH07885D2C GH07895A6C	
	DVD-ROM用	GH6D407B5A GH2070A2A シリーズ GH0650B2A シリーズ	
	DVD-R用	LT051PS GH06550B2B	

　紹介したこれらの製品は半導体レーザを用いたものであり、活性層に特徴がある可能性のあるものである。したがって、必ずしも活性層に特徴のある製品ではないことに注意していただきたい。

2.5.3 技術開発課題対応保有特許の概要

　前表1.4.3-1を参照すると技術要素結晶成長では、結晶性に関する課題を解決する出願が多く、また、表1.4.3-3を参照すると技術要素エッチングでは、生産性に関する課題を解決する出願が多い。

表2.5.3-1 技術開発課題対応保有特許の概要(1/7)

技術要素			公報番号	特許分類	課題	概要(解決手段)あるいは発明の名称	代表図
基本構造							
	3元系活性層	活性層厚	特開平10-261838	H01S3/18 H01L33/00	高出力	窒化ガリウム系半導体発光素子及び半導体レーザ光源装置	
			特開平10-163561	H01S3/18	ビーム形状	量子井戸層の層厚の合計が70nm以上100nm以下とすることにより、動作電流、動作電圧、非点隔差、放射光の楕円率の増大を抑える	
		構成その他	特開平10-229217	H01L33/00 H01S3/18	漏れ電流・低閾値・発光効率	半導体発光素子	
			特開平10-256657	H01S3/18 H01L33/00	高出力	窒化ガリウム系半導体発光素子、及び半導体レーザ光源装置	
		バンドギャップ	特開平08-228043	H01S3/18	その他出力	半導体レーザ素子	

2.5.3-1 技術開発課題対応保有特許の概要(2/7)

技術要素			公報番号	特許分類	課題	概要(解決手段)あるいは発明の名称	代表図
基本構造	3元系活性層	バンドギャップ	特開2001-094207	H01S5/16 H01S5/227 H01S5/343	生産性	半導体レーザ素子及びその製造方法	
		組成	特開2000-150398	H01L21/205 H01L21/203 H01L33/00 H01S5/343	漏れ電流・低閾値・発光効率	化合物半導体層の形成方法、化合物半導体装置、および化合物半導体装置を用いたシステム	
			特開平10-215028	H01S3/18 H01L33/00	結晶性	窒化物系Ⅲ-V族化合物半導体発光素子	
		その他	特開平11-233893	H01S3/18 H01L33/00	漏れ電流・低閾値・発光効率	半導体発光素子及びその製造方法	
			特開平11-017277	H01S3/18 H01L33/00	その他出力	窒化物系半導体レーザ装置およびその製造方法	
			特開2001-144326	H01L33/00 G11B7/125 G11B7/22 H01S5/343		半導体発光素子、それを使用した表示装置および光学式情報再生装置、並びに半導体発光素子の製造方法	
	4元系活性層	構成その他	特開平10-229217	H01L33/00 H01S3/18	漏れ電流・低閾値・発光効率	半導体発光素子	
			特開2000-151024	H01S3/18,676 H01L33/00	温度特性	半導体発光素子	
			特開平05-291689	H01S3/18		半導体レーザ装置	
			特許2547458	H01S3/18	ビーム形状	埋め込み層からドーピングされたドーパントを含む拡散領域が埋め込み層に近接するように形成し、活性層内において発光に直接寄与する領域の幅を、メサストライプ構造の幅よりも縮小し、光や電流を効果的に閉じ込め、低電流でも単一の基本水平横モードで安定に発振する	
		バンドギャップ	特開平05-291690	H01S3/18	温度特性	半導体レーザ装置	
			特開2001-135894	H01S5/343	波長特性	半導体レーザ素子およびその製造方法	
			特開平08-228043	H01S3/18	その他出力	半導体レーザ素子	
		組成	特開2000-058964	H01S3/18	漏れ電流・低閾値・発光効率	量子井戸構造光半導体素子	
			特開平10-215028	H01S3/18 H01L33/00	結晶性	窒化物系Ⅲ-V族化合物半導体発光素子	

101

2.5.3-1 技術開発課題対応保有特許の概要(3/7)

技術要素			公報番号	特許分類	課題	概要(解決手段)あるいは発明の名称	代表図
基本構造	4元系活性層	組成	特開2001-185497	H01L21/205 C30B29/40,502 H01L21/203 H01L33/00 H01S5/343	結晶性	化合物半導体の結晶成長方法、量子井戸構造、及び化合物半導体装置	
		格子定数	特許2905034	H01S3/18,677 H01L21/20	キャリア	量子井戸構造体	
	光ガイド層	層の厚さ・幅	特開平11-112087	H01S3/18	低閾値	半導体レーザ素子	
		層の性質	特開平11-074607	H01S3/18	低閾値	各層のAlのIII族比が0.05以下である構成とすることにより、クラッド層から活性層へのキャリアの注入を容易に、活性層へ注入されたキャリアを効果的に閉じ込めることができ、低閾値電流・長寿命化する	
			特開2001-044565	H01S5/227 H01L33/00	特性維持	半導体レーザ素子、その製造方法及び光学部品	
	クラッド層	層の形状・配置	特開2001-144378	H01S5/323 C30B29/38 H01L21/205 H01L33/00	特性維持	化合物半導体発光素子及びその製造方法	
		層の厚さ・幅	特許3199158	H01S5/065,610	特性維持	半導体レーザ装置	
	活性層埋込構造	層の厚さ・幅	特許2981315	H01S3/18,618	高出力	活性層よりも禁制帯幅が大きい半導体からなる窓層を層厚1000nm以下に形成することにより、共振器端面における劣化を抑制でき、高出力で信頼性の高い半導体レーザを得る	
材料技術	ドーパント材料	元素指定	特許3135109	H01S5/323 H01L21/203 H01L33/00	拡散抑制	半導体発光素子	
		1種類	特開平09-232686	H01S3/18 H01L33/00	結晶性	半導体発光素子	
製造技術	結晶成長	成長条件・方法	特開平10-070338	H01S3/18	結晶性	半導体レーザ素子の製造方法	
			特開2000-269589	H01S5/042 H01S5/343		半導体レーザ素子及びその製造方法	
			特開平10-335701	H01L33/00 H01L21/203 H01L21/205 H01S3/18	生産性	窒化ガリウム系化合物半導体発光素子の製造方法	

2.5.3-1 技術開発課題対応保有特許の概要(4/7)

技術要素			公報番号	特許分類	課題	概要(解決手段)あるいは発明の名称	代表図
製造技術	結晶成長	成長条件・方法	特許2911087	H01S3/18,664 H01L33/00	成長層厚さ	半導体発光素子およびその製造方法	
		供給	特開2000-077334	H01L21/203 C30B29/42 H01S3/18,665	結晶性	半導体素子の製造方法	
			特開2000-323412	H01L21/203 H01L33/00 H01S3/18,673		半導体素子の製造方法	
			特開2001-077416	H01L33/00 H01S5/343	バンドギャップ・波長	発光層形成工程に所定時間の成長中断を実施、中断中のリアクタへの導入ガスとしてアンモニアを含ませることにより、発光強度・波長の均一性を得る	
			特開2001-077417	H01L33/00 H01L21/205 H01S5/343		窒素化合物半導体発光素子の製造方法	
			特開2000-307198	H01S5/343 H01L21/203	その他	同一材料に対する原料の供給を複数の分子線セルを用いることにより、各セルの分担する分子線量を低くし、シャッタを開けた後の分子線過渡応答の絶対量を低減する	
		成長マスク	特開平11-297630	H01L21/205 H01S3/18	結晶性	成長抑制マスクを異なる面に2種類設置することで、基板からの貫通転位を抑え、欠陥密度が小さく良好な結晶性を得る	
			特開平11-340510	H01L33/00 H01S3/18,673	生産性	半導体素子及びその製造方法	
		成長基板	特開2000-106455	H01L33/00 H01L21/205 H01S5/323	結晶性	窒化物半導体構造とその製法および発光素子	
			特開2001-196694	H01S5/22 H01S5/343		半導体レーザ素子及びその製造方法	
			特開2000-312054	H01S5/24 H01L21/205 H01L27/14 H01L27/14 H01L27/15 H01L27/15 H01L31/0232 H01L21/203	生産性	半導体素子の製造方法、及び半導体素子	

2.5.3-1 技術開発課題対応保有特許の概要(5/7)

技術要素			公報番号	特許分類	課題	概要(解決手段)あるいは発明の名称	代表図
製造技術	結晶成長	成長基板	特開2000-082676	H01L21/205 H01L33/00 H01S5/323	成長層厚さ	窒化物系化合物半導体の結晶成長方法、発光素子およびその製造方法	
			特開2001-196632	H01L33/00 H01S5/343	素子特性	結晶方位が<001>方向より0.05°以上2°以下の範囲で傾斜した基板を用いてアクセプタドーピング層と活性層を有する構成とすることにより、駆動電流、駆動電圧を低減する	
		原料	特許3034177	H01S5/223	結晶性	活性層の上に、極薄いGaAs成長促進層を介して形成され、活性層に達するストライプ状の開口を有する絶縁性電流狭窄層を形成することで、駆動電流などを低減する	
			特開2001-102355	H01L2.1.406 H01L21/203 H01L21/205 H01L2.1.404,647 H01S5/223 H01S5/227		半導体積層体の製造方法、半導体レーザ装置、およびその製造方法	
			特開平09-289352	H01S3/18 H01L21/28,301 H01L21/28,301 H01L29/43	素子特性	膜構成原料とラジカル状態になる有機原料とを同時に供給し、800℃程度の低温成長を行ない、また0.1μm以上1.0μm以下のコンタクト層を備えることにより、素子抵抗を低減し、高品質化する	
			特開2000-150398	H01L21/205 H01L21/203 H01L33/00 H01S5/343		化合物半導体層の形成方法、化合物半導体装置、および化合物半導体装置を用いたシステム	
	ドーピング	ドープ領域	特許2908125	H01S3/18,664 H01S3/18,665	漏れ電流抑制	ストライプ底の上方部分と、ストライプ両側面の上方部分の導電型が異なる構成とすることにより、水平への漏れ電流を低減する	

2.5.3-1 技術開発課題対応保有特許の概要(6/7)

技術要素			公報番号	特許分類	課題	概要(解決手段)あるいは発明の名称	代表図
製造技術	ドーピング	ドープ領域	特開2001-144376	H01S5/323	拡散抑制	p型クラッドの不純物濃度を高くすることでキャリア濃度を高くし、p型クラッドの活性層側に不純物がドープされない領域を形成することにより、クラッド層中の不純物の活性層への拡散を防止	
		拡散領域	特許2547458	H01S3/18	基本横モード	半導体レーザ素子及びその製造方法	
		不純物濃度	特開平11-274644	H01S3/18 H01L33/00	拡散抑制	半導体発光素子及びその製造方法	
		ドーパント	特開2001-144383	H01S5/343 H01L21/205	拡散抑制	半導体レーザ素子及びその製造方法	
			特開2000-332293	H01L33/00 H01S5/323	結晶性	III-V族窒化物半導体発光素子及びその製造方法	
			特開2001-077476	H01S5/323 H01L21/205 H01L33/00		窒素化合物半導体発光素子およびその製造方法	
			特開2001-085736	H01L33/00 H01S5/323	生産性	窒化物半導体チップの製造方法	
			特開2001-176823	H01L2.1.401 H01S5/10 H01L33/00		窒化物半導体チップの製造方法	
			特許3034177	H01S5/223	その他	半導体レーザ素子およびその製造方法	
			特開平10-261833	H01S3/18		自励発振型半導体レーザ装置およびその製造方法	
	エッチング	エッチング停止層	特開平06-085381	H01S3/18	エッチング停止	半導体レーザ素子およびその製造方法	
			特開2001-068786	H01S5/223 H01L2.1.4065 H01L33/00 H01S5/343	素子特性	電流阻止層が絶縁体層と窒化物系化合物半導体層とからなり、絶縁体層が開口部形成の際にエッチングストップ層として機能することで、閾値電流と順方向電圧を低減し、信頼性を向上する	
		異なるエッチング速度	特開平07-321420	H01S3/18 H01L29/06 H01L29/66 H01L31/10	素子特性	量子閉じ込めデバイス、量子閉じ込めデバイスを備えた光検出器、量子閉じ込めデバイスを備えたレーザ、および量子閉じ込めデバイスの製造方法	

2.5.3-1 技術開発課題対応保有特許の概要(7/7)

技術要素			公報番号	特許分類	課題	概要(解決手段)あるいは発明の名称	代表図
製造技術	エッチング	異なるエッチング速度	特開平09-293923	H01S3/18	生産性	クラッド層中にエッチング遅延層を設けることで、クラッド層のリッジ側面のテーパ角度を2段階にする工程が簡単化でき、歩留まり向上する	
		エッチャント	特開2000-223778	H01S3/18,665	生産性	半導体レーザ素子及びその製造方法	
		エッチング条件	特開平04-072687	H01S3/18 H01L2.1.402	結晶性	光半導体装置の製造方法	
			特開平09-289358	H01S3/18 H01L33/00	生産性	窒化物系半導体レーザ装置及びその製造方法	
		その他	特開平10-303502	H01S3/18 H01L33/00	生産性	窒化ガリウム系化合物半導体発光素子及びその製造方法	
			特開2000-357789	H01L27/15 G02B6/122 H01S5/026 H01S5/12		光集積素子及びその製造方法	

2.5.4 技術開発拠点

発明者の住所から技術開発拠点の割り出しを行ったが、シャープの出願の発明者住所は全て大阪府のシャープと同じであったため、発明者の住所から技術開発拠点を見つけることはできなかった。なお、参考として、シャープホームページに掲載されている電子部品事業本部を紹介する。

大阪府：本社
奈良県：電子部品事業本部

2.5.5 研究開発者

特許情報から得られた実質発明者数により、研究開発担当者数の推移を説明する。

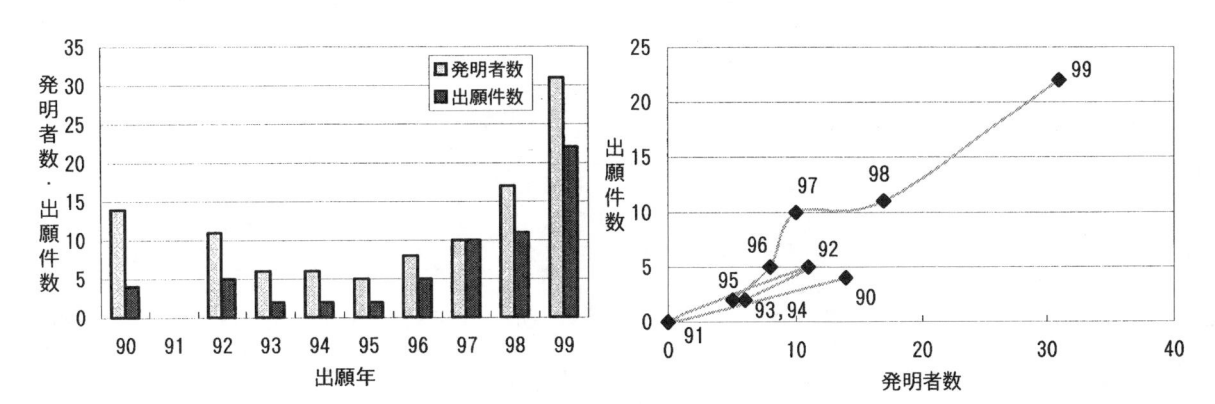

図2.5.5-1 シャープの発明者数－出願件数推移

図2.5.5-1に、発明者数と出願件数の推移を示す。1996年以降は、発明者数・出願件数ともに常に増加しており、近年、開発に注力していると考えられる。

2.6 松下電器産業
2.6.1 企業の概要

表2.6.1-1 企業の概要

1)	商号	松下電器産業株式会社
2)	設立年月日	1935年12月
3)	資本金	2,109億9,400万円
4)	従業員	44,951名
5)	事業内容	家庭電化、住宅設備機器、映像機器、音響機器、情報機器、通信機器、産業機器、電子部品の製造・販売
6)	技術・資本提携関係	[技術受入契約先] モトローラ・インク(米国)、テキサス・インスツルメンツ・インコーポレイテド(米国)、ディスコビジョン・アソシエイツ(米国)、ロイヤル・フィリップス・エレクトロニクス・エヌ・ヴィ(オランダ)、ルーセント GRL(米国)、シー・ビー・エイト・トランザック(フランス)、ダラス・セミコンダクター・コーポレーション(米国)、ロイヤル・フィリップス・エレクトロニクス・エヌ・ヴィ(オランダ)、クアルコム・インク(米国)、トムソン・エス・エー(フランス)、トムソン・マルチメディア・ライセンシング・インコーポレイテッド(米国)、ディスコビジョン・アソシエイツ(米国)、ジェームスター・ディベロップメント・コーポレーション(米国)、エムペック・エルエイ(米国)、ゼロックス・コーポレーション(米国)、ランバス・インコーポレイテッド(米国)、インター・デジタル・テクノロジー・コーポレーション(米国)、ハネウェル・インク(米国) [技術援助契約先] エムスペック・エルエイ(米国)、レオ・オ・バック・コーポレーション(米国)、ユニパック(台湾)、エプコス・アゲー(ドイツ)、シャープ、TDK
7)	事業所	本社／大阪府門真市大字門真1006 工場／大阪府門真市、大阪府茨木市、山形県天童市、大阪府守口市、大阪府高槻市、山梨県中巨摩郡、大阪府豊中市、奈良県大和市、滋賀県八日市市、大阪府西淀川区、兵庫県加東郡、兵庫県神戸市、滋賀県草津市、京都府長岡京市、富山県魚津市、石川県能美郡
8)	関連会社	松下寿電子工業、松下冷機、松下精工、松下通信工業、九州松下電器、松下産業機器、松下伝送システム、松下電子部品、松下電池工業、日本ビクター、その他
9)	業績推移		H11.3	H12.3	H13.3
		売上高(百万円)	4,597,561	4,553,223	4,831,866
		当期利益(千円)	62,019,000	42,349,000	63,687,000
10)	主要製品	映像・音響機器、家庭電化・住宅設備機器、情報・通信機器、産業機器、半導体、セラミック応用部品、液晶デバイス
11)	主な取引先	直系販売会社、販売店

半導体レーザに関してはCD、CD-R、DVDなどの民生用を中心に製品展開を行っており、はんだ付け装置なども販売している。開発では、GaN系紫色半導体レーザの室温連続発振に成功している。

2.6.2 半導体レーザ技術に関連する製品・技術

表2.6.2-1 半導体レーザ技術に関連する製品・技術

技術用途	製品	製品名	出典
情報処理用	CD-R/RW 用ホログラムユニット	HUH7278 HUH7279	松下電器産業ホームページ http://www.semicon.panasonic.co.jp/ds/navi.html 調査日 2002.1
	CD/CD-ROM 用ホログラムユニット	HUH7001 HUH7254	
	車載用ホログラムユニット	HUH7202	
	CD-ROM、CD-RW、DVD 用半導体レーザ素子	LNC708AS	
光ディスク用	赤色半導体レーザ	LNCQ05PS LNCQ06PS	http://www.semicon.panasonic.co.jp/catalog/catalog32.html
	赤外半導体レーザ	LNC708PS LNC709PS	

　紹介したこれらの製品は半導体レーザを用いたものであり、活性層に特徴がある可能性のあるものである。したがって、必ずしも活性層に特徴のある製品ではないことに注意していただきたい。

2.6.3 技術開発課題対応保有特許の概要

　前表1.4.1-1、表1.4.1-2を参照すると技術要素3元系活性層、4元系活性層では、組成と格子定数を解決手段とする出願が多い。表1.4.3-1の技術要素結晶成長では、結晶性と生産性の課題を解決する出願が多い。表1.4.3-2の技術要素ドーピングでは、ドーパント・不純物で課題を解決する出願が多い。

表2.6.3-1 技術開発課題対応保有特許の概要(1/8)

技術要素			公報番号	特許分類	課題	概要(解決手段)あるいは発明の名称	代表図
基本構造							
	3元系活性層	活性層厚	特許2746262	H01S3/18	波長特性	半導体レーザレイの製造方法	
		構成その他	特開平09-270569	H01S3/18 H01L33/00	その他出力	半導体レーザ装置	
		組成	特許3147596	H01S5/343 H01L21/20	漏れ電流・低閾値・発光効率	歪多重量子井戸構造体およびそれを用いた半導体レーザ	
			特開平11-112096	H01S3/18	温度特性	半導体レーザ装置およびこれを用いた光通信システム	

表2.6.3-1 技術開発課題対応保有特許の概要(2/8)

技術要素			公報番号	特許分類	課題	概要(解決手段)あるいは発明の名称	代表図
基本構造	3元系活性層	組成	特開平08-181386	H01S3/18 H01L29/06 H01L33/00	キャリア	GaAs基板からGaNコンタクト層までは閃亜鉛鉱型結晶により構成し、量子効果や2軸性歪などを制御することにより、高発光効率を得ることができる	
			特開2000-261106	H01S5/343 H01L21/205 H01L33/00	結晶性	半導体発光素子、その製造方法及び光ディスク装置	
		格子定数	特開平04-373190	H01S3/18	漏れ電流・低閾値・発光効率	歪量子井戸半導体レーザおよびその製造方法	
			特開平10-173232	H01L33/00 H01L21/205 H01S3/18		半導体発光素子及び半導体発光装置	
			特開平09-298338	H01S3/18 H01L21/205	波長特性	量子井戸結晶体および半導体レーザ	
	4元系活性層	活性層厚	特開平07-099366	H01S3/18	漏れ電流・低閾値・発光効率	半導体レーザ	
			特許2776381	H01S3/18		半導体レーザ装置	
			特許2746262	H01S3/18	波長特性	InGaAsP活性層を層厚の異なる井戸層（λg=1.3μm）と障壁層（λg=1.05μm）から成る多重量子井戸で構成し、量子サイズ効果を利用して、発振波長とバンドギャップエネルギのずれを小さくすることで、井戸層、障壁層の総膜厚で決定される発信波長の差が各共振器で一定になるため、各共振器の特性のバラツキを小さくできる。	
			特開平07-094829	H01S3/18	キャリア	半導体レーザ	
		活性層幅	特開平10-242577	H01S3/18 H01L33/00	漏れ電流・低閾値・発光効率	半導体レーザおよびその製造方法	
			特開平09-199782	H01S3/18	高出力	半導体レーザ	

表2.6.3-1 技術開発課題対応保有特許の概要(3/8)

技術要素			公報番号	特許分類	課題	概要(解決手段)あるいは発明の名称	代表図
基本構造	4元系活性層	活性層幅	特開平08-046291	H01S3/18	結晶性	半導体レーザの製造方法	
		構成その他	特開平09-036479	H01S3/18	漏れ電流・低閾値・発光効率	半導体レーザ	
			特開平09-283837	H01S3/18	波長特性	半導体分布帰還型レーザ装置	
		バンドギャップ	特開平09-270560	H01S3/18	漏れ電流・低閾値・発光効率	半導体レーザ	
		組成	特許3147596	H01S5/343 H01L21/20	漏れ電流・低閾値・発光効率	歪多重量子井戸構造体およびそれを用いた半導体レーザ	
			特開平11-112096	H01S3/18	温度特性	半導体レーザ装置およびこれを用いた光通信システム	
			特開平07-240507	H01L29/06 H01L33/00 H01S3/18	波長特性	量子井戸結晶および半導体レーザならびにその製造方法	
			特開平08-181386	H01S3/18 H01L29/06 H01L33/00	キャリア	半導体光素子	
			特開平06-061570	H01S3/18	結晶性	歪多重量子井戸半導体レーザ	
		格子定数	特開平10-173232	H01L33/00 H01L21/205 H01S3/18	漏れ電流・低閾値・発光効率	半導体発光素子及び半導体発光装置	
			特許2905123	H01S3/18,67	波長特性	半導体レーザ及びその製造方法ならびに歪量子井戸結晶	
			特開平09-298338	H01S3/18 H01L21/205		量子井戸結晶体および半導体レーザ	
			特許2713144	H01S3/18	キャリア	多重量子井戸半導体レーザ及びそれを用いた光通信システム	
			特許2833396	H01S3/18	その他出力	互いに逆の格子歪を有する井戸層とバリア層を交互に積層し、各井戸層の格子歪を均一にすることにより、低閾値電流など良好な光学特性をもつ歪多重量子井戸を実現することができる	
			特開平07-235730	H01S3/18 H01L21/20 H01L29/06 H01L33/00		歪多重量子井戸構造およびその製造方法ならびに半導体レーザ	

表2.6.3-1 技術開発課題対応保有特許の概要(4/8)

技術要素			公報番号	特許分類	課題	概要(解決手段)あるいは発明の名称	代表図
基本構造	光ガイド層	層の形状・配置	特開平09-186387	H01S3/109 G02F1/37 H01L33/00 H01S3/1055 H01S3/18	その他出力	波長変換レーザ装置	
			特開平08-083954	H01S3/18	生産性	活性層、第1、第2ガイド層、及びクラッド層の各層の混晶比のX、Y1、Y2、及びY3の間にY3＞Y2及びY1＞X≧0の関係が成り立つような構成とすることにより、電流ブロック層を形成する為の深いエッチングが不要となるため、ストライプ幅バラツキがが著しく小さくなり、低コスト・高歩留りにて製造できる	
		層の性質	特許2684930	H01S3/18	その他出力	フェーズロックレーザレイおよびその製造方法	
			特開平09-283851	H01S3/18 G02F1/37 G11B7/125 H01S3/109		波長変換レーザ装置	
	クラッド層	層の性質	特開2001-119105	H01S5/343	低抵抗	半導体発光素子	
	活性層埋込構造	層の性質	特開平06-021568	H01S3/18	ビーム形状	半導体レーザ装置及びその製造方法	
材料技術							
	ドーパント材料	濃度分布、不均一、傾斜	特開2000-332364	H01S5/343 H01S5/323	発光効率	窒化物半導体素子	
		元素指定	特許2940462	H01S3/18,673	キャリア	活性層にp型不純物を高濃度ドープして過飽和吸収層を形成し、この過飽和吸収層でのキャリアの寿命時間を低減することにより、安定した自励発振特性をえることができる	
			特開2001-068782	H01S5/16	その他	半導体発光装置およびその製造方法	

表2.6.3-1 技術開発課題対応保有特許の概要(5/8)

技術要素			公報番号	特許分類	課題	概要(解決手段)あるいは発明の名称	代表図
材料技術	ドーパント材料	1種類	特許2969939	H01S3/18,67	結晶性	活性層に不活性な不純物(炭素)を添加し、バリア層のバンドギャップと歪井戸層のバンドギャップとが異なる構造とすることで、転位が固着され歪が緩和されにくくする	
製造技術	結晶成長	成長条件・方法	特開平08-046291	H01S3/18	結晶性	半導体レーザの製造方法	
			特開平07-111362	H01S3/18	生産性	半導体レーザおよびその製造方法	
			特許2763090	H01S3/18		光吸収層を堆積／エッチング法によらず、単にエピタキシャル成長により形成し、また水素雰囲気中にPH$_3$100cc/minを導入して熱処理することにより回折格子の凹部に吸収層を形成しているため、吸収層を精度よく制御でき、製造工程が容易となる	
			特許2684930	H01S3/18	素子特性	フェーズロックレーザアレイおよびその製造方法	
			特開平11-261175	H01S3/18,67 H01L33/00		半導体レーザ及びその製造方法ならびに歪量子井戸結晶及びその製造方法	
		供給	特開平07-235730	H01S3/18 H01L21/20 H01L29/06 H01L33/00	結晶性	歪多重量子井戸構造およびその製造方法ならびに半導体レーザ	
		成長マスク	特開平10-027935	H01S3/18	生産性	半導体発光装置およびその製造方法	
			特開平10-256645	H01S3/18		半導体発光素子およびその製造方法	

表2.6.3-1 技術開発課題対応保有特許の概要(6/8)

技術要素			公報番号	特許分類	課題	概要(解決手段)あるいは発明の名称	代表図
製造技術	結晶成長	成長マスク	特開平11-238938	H01S3/18	生産性	半導体レーザ装置およびその製造方法ならびに光通信システム	
		成長基板	特許3201475	H01L33/00 H01L21/20 H01L21/205 H01L21/338 H01L29/205 H01L29/812 H01L29/861 H01S5/323	結晶性	半導体装置およびその製造方法	
			特開2000-353669	H01L21/205 H01L21/338 H01L29/812 H01S5/223 H01S5/343		半導体基板およびその製造方法	
			特開2001-168468	H01S5/227	生産性	半導体装置およびその製造方法	
		原料	特開2000-261106	H01S5/343 H01L21/205 H01L33/00	結晶性	半導体発光素子、その製造方法及び光ディスク装置	
			特許2783163	H01S3/18	生産性	分布帰還型半導体レーザおよびその製造方法	
		その他	特許2905123	H01S3/18,67 7	バンドギャップ・波長	歪量子井戸層を600℃以下の温度で成長させることでオーダリングを発生させることにより、温度や電流により影響されない発振波長を得ることが出来る	
	ドーピング	無秩序化	特許2684930	H01S3/18	その他	不純物が超格子光導波路で自己拡散し、超格子を無秩序化することにより、屈折率が中央で高く、両面で低い、安定な0°位相結合モードを得ることが出きる	
		不純物濃度	特許2685720	H01S3/18	漏れ電流抑制	不純物を活性層近傍のブロック層には低濃度で、離れた領域には高濃度でドープすることにより、ブロック層でのサイリスタ動作が生じ難くなりリーク電流を低減することができる	

技術要素			公報番号	特許分類	課題	概要(解決手段)あるいは発明の名称	代表図

表2.6.3-1 技術開発課題対応保有特許の概要(7/8)

技術要素			公報番号	特許分類	課題	概要(解決手段)あるいは発明の名称	代表図
製造技術	ドーピング	不純物濃度	特開2000-323788	H01S3/18,648 H01S3/18,665	その他	半導体レーザ装置及びその製造方法	
		注入・拡散温度	特開2000-277802	H01L33/00 H01L33/00 H01L21/28,301 H01S5/042 H01S5/343	その他	基板の温度の上下サイクルを3回行い、pドープGaN層中に含まれる水素を追い出して、Mgを活性化させることにより、電極とGaN層コンタクト抵抗率を低減させることがきる	
		ドーパント	特開2001-068782	H01S5/16	漏れ電流抑制	半導体発光装置およびその製造方法	
			特開平11-251687	H01S3/18 H01L33/00	拡散抑制	半導体の製造方法及び半導体装置	
			特許2969939	H01S3/18,677	結晶性	半導体レーザ装置又は光導波路およびその製造方法	
			特開平09-260766	H01S3/18	出力特性	半導体レーザおよびその製造方法	
		その他	特開2001-210907	H01S5/16 H01S5/223 H01S5/343	生産性	半導体素子の製造方法および半導体素子	
	エッチング	エッチング停止層	特許2746131	H01S3/18	エッチング停止	活性層上部に位置するクラッド層の途中にエッチング停止層を設けることにより、エッチングが常に同一深さとなり活性層に届かないため、寄生容量が低減され、良好な高周波特性が実現できる	
		エッチャント	特開2000-252587	H01S3/18,665 G11B7/125	エッチング停止	半導体レーザおよびその製造方法	
			特開2001-176863	H01L21/308 C09K13/06,101 H01L21/306 H01S5/22 H01S5/323	生産性	エッチング液および半導体膜のエッチング方法	
		マスク	特開2001-007443	H01S5/227 H01L33/00	生産性	半導体発光装置の製造方法	

表2.6.3-1 技術開発課題対応保有特許の概要(8/8)

技術要素			公報番号	特許分類	課題	概要(解決手段)あるいは発明の名称	代表図
製造技術	エッチング	エッチング条件	特開平10-242578	H01S3/18 H01L33/00	素子特性	窒化ガリウム系半導体多層膜をエッチング後に600〜800℃で熱処理し、エッチング時の侵入水素原子を放出させることにより、電気的、光学的特性に優れた青紫色半導体発光素子の作製が可能となり、また、高発光効率にできる	
		エッチング方法・組合せ	特許2601200	H01S3/18 H01L21/306 H01L33/00	素子特性	拡散律速型エッチング液を用いる第1エッチング、選択エッチング可能なエッチング液を用いる第2エッチングを組み合わせることにより、リッジ底部の広がりを抑え、閾値電流の低減、横モード安定化を達成できる	
		その他	特開2000-200946	H01S5/343 H01L33/00	生産性	半導体装置およびその製造方法	

2.6.4 技術開発拠点

発明者の住所から技術開発拠点の割り出しを行ったが、松下電器産業の出願の発明者住所は全て大阪府の松下電器産業会社住所と同じであったため、発明者の住所から技術開発拠点を見つけることはできなかった。

2.6.5 研究開発者

特許情報から得られた実質発明者数により、研究開発担当者数の推移を説明する。

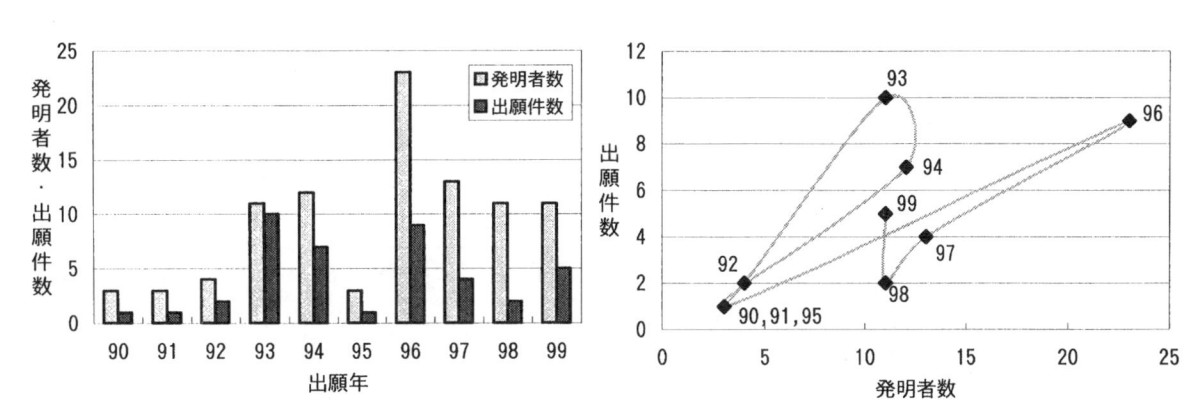

図2.6.5-1 松下電器産業の発明者数－出願件数推移

図2.6.5-1に、発明者数と出願件数の推移を示す。1996年に出願傾向に変化が見られ、96年以降は出願件数に対して発明者数が多くなっていることから、再び注力していると考えられる。

2.7 日本電信電話

2.7.1 企業の概要

表2.7.1-1 企業の概要

1)	商号	日本電信電話株式会社		
2)	設立年月日	1985年4月		
3)	資本金	9,379億5,000万円		
4)	従業員	3,300名		
5)	事業内容	地域通信事業、長距離・国際通信事業、移動通信事業、データ通信事業など		
6)	技術・資本提携関係	－		
7)	事業所	本社／東京都千代田区大手町2-3		
8)	関連会社	東日本電信電話、西日本電信電話、NTTコミュニケーションズ、NTTドコモ、NTTデータ、NTTエレクトロニクス、NTTアドバンステクノロジ、NTTエレクトロニクス、その他		
9)	業績推移	H11.3	H12.3	H13.3
	売上高(百万円)	6,137,003	1,696,799	322,865
	当期利益(千円)	386,211,000	97,071,000	161,223
10)	主要製品	－		
11)	主な取引先	個人、事業所		

　日本電信電話は東日本電信電話、西日本電信電話などの持株会社であり、電気通信の基盤となる電気通信技術に関する研究を行っている。

　半導体レーザに関しては、子会社のNTTエレクトロニクス（東京都渋谷区）において長波長長距離伝送用および光ファイバアンプ用を中心に製品展開を行っている。

　最近では、波長分割多重（WDM）ネットワーク用の光源として、面発光半導体レーザが研究・開発されている。この研究では製造技術がポイントとなり、ウエハ融合技術と半導体埋込み技術を両立することで、洩れ電流が小さい半絶縁InP埋め込み活性層と高反射率のGaAs光ガイド層を結合して、面発光半導体レーザの室温連続発振に成功した。面発光レーザは消費電力が小さいなどの多くの利点があり、今後も研究が続けられると思われる。

2.7.2 半導体レーザ技術に関連する製品・技術

表2.7.2-1 半導体レーザ技術に関連する製品・技術

技術用途	製品	製品名	出典
光通信システム用	1280-1400nmDFB	NLK1356STB NLK1352STC/SSC/SGC	NTTエレクトロニクスカタログ（2001.8発行） NTTエレクトロニクスは日本電信電話の光関連デバイスの製造販売子会社
	1528-1620nmDFB	NLK1554STB NLK1556STB NLK1557STB NLK1559STB NLK1552STC/SSC/SGC NLK1563STB	
	1650nmDFB	NLK1654STB	
	光ファイバアンプ励起用	NLK1004CCA/TOL KELD1005CCATOL NLK1456STB	

　紹介したこれらの製品は半導体レーザを用いたものであり、活性層に特徴がある可能性のあるものである。したがって、必ずしも活性層に特徴のある製品ではないことに注意していただきたい。

2.7.3 技術開発課題対応保有特許の概要

前表1.4.3-2を参照すると、技術要素ドーピングに関しては、ドーパント・不純物を工夫することにより課題を解決する出願が多い。

表2.7.3-1 技術開発課題対応保有特許の概要(1/6)

技術要素			公報番号	特許分類	課題	概要(解決手段)あるいは発明の名称	代表図
基本構造							
	3元系活性層	活性層厚	特開平08-250807	H01S3/18	高出力	半導体レーザ装置	
			特開平08-139407	H01S3/18	結晶性	半導体量子井戸構造を有する光半導体装置	
		活性層幅	特許2907234	H01S3/18,642	波長特性	導波路が進行方向に連続的に曲がるとともに、その曲率が大きくなる場所ほど導波路幅を大きくすることにより、波長可変幅を大きくする	
			特許2908511	G02F1/015,601	その他出力	半導体光デバイスの駆動方法	
			特開平11-017276	H01S3/18 H01S3/10	その他	第2光導波路は、第1光導波路と同一の幅で接続して端面に向かうに従って幅が拡がっており、且つ光増幅器の活性層は、第1光導波路と同一の幅で接続して第2光導波路と同一の幅を持つ領域と、領域と接続して端面に向かうに従って幅が狭くなっている領域を持つ構造とすることにより、半導体レーザと光増幅器を集積化した半導体装置を得る	
		構成その他	特開平05-259567	H01S3/18	その他出力	導波形多重量子井戸光制御素子	
		バンドギャップ	特開平09-162486	H01S3/18	漏れ電流・低閾値・発光効率	半導体量子井戸発光デバイス	
			特開平10-233555	H01S3/18 H01L33/00	波長特性	歪多重量子井戸構造	

表2.7.3-1 技術開発課題対応保有特許の概要(2/6)

技術要素			公報番号	特許分類	課題	概要(解決手段)あるいは発明の名称	代表図
基本構造	3元系活性層	バンドギャップ	特許2866683	H01S3/18 G02F3/00	その他出力	禁制帯幅が異なった半導体層を順次積層して構成したホトトランジスタ部上に、第1伝導形の第4半導体層と、不純物を添加しない第5半導体層および第1伝導形の不純物を添加した第6半導体層よりなる負性抵抗特性を有する第1多重量子井戸層と、不純物を添加しない第7半導体層および第2伝導形の第8半導体層よりなる第2多重量子井戸層と、第2伝導形の第9半導体層とを順次積層して構成した共鳴トンネル型双安定レーザ部を有することにより、高い消光比をもつ光-光双安定素子として動作する	
		組成	特開平05-129717	H01S3/18	波長特性	面発光レーザ	
			特開平08-070154	H01S3/18		半導体光素子	
		格子定数	特開平10-242559	H01S3/18	高出力	半導体レーザ	
			特開平08-236854	H01S3/18	波長特性	ユニポーラ半導体レーザ	
			特開平08-095094	G02F1/35 G02F1/025 H01S3/18 H01L27/15	その他出力	ゲート型光スイッチ	
			特開平07-231084	H01L29/06 H01L29/66 H01S3/18		半導体構造およびその製造方法	
			特開平10-223987	H01S3/18 G02F1/025 H01L29/06 H01L21/205		歪多重量子井戸構造およびその成長方法	
		その他	特開平11-054835	H01S3/18	漏れ電流・低閾値・発光効率	半導体レーザおよびその製造方法	

表2.7.3-1 技術開発課題対応保有特許の概要(3/6)

技術要素			公報番号	特許分類	課題	概要(解決手段)あるいは発明の名称	代表図
基本構造	3元系活性層	その他	特開2000-232258	H01S3/18,677	生産性	周期的に垂直な穴の2次元周期構造を有する半導体結晶層と低屈折率誘電体層とが平面接触した構造とすることにより、作製を容易にし、また材料を限定しない	
	4元系活性層	活性層厚	特開平08-250807	H01S3/18	高出力	半導体レーザ装置	
			特開平09-105963	G02F1/35,501 H01S3/18	キャリア	半導体光増幅器	
			特開平08-139407	H01S3/18	結晶性	井戸層を形成している障壁層の第3の層が第1の層に比べ厚い厚さを有することにより、半導体井戸層が比較的良好な膜質を得る	
		活性層幅	特許2907234	H01S3/18,642	波長特性	半導体波長可変装置	
			特開平09-023036	H01S3/18	ビーム形状	半導体レーザ	
		構成その他	特許2832920	H01S3/18 H01S3/096	波長特性	波長掃引機能付き半導体レーザ	
		バンドギャップ	特開平09-162486	H01S3/18	漏れ電流・低閾値・発光効率	半導体量子井戸発光デバイス	
			特開平09-326533	H01S3/18 G02F1/025 H01S3/103		半導体光増幅器、半導体光増幅装置、半導体光スイッチ及び半導体光スイッチ装置	
			特開平08-056044	H01S3/18	高出力	半導体レーザ装置	
			特開平10-233555	H01S3/18 H01L33/00	波長特性	歪多重量子井戸構造	
			特開平06-090062	H01S3/18	結晶性	化合物半導体単結晶エピタキシャル基板および該基板よりなる半導体レーザ素子	
			特開平07-326821	H01S3/18 H01L31/00 H01L31/12 H01L33/00	その他	半導体レーザ送受信素子	
		組成	特開平05-129717	H01S3/18	波長特性	面発光レーザ	
		格子定数	特開平09-162482	H01S3/18	漏れ電流・低閾値・発光効率	面発光半導体レーザ	
			特開平08-264892	H01S3/18 H01S3/103	波長特性	波長掃引機能付き分布反射型半導体レーザ装置	
			特開2001-060739	H01S5/18	キャリア	面発光レーザ装置	
			特許2976001	H01S3/18,677	その他 出力	光半導体装置	

表2.7.3-1 技術開発課題対応保有特許の概要(4/6)

技術要素			公報番号	特許分類	課題	概要(解決手段)あるいは発明の名称	代表図
基本構造	4元系活性層	格子定数	特開平07-231084	H01L29/06 H01L29/66 H01S3/18	その他出力	半導体構造およびその製造方法	
			特開平10-223987	H01S3/18 G02F1/025 H01L29/06 H01L21/205		歪多重量子井戸構造およびその成長方法	
			特開平11-354896	H01S3/18,677		光半導体装置	
			特開平09-246671	H01S3/18 H01L21/02 H01L29/06	結晶性	歪多重量子井戸構造	
		その他	特開平11-054835	H01S3/18	漏れ電流・低閾値・発光効率	半導体レーザおよびその製造方法	
			特開平08-201739	G02F1/015,505 G02F1/35,501 H01S3/18	その他出力	光素子	
			特開平09-102649	H01S3/18 G02F1/015,505		半導体光素子接合構造及びその接合部の製造方法	
	光ガイド層	層の形状・配置	特開平06-053596	H01S3/18	波長特性	ガイド層に回折格子(グレーティング)を形成することにより、高い繰り返し周波数で動作し、スペクトル幅も狭く、より高出力にする	(図)
			特許3051499	H01S5/026	その他出力	半導体発光装置	
			特開平07-231084	H01L29/06 H01L29/66 H01S3/18		半導体構造およびその製造方法	
			特開平09-023036	H01S3/18		半導体レーザ	
		層の性質	特開平05-259567	H01S3/18	その他出力	導波形多重量子井戸光制御素子	
	活性層埋込構造	層の形状・配置	特開平06-029615	H01S3/18	高出力	活性層中央部と活性層端部との間に積層方向の位置ずれを形成することにより、高出力で信頼性の高い半導体レーザを得る	(図)

122

表2.7.3-1 技術開発課題対応保有特許の概要(5/6)

技術要素			公報番号	特許分類	課題	概要(解決手段)あるいは発明の名称	代表図
基本構造	活性層埋込構造	層の形状・配置	特開平06-338657	H01S3/18	特性維持	共振器方向に活性層を横切って埋め込まれたInGaP層を持つことで、$0.98\mu m$帯でCODを起こすことなく高信頼性、高出力の半導体レーザとなる	
材料技術	ドーパント材料	濃度指定、範囲	特開平08-056043	H01S3/18	光吸収	障壁層に1×10^{18} cm^{-3}以上のp型ドープすることにより、光学的損失を低減する	
			特開平11-054835	H01S3/18	発光効率	活性層にn型不純物を$10^{17}\times cm^{-3}$以上ドープすることにより、電流リークを抑制し発光効率を高める	
		1種類	特開平07-038195	H01S3/18	キャリア	双安定半導体レーザおよびその製造方法	
		元素指定	特開平10-256658	H01S3/18 H01L29/06 H01L33/00	結晶性	母体元素と結合し、微結晶を形成する性質を持つ不純物を井戸層に添加することにより、歪をもつ井戸層の臨界膜厚を増加し、欠陥のない歪多重量子井戸が得られる	
製造技術	結晶成長	成長条件・方法	特開平04-096320	H01L21/20 H01S3/18 H01L21/203 H01L29/20	結晶性	薄膜半導体結晶成長法	
			特開平11-031811	H01L29/06 H01L21/20 H01S3/18	成長層厚さ	歪多重量子井戸構造の成長方法	
			特開2001-024283	H01S5/343		半導体レーザの製造方法及び半導体レーザ	
			特開平07-038195	H01S3/18	素子特性	双安定半導体レーザおよびその製造方法	
		供給	特開平07-231084	H01L29/06 H01L29/66 H01S3/18	生産性	同一MOVPE装置でガス条件などを変更して成長することにより、フォトリソやエッチングを不要とし高密度島領域を形成する	
		成長マスク	特開平07-231144	H01S3/18 H01L33/00	生産性	光機能素子、これを含む光集積素子およびそれらの製造方法	

表2.7.3-1 技術開発課題対応保有特許の概要(6/6)

技術要素			公報番号	特許分類	課題	概要(解決手段)あるいは発明の名称	代表図
製造技術	結晶成長	成長基板	特許3082444	H01S5/12	生産性	半導体レーザの製造方法	
			特開平07-249822	H01S3/18		<001>方位に1°以上傾斜した基板を用いることにより、エッチング不要で多重量子細線を形成する	
	ドーピング	不純物濃度	特許2804946	H01S3/18	漏れ電流抑制	埋込型化合物半導体発光装置及びその製法	
			特開平11-054835	H01S3/18	拡散抑制	半導体レーザおよびその製造方法	
			特開平11-068234	H01S3/18 H01L21/205	結晶性	半導体装置の製造方法	
			特許3038424	H01S5/223	生産性	埋め込み構造半導体レーザとその製造方法	
		ドーパント	特開平08-111564	H01S3/18 G02B6/13 H01L21/761	拡散抑制	半導体素子とその製造方法	
			特開2000-031597	H01S3/18 H01L21/205	結晶性	半導体装置の製造方法	
			特開平11-112086	H01S3/18	生産性	埋め込み型面発光レーザ及びその作製方法	
			特開平07-038195	H01S3/18	その他	双安定半導体レーザおよびその製造方法	
	エッチング	エッチャント	特開平09-102649	H01S3/18 G02F1/015,505	所望形状	半導体光素子接合構造及びその接合部の製造方法	
			特開平10-050668	H01L21/3065 C23F4/00 H01S3/18 H05H1/46	生産性	プラズマエッチング方法	
		エッチング条件	特開2000-244065	H01S3/18,665 H01L21/3065	結晶性	半導体装置およびその製造方法、ドライエッチング方法	

2.7.4 技術開発拠点

発明者の住所から技術開発拠点の割り出しを行ったが、日本電信電話の出願の発明者住所は全て東京都の日本電信電話会社住所と同じであったため、発明者の住所から技術開発拠点を見つけることはできなかった。

2.7.5 研究開発者

特許情報から得られた実質発明者数により、研究開発担当者数の推移を説明する。

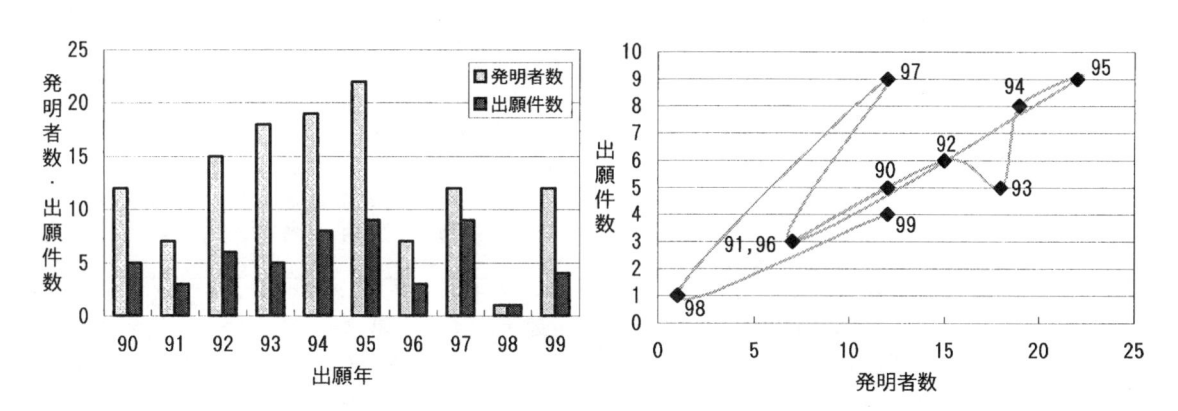

図2.7.5-1 日本電信電話の発明者数－出願件数推移

図2.7.5-1に、発明者数と出願件数の推移を示す。1991年から95年にかけて発明者数・出願件数が増加傾向を示しており、開発に注力していたと考えられる。

2.8 富士通

2.8.1 企業の概要

表2.8.1-1 企業の概要

1)	商号	富士通株式会社
2)	設立年月日	1935年6月
3)	資本金	3,146億5,298万円
4)	従業員	42,010名
5)	事業内容	通信機器、情報処理機器、電子部品の製造・販売
6)	技術・資本提携関係	［技術援助契約先］ Siemens aktiengesellschaft（ドイツ）、AT＆T Coporation（米国）、International Business Machines Corporation（米国）、Microsoft Corporation（米国）、Texas Instruments Incorporated（米国）、Intel Corporation（米国）、Motorola, Inc.（米国）、National Semiconductor Corporation（米国）、Harris Corporation（米国）、Samsung Electronics Co., Ltd.（韓国）、Winbond Electronics Corporation（台湾） ［合弁契約先］ Advanced Micro Devices, Inc.（米国）、Alcatel Participations（フランス）
7)	事業所	本社／東京都千代田区丸の内1-6-1 丸の内センタービル 工場／神奈川県川崎市、鳥取県米子市、岩手県胆沢郡、福島県会津松市、栃木県鹿沼市、栃木県小山市、栃木県大田原市、埼玉県熊谷市、長野県長野市、長野県須坂市、静岡県沼津市、三重県桑名市、兵庫県明石市、東京都稲城市
8)	関連会社	富士通機電、富士通電装、富士通アイ・ネットワークシステムズ、新光電気工業、高見澤電機製作所、富士通デバイス、富士通AMDセミコンダクタ、富士通日立プラズマディスプレイ、富士通カンタムデバイス、富士通メディアデバイス、その他
9)	業績推移		H11.3	H12.3	H13.3
		売上高(百万円)	3,191,146	3,251,275	3,382,2.1.7
		当期利益(千円)	21,504,000	13,656,000	46,664,000
10)	主要製品	各種サーバー、パーソナルコンピューター、記憶装置、交換システム、伝送システム、移動通信システム、携帯電話、ロジックＩＣ，液晶ディスプレイパネル、半導体パッケージ、化合物半導体、SAWフィルタ、コンポーネント、プラズマディスプレイパネル
11)	主な取引先	富士通パーソナルズ、NTT移動通信網、日本電子計算機、FUJITSU NETWORK COMMUNICATIONS.INC、富士通デバイス、

　半導体レーザでは、長波長長距離伝送用を中心に製品展開を行い、子会社の富士通カンタムデバイス（山梨県）で開発・製造が行われている。具体的には、高密度波長多重伝送システム用のDFBレーザダイオードモジュールなどを生産している。

2.8.2 半導体レーザ技術に関連する製品・技術

表2.8.2-1 半導体レーザ技術に関連する製品・技術

技術用途	製品	製品名	出典
光通信システム用	2.5Gbit/s,105Gbit/s用DFB	FLD3F11JK FLD5F6CX	富士通カンタムデバイスカタログ（2001.7発行） http://www.fqd.fujitsu.com/Products/Datasheet/ http://www.fqd.fujitsu.com/Products/Catalog/Opt/p18.html 調査日 2002.1
	DWDM用DFB	FLD5F6CX-H FLD5F6CX-E	
	変調器内蔵DFB	FLD5F14CN-D/-E FLD5F10NP	
	DWDM用波長ロッカ内蔵DFB	FLD5F6CA-A～D	
	CATV用DFB	FLD3F7CZ FLD3F8CZ FLD3Fcz-j	

　紹介したこれらの製品は半導体レーザを用いたものであり、活性層に特徴がある可能性のあるものである。したがって、必ずしも活性層に特徴のある製品ではないことに注意していただきたい。

2.8.3 技術開発課題対応保有特許の概要

　技術要素3元系活性層よりも4元系活性層に多く出願しており、前表1.4.1-2を参照すると特に漏れ電流・低閾値・発光効率の課題を解決するために、活性層厚を工夫したものが多く出願されている。また、前表1.4.3-1に示す技術要素結晶成長では、生産性の課題を成長マスクで解決するもの、成長層厚さの課題を成長基板（基板上保護膜）で解決するもの、素子特性の課題を原料で解決している出願が多い。

表2.8.3-1 技術開発課題対応保有特許の概要(1/4)

技術要素			公報番号	特許分類	課題	概要(解決手段)あるいは発明の名称	代表図
基本構造							
	3元系活性層	活性層厚	特開平11-340580	H01S3/18 H01L21/205 H01L33/00	漏れ電流・低閾値・発光効率	半導体レーザ、半導体発光素子、及び、その製造方法	
		構成その他	特開平06-140713	H01S3/18	キャリア	半導体レーザ	
		バンドギャップ	特開平08-194237	G02F1/35 H01S3/18	漏れ電流・低閾値・発光効率	光半導体装置	
			特開平09-260725	H01L33/00 H01S3/18		半導体発光素子	
		組成	特開平04-100292	H01S3/18	漏れ電流・低閾値・発光効率	半導体レーザ	

表2.8.3-1 技術開発課題対応保有特許の概要(2/4)

技術要素			公報番号	特許分類	課題	概要(解決手段)あるいは発明の名称	代表図
基本構造	3元系活性層	格子定数	特開平07-235728	H01S3/18 H01L29/06 H01L33/00	キャリア	光半導体装置	
			特開平03-174790	H01S3/18	その他出力	光半導体素子	
	4元系活性層	活性層厚	特開平07-283490	H01S3/18 G11B7/125 H01L27/15 H01L29/06	漏れ電流・低閾値・発光効率	光半導体装置及びその製造方法	
			特開平08-046295	H01S3/18 G02B6/13 G02B6/14		光半導体装置及びその製造方法	
			特開平09-045991	H01S3/18		半導体レーザ	
			特開平11-340580	H01S3/18 H01L21/205 H01L33/00		半導体レーザ、半導体発光素子、及び、その製造方法	
			特開平11-097789	H01S3/18	その他出力	半導体レーザ装置	
			特開2001-007440	H01S5/20		半導体レーザ装置及びその製造方法	
			特開平09-162485	H01S3/18	結晶性	光半導体装置	
			特許2890745	H01S3/18	生産性	半導体装置の製造方法および、光半導体装置の製造方法	
		活性層幅	特許3129450	H01S5/34 H01S5/20	漏れ電流・低閾値・発光効率	半導体発光装置及びその製造方法	
			特開平09-008410	H01S3/18 H01L33/00	生産性	半導体発光素子及びその製造方法	
		構成その他	特開平08-018156	H01S3/18	温度特性	半導体発光装置	
			特開平10-303495	H01S3/18		半導体レーザ	
			特開平10-117037	H01S3/18	波長特性	波長可変光半導体装置	
			特開平08-262381	G02F1/025 H01L27/15 H01S3/18	その他出力	半導体装置	
		バンドギャップ	特開平09-260725	H01L33/00 H01S3/18	漏れ電流・低閾値・発光効率	半導体発光素子	
			特開平10-084164	H01S3/18 H01S3/10		半導体量子ドット光変調装置	
			特許2911546	H01S3/18,694 H01S3/18,677	キャリア	光半導体装置及びその製造方法	
			特開平10-260381	G02F1/025 H01S3/18	その他出力	半導体装置及びその使用方法	
		組成	特開2000-124553	H01S3/18,677	生産性	半導体レーザ装置及びその製造方法	
		格子定数	特開平10-229254	H01S3/18 H01L33/00	温度特性	光半導体装置	

表2.8.3-1 技術開発課題対応保有特許の概要(3/4)

技術要素			公報番号	特許分類	課題	概要(解決手段)あるいは発明の名称	代表図
基本構造	4元系活性層	格子定数	特開平07-235728	H01S3/18 H01L29/06 H01L33/00	キャリア	光半導体装置	
			特開平03-174790	H01S3/18	その他出力	光半導体素子	
		その他	特開平06-085382	H01S3/18	高出力	半導体レーザの製造方法	
			特開平09-214046	H01S3/18	その他出力	光半導体装置	
	活性層埋込構造	層の形状・配置	特開2000-091702	H01S3/18,673	高出力	半導体レーザ	
		層の厚さ・幅	特開平08-162715	H01S3/18 H01L21/02 H01L29/06	ビーム形状	半導体基板、半導体装置、半導体発光装置とその製造方法	
		層の性質	特開2001-111170	H01S5/16	ビーム形状	光半導体装置及びその製造方法	
		その他	特開平10-260436	G02F1/35 H01S3/18	その他出力	半導体レーザの発振波長を利得ピーク波長より長波長に設定することにより、変換効率における非対称性を緩和する	
製造技術	結晶成長	供給	特開平08-236465	H01L21/205 H01S3/18 C23C16/04	成長層厚さ	化合物半導体装置の製造方法	
		成長マスク	特許2890745	H01S3/18	生産性	半導体装置の製造方法および、光半導体装置の製造方法	
			特開平08-293640	H01S3/18 H01L33/00		半導体発光装置及びその製造方法	
			特開平09-008410	H01S3/18 H01L33/00		半導体発光素子及びその製造方法	
			特開平09-186391	H01S3/18	成長層厚さ	化合物半導体装置及びその製造方法	
		成長基板	特開2000-124553	H01S3/18,677	結晶性	InP段差基板上に設けたウェル層の斜面に沿った領域のAs組成比を主面に沿った領域のAs組成比より高くすることによって、横方向のキャリア閉じ込め機構、屈折率分布を形成したレーザを提供する	
			特開平08-162715	H01S3/18 H01L21/02 H01L29/06	成長層厚さ	半導体基板、半導体装置、半導体発光装置とその製造方法	
			特開平10-261816	H01L33/00 H01S3/18		半導体発光素子及びその製造方法	
			特開2000-174388	H01S3/18,665		半導体レーザその製造方法	
		原料	特開平10-064827	H01L21/205 H01S3/18	結晶性	半導体装置の製造方法	

表2.8.3-1 技術開発課題対応保有特許の概要(4/4)

技術要素			公報番号	特許分類	課題	概要(解決手段)あるいは発明の名称	代表図
製造技術	結晶成長	原料	特開2001-196695	H01S5/227 H01S5/323	結晶性	光半導体装置の製造方法	
			特開平11-266052	H01S3/18	生産性	半導体発光素子及びその製造方法	
			特許2970797	H01S3/18,662	素子特性	半導体レーザ装置の製造方法	
			特開平10-065263	H01S3/18		半導体レーザ及びその製造方法	
			特開2000-077789	H01S3/18 H01L21/205		半導体レーザの製造方法	
	ドーピング	ドーパント	特許2970797	H01S3/18,662	出力特性	半導体レーザ装置の製造方法	
	エッチング	エッチング停止層	特開平11-054837	H01S3/18 H01L33/00	エッチング停止	光半導体装置及びその製造方法	
		異なるエッチング速度	特開平10-261832	H01S3/18	素子特性	半導体装置及びその製造方法	
		エッチャント	特開2000-091303	H01L21/306 H01L21/3065 H01S3/18,665	結晶性	化合物半導体装置の製造方法	
		エッチング条件	特開平09-199797	H01S3/18 G02F1/025 G02F1/35,501	生産性	光半導体装置及びその製造方法	

2.8.4 技術開発拠点
発明者の住所から割り出した技術開発拠点を以下に示す。

東京都：富士通-(*)
山梨県：富士通-(*)
注（*）は公報に事業所名の記載なし

2.8.5 研究開発者
特許情報から得られた実質発明者数により、研究開発担当者数の推移を説明する。

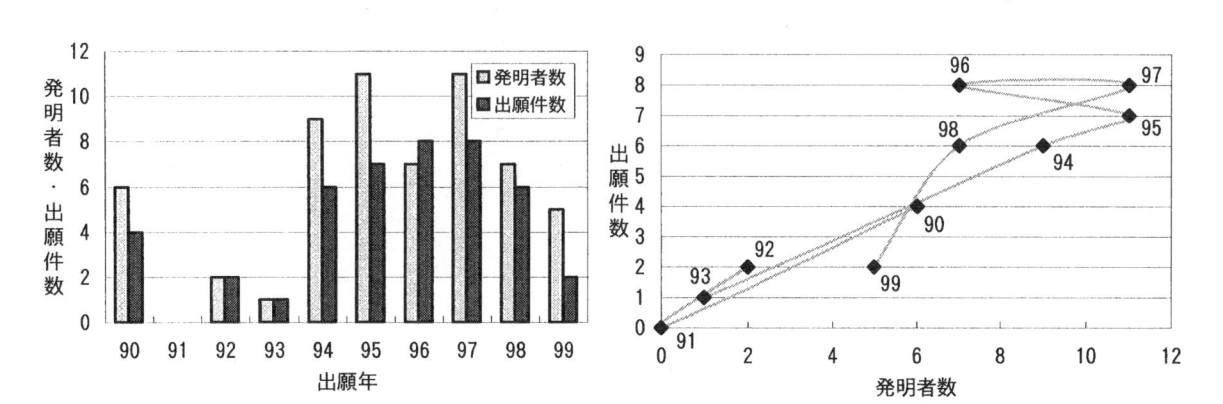

図2.8.5-1 富士通の発明者数－出願件数推移

図2.8.5-1に、発明者数と出願件数の推移を示す。1994年に出願傾向に変化が見られ、発明者数・出願件数ともに急増している。その後、98年までおよそ一定件数を出願している。

2.9 ソニー

2.9.1 企業の概要

表2.9.1-1 企業の概要

1)	商号	ソニー株式会社		
2)	設立年月日	1946年5月		
3)	資本金	4,720億0,100万円		
4)	従業員	19,187名		
5)	事業内容	家庭電化、住宅設備機器、映像機器、音響機器、情報機器、通信機器の製造・販売		
6)	技術・資本提携関係	-		
7)	事業所	本社/東京品川区北品川6-7-35		
8)	関連会社	ソニー北関東、ソニーポンソン、アイワ、ソニー幸田、ソニー木更津、ソニー美濃加茂、ソニーブロードキャストプロダクツ、ソニー一宮、ソニー瑞浪、ソニー稲沢、ソニー千、ソニーコンポーネント千葉、ソニーデジタルプロダクツ、ソニー国分寺、ソニー長崎、ソニー大分、ソニーケミカル、ソニー白石セミコンダクタ、ソニー浜松、ソニーマックス、ソニー福島、ソニー・プレジジョン・テクノロジー、その他		
9)	業績推移	H11.3	H12.3	H13.3
	売上高(百万円)	2,432,690	2,592,962	3,007,584
	当期利益(千円)	38,029,000	30,838,000	45,002,000
10)	主要製品	オーディオ、ビデオ、テレビ、情報・通信、電子デバイス、ゲーム、音楽、映画、保険、		
11)	主な取引先	ソニーマーケティング、ソニー海外販売会社		

半導体レーザではCD、CD-R、DVD用の民生用を中心に製品展開を行っており、また高出力半導体レーザでは、医療用、印刷用、加工用などの分野向けに幅広く製品展開を行っている。

また、光通信用のAlGaAs半導体レーザやAlGaInP半導体レーザ、青色半導体レーザの研究開発も行っている。

2.9.2 半導体レーザ技術に関連する製品・技術

表2.9.2-1 半導体レーザ技術に関連する製品・技術

技術用途	製品	製品名	出典
情報処理用	CD用	SLD105UL SLD104UH SLD131UL	ソニーホームページ http://www.sony.co.jp/Products/SC-HP/Product_List_J/Category_title_J/Laser_diode_J.html 調査日 2001.1
	CD-R/RW用	SLD235VL SLD237VL SLD238VL SLD239VL	
	DVD用	SLD1134VL SLD1137VL SLD1138VL SLD6162RLI	
	デジタルコピー機用	SLD262EP	
その他	レーザポインタ用	SLD1132VS SLD1135VS	
	医療用	SLD301B SLD301V SLD301XT SLD302B SLD302V SLD302XT SLD304B SLD304XT	
	加工用	SLD322V SLD322XT SLD323V SLD323XT SLD326YT SLD327YT SLD342YT SLD343YT SLD344YT SLD402S	

　紹介したこれらの製品は半導体レーザを用いたものであり、活性層に特徴がある可能性のあるものである。したがって、必ずしも活性層に特徴のある製品ではないことに注意していただきたい。

2.9.3 技術開発課題対応保有特許の概要

　前表1.4.3-1を参照すると、技術要素結晶成長に関する出願が多く、広範囲にバランスよく出願されている。特に結晶性の課題に対して、成長条件・方法を工夫することで解決している出願が多い。

表2.9.3-1 技術開発課題対応保有特許の概要(1/4)

技術要素			公報番号	特許分類	課題	概要(解決手段)あるいは発明の名称	代表図
基本構造							
	3元系活性層	活性層厚	特開2000-101196	H01S3/18,673 H01S3/18,634 H01S3/18,677	温度特性	P型クラッド層側でウェル層が薄く、n型クラッド層側で厚い構造とすることにより、高温動作時や高出力動作時でも安定して自励発振する	
			特許3191363	H01S5/343	波長特性	多重量子井戸型半導体レーザ	
		活性層幅	特開2000-101200	H01S3/18,677 H01S3/18,630	ビーム形状	半導体レーザおよびマルチ半導体レーザ	
		バンドギャップ	特開2000-183457	H01S3/18,664 H01S3/18,640 H01S3/18,670	キャリア	半導体レーザとその製造方法	
		構成その他	特開平08-274403	H01S3/18	その他出力	半導体レーザ	
		格子定数	特開平11-087764	H01L33/00 H01S3/18	結晶性向上	半導体発光装置とその製造方法	
	4元系活性層	活性層厚	特開2000-101196	H01S3/18,673 H01S3/18,634 H01S3/18,677	温度特性	自励発振型半導体レーザ	
			特許3191363	H01S5/343	波長特性	多重量子井戸型半導体レーザ	
		構成その他	特開平10-294530	H01S3/18 H01L33/00 H01S3/07	その他出力	多重量子井戸型半導体発光素子	
			特開平11-330612	H01S3/18 G11B7/125		半導体レーザおよび光ディスク装置	
		バンドギャップ	特開平10-284795	H01S3/18	漏れ電流・低閾値	歪み量及び層厚変調型多重量子井戸構造を備える半導体レーザ素子および製造方法	
		組成	特開平09-307183	H01S3/18	波長特性	半導体レーザ	
		格子定数	特開平09-055561	H01S3/18 H01L33/00	温度特性	半導体レーザ	
			特開平11-087764	H01L33/00 H01S3/18	結晶性向上	半導体発光装置とその製造方法	
	クラッド層	層の性質	特開平08-340145	H01S3/18	低閾値	化合物半導体発光素子とその製造方法	
			特開平09-135055	H01S3/18 H01L33/00	特性維持	半導体レーザ	

表2.9.3-1 技術開発課題対応保有特許の概要(2/4)

技術要素			公報番号	特許分類	課題	概要(解決手段)あるいは発明の名称	代表図
基本構造	活性層埋込構造	層の形状・配置	特開平11-195837	H01S3/18	特性維持	半導体レーザの製造方法	
材料技術							
	ドーパント材料	1種類	特開平11-168260	H01S3/18 H01L21/203 H01L21/205	その他	活性層をエピタキシャル成長させる際、成長温度またはV族／Ⅲ族比を適宜制御するか、SiまたはCを不純物としてドープすることにより、自然超格子を解消し、特性を向上する	
			特開平11-186665	H01S3/18 H01L33/00		半導体発光素子	
			特開2000-133882	H01S3/18,673 C23C16/30 H01L21/205 H01L33/00		化合物半導体素子	
製造技術							
	結晶成長	成長条件・方法	特開平09-275241	H01S3/18 H01L33/00	結晶性	半導体レーザおよびその製造方法	
			特開平11-168260	H01S3/18 H01L21/203 H01L21/205		半導体レーザ及びその製造方法	
			特開平11-330616	H01S3/18 H01L21/205		化合物半導体層の成長方法および半導体装置の製造方法	
			特開2000-307193	H01S3/18,665 H01L33/00 H01L33/00		半導体レーザおよびその製造方法ならびに半導体装置およびその製造方法	
			特開2000-223781	H01S3/18,665	成長層厚さ	半導体レーザおよびその製造方法ならびに半導体装置およびその製造方法	
			特開平10-190128	H01S3/18	素子特性	半導体発光装置の製造方法	
		供給	特開平11-238937	H01S3/18	結晶性	半導体基板および半導体レーザ装置の製造方法	
			特開平07-094430	H01L21/205 H01L21/338 H01L29/812 H01L33/00 H01S3/18	成長層厚さ	量子井戸構造を有する化合物半導体層の成長方法及び化合物半導体薄膜積層構造の形成方法	
			特開2000-208874	H01S3/18,673 H01L21/205 H01L33/00	素子特性	窒化物半導体と、窒化物半導体発光装置と、窒化物半導体の製造方法と、半導体発光装置の製造方法	
		成長基板	特開2001-158698	C30B29/38 H01L21/205 H01L33/00 H01S5/343	結晶性	窒化物系Ⅲ-V族化合物の結晶製造方法、窒化物系Ⅲ-V族化合物結晶基板、窒化物系Ⅲ-V族化合物膜およびデバイスの製造方法	

表2.9.3-1 技術開発課題対応保有特許の概要(3/4)

技術要素			公報番号	特許分類	課題	概要(解決手段)あるいは発明の名称	代表図
製造技術	結晶成長	成長基板	特開2001-176805	H01L21/205 H01L33/00 H01S5/323	結晶性	窒化物系III-V族化合物の結晶製造方法、窒化物系III-V族化合物結晶基板、窒化物系III-V族化合物結晶膜およびデバイスの製造方法	
			特開2000-174386	H01S3/18,664 H01S3/18,677	生産性	半導体発光素子およびその製造方法	
		原料	特開平11-121872	H01S3/18 C30B29/48 H01L21/205 H01L33/00	結晶性	Inを含むp型III-V族化合物半導体層の成長方法および半導体発光装置の製造方法	
			特開2001-144325	H01L33/00 H01S5/343		窒化物系III-V族化合物半導体の製造方法および半導体素子の製造方法	
			特開2000-021785	H01L21/205 H01S3/18	バンドギャップ・波長	化合物半導体層の成長方法および半導体レーザ	
			特開平10-199897	H01L21/363 C30B23/08 C30B29/42 C30B29/48 H01L21/203 H01L33/00 H01S3/18	素子特性	化合物半導体層の成長方法	
	ドーピング	拡散領域	特開2001-044562	H01S5/22	基本横モード	半導体レーザ素子及びその作製方法	
			特開平05-129721	H01S3/18	生産性	半導体レーザ及びその製造方法	
			特開平08-097499	H01S3/18		高濃度半導体から不純物の拡散により電流狭窄層を自己整合して形成することにより工程を簡略する	(図)
		不純物濃度	特開平09-219566	H01S3/18 H01L33/00	生産性	半導体発光装置の製造方法	
			特開平11-214800	H01S3/18 H01L21/265 H01L21/76 H01L21/338 H01L29/812 H01L33/00	出力特性	半導体装置およびその製造方法	
		ドーパント	特開2000-208870	H01S3/18,648	拡散抑制	半導体レーザおよびその製造方法	
			特開平11-074616	H01S3/18 H01L33/00	生産性	半導体発光装置とその製造方法	
			特開平10-270797	H01S3/18 H01L33/00	その他	半導体発光素子とその製造方法	

表2.9.3-1 技術開発課題対応保有特許の概要(4/4)

技術要素			公報番号	特許分類	課題	概要(解決手段)あるいは発明の名称	代表図
製造技術	ドーピング	注入・拡散温度	特開平10-233553	H01S3/18	生産性	100～800℃に加熱し、端面近傍を局所的に拡散することによって、簡便な方法で良質の窓を形成する	
		その他	特開2001-127002	H01L21/268 H01S5/343	その他	半導体中の不純物の活性化方法および半導体装置の製造方法	
	エッチング	エッチング停止層	特開平09-162481	H01S3/18	生産性	半導体発光装置とその製造方法	
		異なるエッチング速度	特開平07-297486	H01S3/18	素子特性	半導体レーザ及びその製造方法	
		その他	特開2000-022275	H01S3/18 H01L33/00	素子特性	半導体発光素子およびその製造方法ならびに光電子集積回路およびその製造方法	

2.9.4 技術開発拠点

　発明者の住所から技術開発拠点の割り出しを行ったが、ソニーの出願の発明者住所は全て東京都のソニー会社住所と同じであったため、発明者の住所から技術開発拠点を見つけることはできなかった。

2.9.5 研究開発者

特許情報から得られた実質発明者数により、研究開発担当者数の推移を説明する。

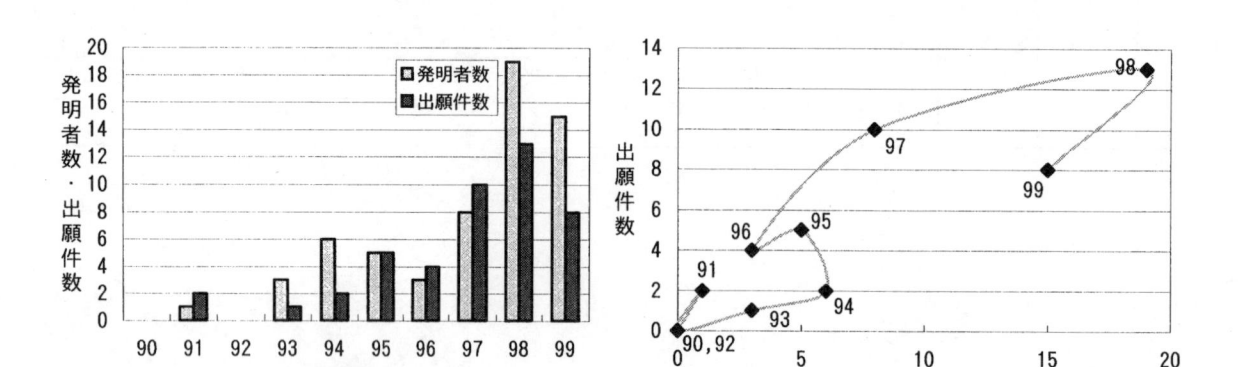

図2.9.5-1　ソニーの発明者数－出願件数推移

図2.9.5-1に、発明者数と出願件数の推移を示す。1997年以降は発明者数・出願件数が大幅に増加する傾向を示しており、開発に注力していると考えられる。

2.10 東芝

2.10.1 企業の概要

表2.10.1-1 企業の概要

1)	商号	株式会社東芝
2)	設立年月日	1904年6月
3)	資本金	2,749億2,100万円
4)	従業員	52,263名
5)	事業内容	情報通信機器、会社システム、デジタルメディア、重機システム、電子デバイス、家庭電器の製造・販売
6)	技術・資本提携関係	［技術援助契約先］ マイクロソフト・ライセンシング・インク（米国）、テキサス・インスツルメンツ・インコーポレーテッド（米国）、クアルコム・インク（米国）、ラムバス・インク（米国）、ウィンボンド・エレクトロニクス・コーポレーション（台湾）、ハンスター・ディスプレイ・コーポレーション（台湾）、ワールドワイド・セミコンダクタ・マニュファクチャリング・コーポレーション（台湾）、ドンブ・エレクトロニクス・コーポレーション（韓国）
7)	事業所	本社／東京都港区芝浦1-1-1 工場／神奈川県川崎市、三重県三重郡、東京都日野市、東京都青梅市、埼玉県深谷市、福岡県北九州市、大分県大分市、三重県四日市市、兵庫県姫路市、栃木県大田原市、神奈川県横浜市、大阪府茨木市、愛知県瀬戸市、東京都府中市、東京都日野市
8)	関連会社	東芝エレベーター、東芝テック、東芝アメリカビジネスソリューソン（米国）、東芝・ド・ブラジル（ブラジル）、エイ・ティー・バッテリー、東芝電池、東芝メディア機器、大連東芝テレビジョン（中国）、東芝ディスプレイデバイス・インドネシア社（インドネシア）、東芝アメリカビジネスソリューション社（米国）、東芝アメリカ家電社（米国）、東芝アメリカ電子部品社（米国）、東芝アメリカ情報システム社（米国）、東芝ディスプレイディバイス・タイ社（タイ）、東芝システム欧州社（ドイツ）、東芝インターナショナル米国社（米国）、西芝電機、センプ東芝アマゾナス社（ブラジル）、その他
9)	業績推移		H11.3	H12.3	H13.3
		売上高(百万円)	3,407,611	3,505,338	3,678,977
		当期利益(千円)	15,578,000	244,515,000	26,411,000
10)	主要製品	放送システム、光通信システム、衛星通信システム、マイクロ波通信システム、宇宙開発機器、計装制御システム、エレベーター、コンピューター、ワークステーション、携帯電話、DVDビデオプレーヤー、テレビ、VTR、原子力発電機器、ガスタービン、発電機、燃料電池、半導体、液晶ディスプレイ、ブラウン管、家庭電器、産業用ロボット、セラミックス
11)	主な取引先	東京電力、三井物産、中部電力

　半導体レーザではCD、CD-R、DVD用などの民生用を中心に製品展開を行っている。最近では、DVD・CD両用ピックアップヘッド用モノシリック2波長レーザを開発している。これは、DVDに波長650nmのレーザが、CDに波長780nmのレーザが必要になるためである。この半導体レーザを製造するにあたり有機金属気相成長（MOCVD）技術が重要視されている。MOCVD技術とは、有機金属の状態で半導体材料を反応室へ導入し、基板上に薄膜結晶を成長させる方法である。

　また、窒化ガリウム系半導体レーザの開発も行っており、青紫色での電流注入室温パルスレーザ発振に成功しており、DVD用として商品化をめざしている様子である。この製造にも、有機金属気相成長技術が用いられており、原子単位の薄層多重量子井戸の形成に成功している。

2.10.2 半導体レーザ技術に関連する製品・技術

表2.10.2-1 半導体レーザ技術に関連する製品・技術

技術用途	製品	製品名	出典
情報処理用	DVD-ROM、DVD-Video、DVD-カーナビゲーション用	TOLD2000MDA TOLD2001MDA TOLD9462 TOLD9463 TOLD9443 TOLD9471	東芝ホームページ http://www.semicon.toshiba.co.jp/prd/ccd/ft_ccd.html 調査日 2002.1
	DVD-RAM、DVD-R/RW、光磁気ディスク用	TOLD9453	

　紹介したこれらの製品は半導体レーザを用いたものであり、活性層に特徴がある可能性のあるものである。したがって、必ずしも活性層に特徴のある製品ではないことに注意していただきたい。

2.10.3 技術開発課題対応保有特許の概要

　前表1.4.1-1、表1.4.1-2を参照すると、技術要素3元系活性層、4元系活性層ともに、漏れ電流・低閾値・発光効率に関する課題を組成を工夫することにより解決している出願が多い。また、表1.4.3-3に示すように、技術要素エッチングでは、生産性に関する課題を解決している出願が多い。

表2.10.3-1 技術開発課題対応保有特許の概要(1/5)

技術要素			公報番号	特許分類	課題	概要(解決手段)あるいは発明の名称	代表図
基本構造							
	3元系活性層	活性層厚	特開平10-321965	H01S3/18 H01L33/00	漏れ電流・低閾値・発光効率	半導体発光素子	
			特開2001-057462	H01S5/323	その他出力	第一の活性層(膜厚が0.01μm以上0.1μm以下であるバルク構造)と第二の活性層(量子井戸層とバリア層との積層構造)とを設けることで、バンドギャップ不連続を低減し動作電圧、動作電流の向上を図ることができる	
			特開2000-196188	H01S3/18,648 H01L21/308	結晶性	半導体レーザ素子およびその製造方法	
		構成その他	特開平08-250817	H01S3/18 H01L21/3065 H01L33/00	漏れ電流・低閾値・発光効率	半導体微小共振器光素子および化合物半導体多層膜のドライエッチング方法	

表2.10.3-1 技術開発課題対応保有特許の概要(2/5)

技術要素			公報番号	特許分類	課題	概要(解決手段)あるいは発明の名称	代表図
基本構造	3元系活性層	構成その他	特開2000-208872	H01S3/18,664 H01S3/18,642 H01S3/18,676	生産性	半導体素子及びその製造方法	
		バンドギャップ	特開平10-093192	H01S3/18	漏れ電流・低閾値・発光効率	窒化ガリウム系化合物半導体レーザ及びその製造方法	
			特開平10-098177	H01L29/06 H01L21/331 H01L29/73 H01L29/778 H01L21/338 H01L29/812 H01L33/00 H01S3/18	結晶性	半導体装置	
		組成	特開平09-018078	H01S3/18	漏れ電流・低閾値・発光効率	半導体レーザ装置	
			特開平10-065271	H01S3/18 H01L33/00		窒化ガリウム系半導体光発光素子	
			特開平10-242512	H01L33/00 H01S3/18		半導体発光装置	
			特開2000-223790	H01S3/18,677		窒化物系半導体レーザ装置	
		格子定数	特開2001-053339	H01L33/00 H01L33/00 H01S5/323	波長特性	半導体発光素子およびその製造方法	
		その他	特許3139774	H01S5/12	漏れ電流・低閾値・発光効率	共振器を結合効率κと共振器長Lとの関係が$\kappa \times L \leq 1.2$となるように設定しレーザ発振の際の全光損失を大きくする手段を用いることで、限界帯域が向上し、超高速変調が可能となる	
			特開平06-053609	H01S3/18		光半導体素子の製造方法	
	4元系活性層	活性層厚	特開平10-321965	H01S3/18 H01L33/00	漏れ電流・低閾値・発光効率	半導体発光素子	
			特開2001-057462	H01S5/323	その他出力	半導体レーザ装置	
		活性層幅	特開平05-090702	H01S3/18	温度特性	半導体レーザ装置	
		構成その他	特開平05-007056	H01S3/18 G02F1/35	波長特性	半導体レーザ装置	
			特許2839696	H01S3/18	生産性	半導体レーザ装置及びその製造方法	
			特開平10-256670	H01S3/18 H01L33/00		化合物半導体素子	

表2.10.3-1 技術開発課題対応保有特許の概要(3/5)

技術要素			公報番号	特許分類	課題	概要(解決手段)あるいは発明の名称	代表図
基本構造	4元系活性層	バンドギャップ	特開平04-269886	H01S3/18	漏れ電流・低閾値・発光効率	半導体レーザの製造方法	
			特開平08-179387	G02F1/35 H01L29/80 H01L33/00 H01S3/18 H01L27/15		光半導体装置	
			特開平10-093192	H01S3/18		窒化ガリウム系化合物半導体レーザ及びその製造方法	
		組成	特開平06-097586	H01S3/18	漏れ電流・低閾値・発光効率	多重量子井戸半導体レーザ装置	
			特開平09-018078	H01S3/18		半導体レーザ装置	
			特開平10-065271	H01S3/18 H01L33/00		窒化ガリウム系半導体光発光素子	
			特開平10-242512	H01L33/00 H01S3/18		半導体発光装置	
			特開平09-222619	G02F1/35 H01S3/18	波長特性	導波型光半導体装置	
		格子定数	特許3135250	H01S5/343 H01S5/22	漏れ電流・低閾値・発光効率	半導体レーザ装置	
			特開平08-088404	H01L33/00 H01S3/18		面発光型半導体発光装置	
			特許3115006	H01S5/323	温度特性	半導体レーザ装置	
			特開平10-335742	H01S3/18	波長特性	半導体レーザ装置	
			特開平10-215021	H01S3/18	その他出力	半導体レーザ装置	
			特許2966982	H01S3/18,677	結晶性	半導体レーザ	
		その他	特許3139774	H01S5/12	漏れ電流・低閾値・発光効率	半導体レーザ装置	
			特開平06-053609	H01S3/18		光半導体素子の製造方法	
	光ガイド層	その他	特開平11-243251	H01S3/18 H01L33/00	低閾値	活性層とn、pガイド層の間に薄膜ガイド層を設けることにより、キャリア閉じ込めを強化し、閾値電流を低減することができる	
		層の性質	特開平09-018078	H01S3/18	特性維持	半導体レーザ装置	
	クラッド層	層の形状・配置	特許3152900	H01S5/323 H01L33/00	波長特性	半導体レーザ	
		層の性質	特開2000-223790	H01S3/18,677	低閾値	窒化物系半導体レーザ装置	

表2.10.3-1 技術開発課題対応保有特許の概要(4/5)

技術要素			公報番号	特許分類	課題	概要(解決手段)あるいは発明の名称	代表図
基本構造	クラッド層	層の性質	特開平10-247760	H01S3/18 H01L33/00	低抵抗	pクラッド層にMg、n型クラッド層にSiをドープすることにより、p型クラッド層を低抵抗にすることができる	
			特開平10-247761	H01S3/18 H01L33/00		青色半導体発光素子	
材料技術	ドーパント材料	元素指定	特開平07-086695	H01S3/18 H01L29/06	拡散抑制	Siを不純物として活性層及び光ガイド層に$1\times10^{16}cm^{-3}\sim5\times10^{17}cm^{-3}$の濃度に設定することにより、閾値が低くかつ素子の温度依存性を小さくすることができる	
		1種類	特開平10-065271	H01S3/18 H01L33/00	キャリア	窒化ガリウム系半導体光発光素子	
製造技術	結晶成長	供給	特開平10-290027	H01L33/00 H01L21/205 H01S3/18	結晶性	半導体発光装置及びその製造方法	
			特開平11-150296	H01L33/00 H01S3/18	生産性	窒化物系半導体素子及びその製造方法	
		成長マスク	特開平05-007056	H01S3/18 G02F1/35	素子特性	半導体レーザ装置	
		成長基板	特開平04-130687	H01S3/18	成長層厚さ	半導体装置の製造方法及び半導体レーザ装置の製造方法	
		原料	特開平10-093192	H01S3/18	結晶性	窒化ガリウム系化合物半導体レーザ及びその製造方法	
			特開平10-135575	H01S3/18 H01L21/205 H01L29/12 H01L33/00	生産性	窒化物系半導体素子及びその製造方法	
	ドーピング	無秩序化	特開平11-284280	H01S3/18 H01L33/00	生産性	Zn等のドーパントを高濃度に含んだⅢ-Ⅴ族半導体からドーパントを固相拡散させることにより、端面出射領域の活性層を無秩序化して窓形成でき、所定場所へのドーパント拡散量制御性を向上させることができる	
		ドープ領域	特開平10-233531	H01L33/00 H01S3/18	漏れ電流抑制	半導体素子およびその製造方法	
			特開2000-208872	H01S3/18,664 H01S3/18,642 H01S3/18,676	結晶性	半導体素子及びその製造方法	

表2.10.3-1 技術開発課題対応保有特許の概要(5/5)

技術要素			公報番号	特許分類	課題	概要(解決手段)あるいは発明の名称	代表図
製造技術	ドーピング	不純物濃度	特開平09-069668	H01S3/18 H01L21/205 H01L33/00	漏れ電流抑制	半導体発光装置とこれを製造するための高圧原料容器及び半導体発光装置の製造方法	
			特開平11-243250	H01S3/18		半導体レーザ素子及びその製造方法	
		ドーパント	特開平11-274645	H01S3/18 H01L21/205 H01L29/205 H01L21/331 H01L29/73 H01L29/778 H01L21/338 H01L29/812 H01L33/00	結晶性	半導体素子及びその製造方法	
			特許3053836	H01L21/205 H01L21/331 H01L21/338 H01L29/73 H01L29/812 H01L33/00 H01S5/30	生産性	マグネシウムドープ源として有機マグネシウム化合物と他の化合物との付加物を用いることで、急峻なドーピングを再現性・制御性良くする	
		その他	特許2919788	H01L33/00 H01L21/205 H01S3/18,673	生産性	不活性ガスの流量をp型コンタクト層を積層後直ちに増大してp型不純物の7%以上を電気的に活性化することにより、製造工程が簡略化でき、歩留まりも向上させることができる	
	エッチング	エッチング停止層	特許2839696	H01S3/18	生産性	量子井戸層及びバリア層をエッチングするに際し、下側隣接層をエッチングストップ層として構成することにより、界面形状が制御された状態で形成できるため製造が容易となる	
		エッチング条件	特開平08-250817	H01S3/18 H01L21/3065 H01L33/00	生産性	半導体微小共振器光素子および化合物半導体多層膜のドライエッチング方法	
		その他	特開平06-053609	H01S3/18	生産性	光半導体素子の製造方法	

144

2.10.4 技術開発拠点
発明者の住所から割り出した技術開発拠点を以下に示す。

神奈川県：多摩川工場
神奈川県：東芝-（*）
神奈川県：堀川町工場
神奈川県：マイクロエレクトロニクスセンター
神奈川県：研究開発センタ
神奈川県：川崎事業所
神奈川県：総合研究所
注（*）は公報に事業所名の記載なし

2.10.5 研究開発者
特許情報から得られた実質発明者数により、研究開発担当者数の推移を説明する。

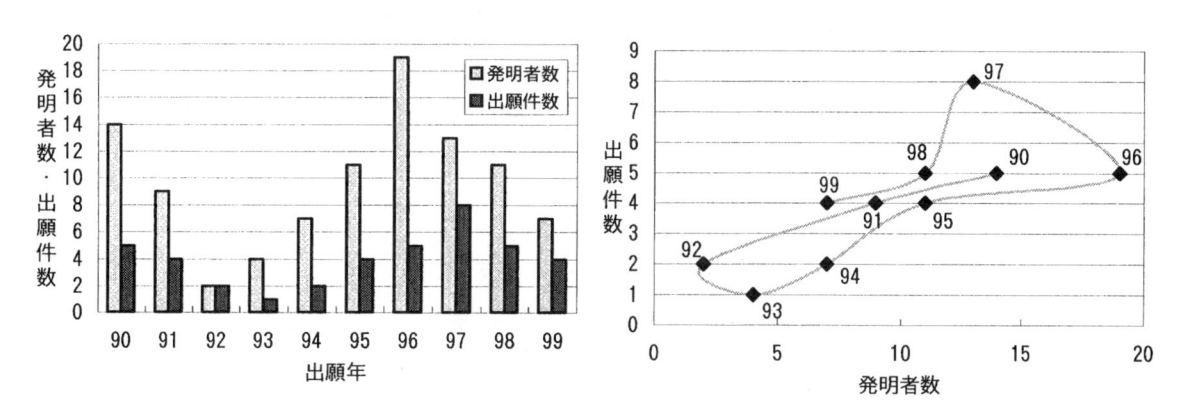

図2.10.5-1 東芝の発明者数－出願件数推移

図2.10.5-1に、発明者数と出願件数の推移を示す。1993年から96年にかけて発明者数・出願件数が増加傾向を示しており、開発に注力していたと考えられる。97年以降は出願件数に対する発明者数が減少しており、開発が成熟期に入ったものと考えられる。

2.11 三洋電機
2.11.1 企業の概要

表2.11.1-1 企業の概要

1)	商号	三洋電機株式会社
2)	設立年月日	1950年4月
3)	資本金	1,722億4,000万円
4)	従業員	20,112名
5)	事業内容	家庭電化機器、映像機器、電子デバイス、電池の製造・販売
6)	技術・資本提携関係	［技術導入契約先］ テキサツ・インスツルメンツ・インコーポレーテッド（米国）、インターナショナル・ビジネス・マシーンズ・コーポレーション（米国）、フィリップス・イクスポート・ビー・ヴィ（オランダ）、ジェムスター・ディベロップメント・コーポレーション（米国）、ルーセント・テクノロジーズ・インク（米国）
7)	事業所	本社／大阪府守口市京坂本通2-5-5
8)	関連会社	鳥取三洋電機、三洋セールス＆マーケティング、三洋電機ソフトウェア、三洋電子部品、三洋電機空調、三洋セミコンデバイス、三洋電機カーエレクトロニクス、その他
9)	業績推移	<table><tr><td></td><td>H11.3</td><td>H12.3</td><td>H13.3</td></tr><tr><td>売上高(百万円)</td><td>1,076,584</td><td>1,121,579</td><td>1,242,857</td></tr><tr><td>当期利益(千円)</td><td>3,890,000</td><td>48,806,000</td><td>17,596,000</td></tr></table>
10)	主要製品	デジタルカメラ、通信機器、映像機器、音楽機器、カーナビゲーション、パソコン、家庭電化機器
11)	主な取引先	三洋ライフエレクトロニクス、三洋電機貿易、三洋メディアテック、オリンパス光学工業

鳥取三洋電機はCDやCD-R、DVD、各種光情報処理機器やプリンタ、および計測機器用のAlGaAs系赤外半導体レーザ、AlGaInP系赤色半導体レーザなどを生産している。

なお、三洋電機は、2.11.3項に掲載の特許については開放していない。

2.11.2 半導体レーザ技術に関連する製品・技術

表2.11.2-1 半導体レーザ技術に関連する製品・技術

技術用途	製品	製品名	出典
情報処理用	CD、CD-ROM用	DL-3150シリーズ DL3180-121 DL-LS3007 DL-LS3004	鳥取三洋電機ホームページ http://www.torisan.co.jp/pages/led-spec-j.htm http://www.torisan.co.jp/main_pages/index_led-spec.html 調査日 2002.1 鳥取三洋電機は三洋電機の関連会社で、半導体レーザの開発製造を行う
	CD-R/RW用	DL-7140シリーズ DL7240-201S	
	DVD用	DL3147-065/165/265	
	レーザプリンタ用	DL-3149-057/257 DL4039-011 DL-LS1018 DL-3144シリーズ DL-4034-154S DL-LS2003	
	ポススキャナ用	DL-3148-033/034/234 DL-3147-031	
その他	レーザポインタ用	DL-3038-013/023 DL-3148-013/023	
	計測用	DL-3038-033/034/234 DL-4038-021/031 DL-4038-026/226 DL-LS1035 DL-4148-021/221	

2.11.3 技術開発課題対応保有特許の概要

　前表1.4.1-2を参照すると、技術要素4元系活性層では、格子定数を解決手段とする出願が多くなされている。

表2.11.3-1 技術開発課題対応保有特許の概要(1/4)

技術要素			公報番号	特許分類	課題	概要(解決手段)あるいは発明の名称	代表図
基本構造							
	3元系活性層	活性層厚	特開2000-340894	H01S5/343 G11B7/125 G11B7/135	温度特性	活性層中の量子井戸層の合計の厚みを20nm以上80nm以下に設定し、活性層の量子井戸層の数は4以上7以下とすることにより、温度特性及び信頼性が向上されたレーザ素子を提供する	
		構成その他	特開平04-348094	H01S3/18	漏れ電流・低閾値・発光効率	半導体レーザ素子	
			特開平11-054833	H01S3/18		半導体レーザ装置	

表2.11.3-1 技術開発課題対応保有特許の概要(2/4)

技術要素			公報番号	特許分類	課題	概要(解決手段)あるいは発明の名称	代表図
基本構造	3元系活性層	構成その他	特開平08-018160	H01S3/18	その他出力	半導体レーザ素子及びその設計方法	
		バンドギャップ	特開平08-064910	H01S3/18 H01L33/00	結晶性	半導体発光素子	
		組成	特開2001-185817	H01S5/343	波長特性	窒化物系半導体および半導体素子	
			特開2000-232259	H01S5/343 H01L33/00	結晶性	発光素子及びその製造方法	
			特開平11-243228	H01L33/00 H01L33/00 H01S3/18		半導体素子及びその製造方法	
			特開平10-270756	H01L33/00 H01S3/18	生産性	窒化ガリウム系化合物半導体装置	
		格子定数	特開平08-316585	H01S3/18 H01L33/00	キャリア	半導体発光素子	
	4元系活性層	活性層厚	特開平07-297481	H01S3/18	キャリア	半導体レーザ装置	
		構成その他	特開平07-321403	H01S3/18	高出力	端面近傍の活性層端部を1層の井戸層、中央部を4層の井戸層と3層の障壁層で形成することにより、温度特性が良好で高出力化を実現する	
		組成	特許3138095	H01S5/343	漏れ電流・低閾値・発光効率	半導体レーザ素子	
			特開平10-270756	H01L33/00 H01S3/18	生産性	窒化ガリウム系化合物半導体装置	
		格子定数	特開平08-264902	H01S3/18 H01L33/00	漏れ電流・低閾値・発光効率	半導体レーザ素子	
			特開平11-330636	H01S3/18,677 H01L29/06		半導体レーザ装置	
			特開平05-291687	H01S3/18	波長特性	半導体レーザ装置	
			特開平08-316585	H01S3/18 H01L33/00	キャリア	半導体発光素子	
			特開2001-094219	H01S5/343 H01L33/00	結晶性	半導体発光デバイス	
		その他	特許3091655	H01S5/343 H01S5/10	温度特性	半導体レーザ素子	
	光ガイド層	層の厚さ・幅	特開平08-264902	H01S3/18 H01L33/00	低閾値	活性層と電流阻止層の間のガイド層を含む最短距離dを0.27μm～0.44μmとすることにより、低閾値で発振する	
	クラッド層	層の性質	特開平07-297483	H01S3/18	低閾値	半導体レーザ装置およびその製造方法	

表2.11.3-1 技術開発課題対応保有特許の概要(3/4)

技術要素			公報番号	特許分類	課題	概要(解決手段)あるいは発明の名称	代表図
基本構造	活性層埋込構造	層の厚さ・幅	特開平07-321403	H01S3/18	特性維持	半導体レーザ装置	
材料技術							
	ドーパント材料	濃度分布、不均一、傾斜	特開2000-277868	H01S5/343 H01L33/00 H01L33/00 H01L33/00 H01S5/22 H01S5/347	発光効率	発光素子	
製造技術							
	結晶成長	成長条件・方法	特開平10-012923	H01L33/00 H01S3/18	結晶性	発光素子およびその製造方法	
		供給	特開平11-243228	H01L33/00 H01L33/00 H01S3/18	結晶性	半導体素子及びその製造方法	
		成長マスク	特開平09-237935	H01S3/18	生産性	半導体レーザ素子とその製造方法	
		成長基板	特開2000-223743	H01L33/00 H01S3/18,662 H01S3/18,677	結晶性	窒化物系半導体発光素子及び窒化物半導体層の成長方法	
			特開2000-106473	H01S5/323 H01L33/00		半導体素子、半導体発光素子およびその製造方法ならびに窒化物系半導体層の形成方法	
			特開2001-094216	H01S5/323 H01L21/205 H01L33/00		窒化物系半導体層の形成方法、窒化物系半導体、窒化物系半導体素子の製造方法および窒化物系半導体素子	
			特開2001-160539	H01L21/205 H01L33/00 H01S5/323		窒化物系半導体素子および窒化物系半導体の形成方法	
			特開平11-284276	H01S3/18	生産性	半導体レーザ装置及びその製造方法	
	ドーピング	拡散領域	特開平09-092929	H01S3/18 H01L27/15	生産性	半導体レーザアレイの製造方法	
			特開平09-092927	H01S3/18 H01L21/22	出力特性	半導体レーザ装置およびその製造方法	
		不純物濃度	特開2000-252591	H01S3/18,677 H01L33/00	その他	窒化物系半導体素子及びその製造方法	
		ドーパント	特開2001-044567	H01S5/227 H01L33/00 H01S5/223 H01S5/343	結晶性	窒化物系半導体素子、窒化物系発光素子及び窒化物系半導体層の形成方法	
	エッチング	エッチング停止層	特開2000-091696	H01S3/18,662	エッチング停止	半導体素子、半導体発光素子およびその製造方法	

表2.11.3-1 技術開発課題対応保有特許の概要(4/4)

技術要素			公報番号	特許分類	課題	概要(解決手段)あるいは発明の名称	代表図
製造技術	エッチング	異なるエッチング速度	特開2000-216494	H01S3/18,665 H01L33/00	エッチング停止	第2クラッド層のエッチング速度をが第1クラッド層のエッチング速度より速くすることで、第1クラッド層でエッチングを停止する	
			特開平11-274641	H01S3/18 G02F1/015,505 H01L33/00	結晶性	エッチングされやすい材料で電流狭窄層を形成することにより、結晶欠陥を低減する	
		エッチング方法・組合せ	特開平11-112104	H01S3/18 H01L21/306 H01L33/00	生産性	エッチング方法および半導体素子の製造方法	
		その他	特開平09-129963	H01S3/18	所望形状	上側半導体層の厚さを所定の範囲にすることにより、サイドエッチング幅を大きくする	
			特開平10-022565	H01S3/18	生産性	半導体レーザ素子とその製造方法	

2.11.4 技術開発拠点
発明者の住所から割り出した技術開発拠点を以下に示す。

大阪府：三洋電機-（＊）
鳥取県：鳥取三洋電機
情報・通信関連機器、電子デバイス部品、一般家庭電気製品の製造
注（＊）は公報に事業所名の記載なし

2.11.5 研究開発者
特許情報から得られた実質発明者数により、研究開発担当者数の推移を説明する。

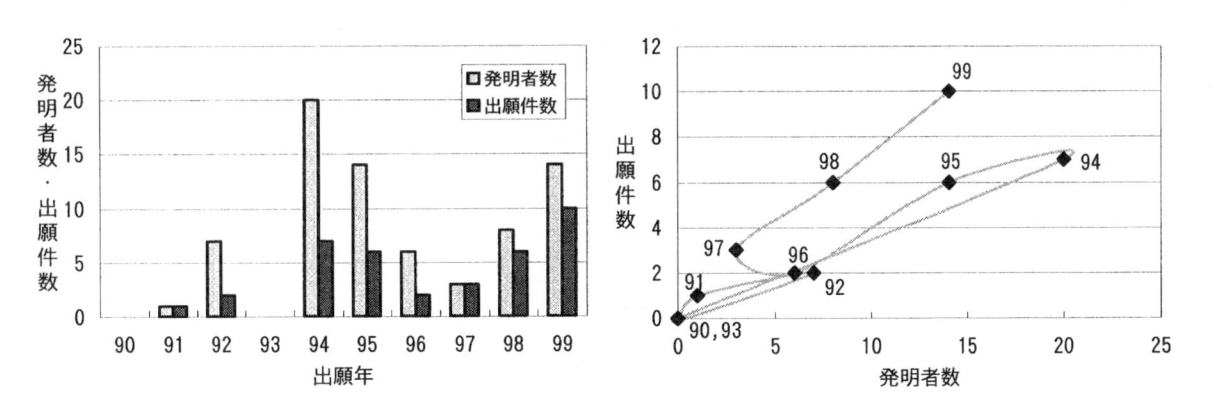

図2.11.5-1 三洋電機の発明者数－出願件数推移

図2.11.5-1に、発明者数と出願件数の推移を示す。1994年から96年にかけては、94年をピークとして発明者数が低下傾向を示しているが、97年以降は増加傾向を示しており再び注力していると考えられる。

2.12 日亜化学工業

2.12.1 企業の概要

表2.12.1-1 企業の概要

1)	商号	日亜化学工業株式会社		
2)	設立年月日	1956年12月		
3)	資本金	54億2,616万円		
4)	従業員	2,480名		
5)	事業内容	蛍光体、窒化物半導体（LED・LD）、無機ファインケミカルの製造・販売		
6)	技術・資本提携関係	―		
7)	事業所	本社／徳島県阿南市上中町岡461-100 工場／徳島県阿南市、徳島県徳島市		
8)	関連会社	日亜電子化学、日亜光デバイス、その他		
9)	業績推移		H11.3	H12.3	H13.3
		売上高(百万円)	41,223	48,228	68,135
		当期利益(千円)	3,182,963	3,184,513	9,905,374
10)	主要製品	蛍光体、発光ダイオード、光半導体素子、電子材料、医療品原料、食品添加物、飼料添加物		
11)	主な取引先	松下電子工業、ソニー、東芝、日本電気、日立製作所、三菱電機		

　青紫色窒化物半導体レーザに関しては先行しており、また白色、黄色などの半導体発光ダイオードの開発も行っている。

2.12.2 半導体レーザ技術に関連する製品・技術

表2.12.2-1 半導体レーザ技術に関連する製品・技術

技術用途	製品	製品名	出典
情報処理用	DVD用 （青紫色）	NLHV500C 400-410nm NDHV310ACA 400-415nm NDHV310ACBE1 400-415nm NDHV310AFBE1 400-415nm NDHB500APAE1 435-445nm	http://www.nichia.co.jp/topframe-j.htm 調査日 2002.1

2.12.3 技術開発課題対応保有特許の概要

前表1.4.1-1、表1.4.1-2を参照すると、技術要素3元系活性層、4元系活性層ともに、漏れ電流・低閾値・発光効率、高出力の課題を解決している出願が多く、技術要素光ガイド層では、層の性質を解決手段とする出願に集中している。また、表1.4.1-4技術要素クラッド層では、最も出願件数が多く、バランスよく全体に出願している。

表2.12.3-1 技術開発課題対応保有特許の概要(1/4)

技術要素			公報番号	特許分類	課題	概要(解決手段)あるいは発明の名称	代表図
基本構成							
	3元系活性層	活性層厚	特開平11-238945	H01S3/18 H01L33/00	漏れ電流・低閾値・発光効率	窒化物半導体発光素子	
			特開2000-133883	H01S3/18,677		窒化物半導体素子	
			特開平11-191638	H01L33/00 H01S3/18	波長特性	窒化物半導体素子	
			特開2001-044570	H01S5/343	結晶性	窒化物半導体レーザ素子	
		構成その他	特開2001-007447	H01S5/343 H01L33/00	漏れ電流・低閾値・発光効率	窒化物半導体レーザ素子	
		バンドギャップ	特開2001-168471	H01S5/343 H01L33/00	漏れ電流・低閾値・発光効率	窒化物半導体発光素子	
			特開2001-148546	H01S5/343 H01L33/00		窒化物半導体レーザ素子	
		その他	特開平10-303493	H01S3/18	高出力	窒化物半導体レーザ素子において、レーザ素子のゲインを得る媒質の距離(例えば共振器長)を100μm以下とすることにより、高出力、低閾値レーザが可能となる	
			特開2000-349337	H01L33/00 H01S5/343		窒化物半導体素子	
	4元系活性層	活性層厚	特開2000-133883	H01S3/18,677	漏れ電流・低閾値・発光効率	窒化物半導体素子	
		構成その他	特開平11-330552	H01L33/00 H01S3/18	高出力	窒化物半導体発光素子及び発光装置	

表2.12.3-1 技術開発課題対応保有特許の概要(2/4)

技術要素			公報番号	特許分類	課題	概要(解決手段)あるいは発明の名称	代表図
基本構成	4元系活性層	その他	特開平10-215029	H01S3/18 H01L31/04 H01L31/0264 H01L33/00	漏れ電流・低閾値・発光効率	窒化物半導体素子	
			特開平10-303493	H01S3/18	高出力	窒化物半導体レーザ素子	
	光ガイド層	層の性質	特開平11-330614	H01S3/18 H01L33/00	波長特性	窒化物半導体素子	
			特開2000-236142	H01S5/343 H01L33/00		ガイド層、クラッド層、コンタクト層にAlを使わない構造とすることで、400μmよりも長波長にて良好なレーザを得る	
			特開2000-068594	H01S3/18 H01L33/00	低閾値	窒化物半導体素子	
			特開2000-196201	H01S5/343 H01L33/00	その他出力	窒化物半導体レーザ素子	
			特開平10-326943	H01S3/18 H01L33/00	生産性	窒化物半導体素子	
	クラッド層	層の形状・配置	特開平11-251684	H01S3/18 H01L33/00 H01L21/205	低閾値	窒化物半導体素子	
			特開平11-312841	H01S3/18 H01L33/00		窒化物半導体レーザ素子	
			特開2000-004063	H01S3/18		窒化物半導体レーザ素子及びその電極形成方法	
			特開2000-068594	H01S3/18 H01L33/00		基板と活性層の間に、少なくとも一方にn型不純物がドープされた超格子層を含ませることにより、閾値電流を低下させることができる	
			特開平11-068256	H01S3/18 H01L33/00	その他出力	窒化物半導体レーザ素子	
			特開平11-204882	H01S3/18 H01L33/00	特性維持	窒化物半導体レーザ素子及びその製造方法	
			特開平11-330614	H01S3/18 H01L33/00		窒化物半導体素子	
		層の厚さ・幅	特開平11-186659	H01S3/18 H01L33/00	その他出力	クラッド層全体の厚さとAl平均組成の積が4.4以上となる構造として垂直横モードをシングルにすることにより、低閾値でシングルモードのレーザ光を長時間発振させることができる	
			特開平11-238945	H01S3/18 H01L33/00		窒化物半導体発光素子	

表2.12.3-1 技術開発課題対応保有特許の概要(3/4)

技術要素			公報番号	特許分類	課題	概要(解決手段)あるいは発明の名称	代表図
基本構成	クラッド層	層の厚さ・幅	特開2001-044570	H01S5/343	特性維持	障壁層の膜厚が10nm以上、且つ井戸層と障壁層の膜厚の比が1:3～10とした量子井戸構造をとることにより、素子の劣化が防止され、寿命特性が向上する	
		層の性質	特開2000-236142	H01S5/343 H01L33/00	波長特性	窒化物半導体レーザ素子	
			特開2001-168471	H01S5/343 H01L33/00	低閾値	窒化物半導体発光素子	
材料技術							
	ドーパント材料	濃度指定、範囲	特開2000-133883	H01S3/18,677	発光効率	窒化物半導体素子	
		1種類	特開平11-312841	H01S3/18 H01L33/00	発光効率	窒化物半導体レーザ素子の活性層成長において、特に障壁層にのみn型不純物をドープすることにより、より閾値が低下しやすく、高出力で信頼性の高いレーザ素子が得られる	
			特開2001-102629	H01L33/00 H01S5/343	その他	窒化物半導体素子	
	その他		特開平11-191638	H01L33/00 H01S3/18	その他	窒化物半導体活性層の膜厚を、n型不純物濃度の割合に応じて選択・決定することにより、発光出力を向上させることができる	
製造技術							
	結晶成長	成長基板	特開平11-191657	H01S3/18 H01L21/205	結晶性	基板上の窒化物半導体層に保護膜を部分的に形成し、保護膜を介して窒化物半導体を厚膜成長させることにより、格子欠陥が少なく結晶性が良い窒化物半導体基板が得られる	
			特開2000-232239	H01L33/00 H01L21/205 H01S3/18,673		窒化物半導体の成長方法及び窒化物半導体素子	
			特開2000-244061	H01S3/18,664 H01S3/18,673 H01L21/203 H01L21/205 H01L33/00		窒化物半導体の成長方法及び窒化物半導体素子	

表2.12.3-1 技術開発課題対応保有特許の概要(4/4)

技術要素			公報番号	特許分類	課題	概要(解決手段)あるいは発明の名称	代表図
製造技術	結晶成長	成長基板	特開2000-277437	H01L21/205 H01L31/04 H01L31/0264 H01L33/00 H01S3/18,673	結晶性	窒化物半導体の成長方法及び窒化物半導体素子	
			特開2000-294827	H01L33/00 H01L21/205 H01L31/04 H01S3/18,673		窒化物半導体の成長方法	
			特開2000-357843	H01S5/227 H01L21/205 H01L33/00		窒化物半導体の成長方法	
			特開2001-039800	C30B29/38 H01L33/00 H01S5/323		窒化物半導体の成長方法及び窒化物半導体素子	
			特開2001-196700	H01S5/323 H01L21/205 H01L33/00		窒化物半導体の成長方法及び窒化物半導体素子	
		原料	特開2001-203425	H01S5/323 H01L33/00	その他	反応炉内雰囲気を一旦H₂からN₂雰囲気に変え、活性層に接したAlNの形成を防ぐことにより、AlNのバンドギャップに起因する量子ゆらぎノイズを減少させることができる	
	ドーピング	不純物濃度	特開平10-145000	H01S3/18 H01L33/00	出力特性	インジウムを含む窒化物半導体よりなる活性層に接して、1原子〜数原子層程度の膜厚で濃度の大きい第1のn型層薄膜を形成することにより、高出力で、長寿命なレーザ素子を実現できる	
			特開2000-188423	H01L33/00 H01S5/323		窒化物半導体素子の形成方法	
		その他	特許3087829	H01L33/00 H01S5/323	その他	スピネルなどの基板上に成長させたn型窒化物半導体層に活性層、p型層を成長させることにより、量産性が良くなる。基板は活性層等の成長の前または後に除去する	
		ドーパント	特開平10-144960	H01L33/00 H01L21/205 H01L21/324 H01S3/18		p型窒化物半導体の製造方法及び窒化物半導体素子	
	エッチング	その他	特開2000-174380	H01S3/18,640 H01L33/00	生産性	窒化物半導体レーザ素子の製造方法	

2.12.4 技術開発拠点

発明者の住所から技術開発拠点の割り出しを行ったが、日亜化学工業の出願の発明者住所は全て徳島県の日亜化学工業会社住所と同じであったため、発明者の住所から技術開発拠点を見つけることはできなかった。

2.12.5 研究開発者

特許情報から得られた実質発明者数により、研究開発担当者数の推移を説明する。

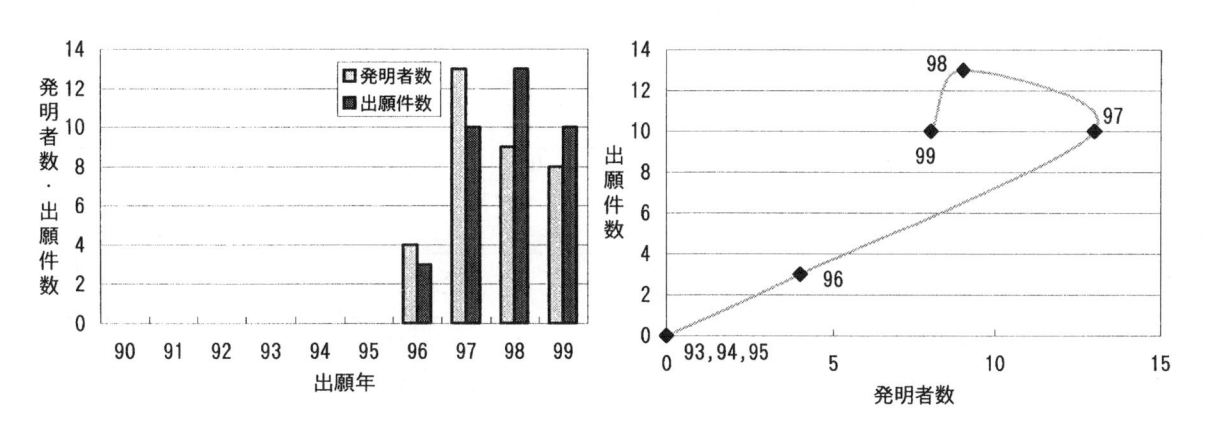

図2.12.5-1 日亜化学工業の発明者数－出願件数推移

図2.12.5-1に、出願年と発明者数・出願件数の推移を示す。1996年以降から出願がなされている。98年に出願傾向に変化が見られ、出願件数に対する発明者数が減少している。

2.13 キヤノン

2.13.1 企業の概要

表2.13.1-1 企業の概要

1)	商号	キヤノン株式会社		
2)	設立年月日	1937年8月		
3)	資本金	1,647億9,600万円		
4)	従業員	19,363名		
5)	事業内容	各種カメラ、レンズ類、事務機器、医療機器、光学機器の製造・販売		
6)	技術・資本提携関係	-		
7)	事業所	本社／東京都大田区下丸子3-30-2 工場／栃木県宇都宮市、三重県上野市、栃木県取手市、栃木県稲敷郡、福島県福島市		
8)	関連会社	キヤノン電子、コピア、キヤノンアプテックス、ニスカ、キヤノンコンポーネンツ、オハラ、弘前精機、キヤノン販売、キヤノンシステムアンドサポート、キヤノン化成、大分キヤノン、長浜キヤノン、その他		
9)	業績推移		H10.12	H11.12	H12.12
		売上高(百万円)	1,566,768	1,482,393	1,684,209
		当期利益(千円)	81,930,000	59,141,000	88,414,000
10)	主要製品	複写機、コンピューター・周辺機器、情報・通信機器、カメラ、光学機器		
11)	主な取引先	キヤノン販売、ソニーイーエムシーエス、エルジャパン、ソニー美濃加茂ピア、日立製作所、三洋電機		

キヤノンは、半導体レーザに関しては利用技術中心で、製品としての出荷は見られない。話題になっている青紫色レーザを用いたものとしてはフィゾー型青紫色レーザ干渉計などがある。

2.13.2 半導体レーザ技術に関連する製品・技術
半導体レーザの製品例はない。

2.13.3 技術開発課題対応保有特許の概要
前表1.4.1-2を参照すると、技術要素4元系活性層では、出力特性に関する課題を格子定数で解決する出願が多く、表1.4.1-3の技術要素光ガイド層では、出力特性改善に関する課題を解決している出願が多い。また、表1.4.3-1の技術要素結晶成長では、生産性の課題を成長基板で解決する出願が比較的多い。

表2.13.3-1 技術開発課題対応保有特許の概要(1/4)

技術要素			公報番号	特許分類	課題	概要(解決手段)あるいは発明の名称	代表図
基本構造							
	3元系活性層	活性層厚	特開平04-088322	G02F1/313 G02F1/025 H01S3/18	その他	半導体光変調器	
		活性層幅	特開平09-008401	H01S3/18	その他出力	活性層領域幅の正確に規定された半導体レーザ及び半導体レーザ作製法	
		バンドギャップ	特許3149962	H01S5/40 H01S5/042,630	波長特性	多波長レーザ素子において、同一基板上に、複数のバンドギャップに相当する波長光を発振する様に複数の異なる共振器長の共振器をアレイ状に並べて設け、各共振器に設けられた電極への電流値を制御することにより、広い波長可変範囲が得られる	
		格子定数	特開2001-068790	H01S5/343	温度特性	半導体レーザ構造	
			特開平07-231133	H01S5/343 H01S5/0625	その他出力	偏波変調可能な半導体レーザとその使用法	
			特開平07-231134	H01S5/343 H01S5/12		偏波変調可能な半導体レーザおよびその使用法	
			特開平08-094982	G02F1/025 H01S3/18		光導波路を用いた光素子	
			特開平08-097517	H01S3/18 H04B10/28 H04B10/02		レーザ光の偏波面がスイッチングできる光源装置	
			特開平06-244508	H01S5/50,610 H04B10/16 H04B10/17 H04B10/20	その他	第1半導体層と第2、第3半導体層との格子不整合により、井戸層と障壁層に面内引っ張り応力を与えることことで、良好な性能の偏光無依存な光増幅器を得る	
		その他	特許2945497	H01S3/18,632 H01S3/18,642	波長特性	波長可変光デバイス	

表2.13.3-1 技術開発課題対応保有特許の概要(2/4)

技術要素			公報番号	特許分類	課題	概要(解決手段)あるいは発明の名称	代表図
基本構造	3元系活性層	その他	特許3154418	H01S5/50 H04B10/02	その他出力	活性層内の量子井戸によって量子化の行われる方向を工夫することにより、増幅装置内を導波する偏光方向の異なる導波モードに対し均等に利得を与える	
			特開平09-069670	H01S3/18 H01S3/10	その他出力	光半導体装置及びその作製方法	
	4元系活性層	活性層幅	特開平09-008401	H01S3/18	その他出力	活性層領域幅の正確に規定された半導体レーザ及び半導体レーザ作製法	
		構成その他	特開平09-289356	H01S3/18 H01S3/096 H04B10/28 H04B10/02	その他出力	半導体レーザ装置、その駆動方法及びそれを用いた光通信システム	
		格子定数	特開2001-068790	H01S5/343	温度特性	半導体レーザ構造	
			特開平07-099369	H01S5/343 G02F1/017,506	その他出力	歪量子井戸構造素子及びそれを有する光デバイス	
			特開平07-231134	H01S5/343 H01S5/12		偏波変調可能な半導体レーザおよびその使用法	
			特開平08-094982	G02F1/025 H01S3/18		光導波路を用いた光素子	
			特開平08-097517	H01S3/18 H04B10/28 H04B10/02		レーザ光の偏波面がスイッチングできる光源装置	
			特開平09-191159	H01S3/18 G02B5/18 H01S3/096 H01S3/103 H04B10/28 H04B10/02		偏波変調半導体レーザとその作製方法	
		その他	特開平09-069670	H01S3/18 H01S3/10	その他出力	ガイド層を含む半導体膜を熱処理して応力歪を緩和し、偏波変調に適した半導体レーザを得る	
	光ガイド層	層の形状・配置	特開平08-172237	H01S3/133 H01S3/18 H04B10/00	波長特性	半導体レーザ、その変調方式およびそれを用いた光通信システム	
			特開平09-162499	H01S3/18 H01S3/096 H04B10/28 H04B10/02	その他出力	半導体レーザ装置、その駆動方法及びそれを用いた光通信システム	
			特開平09-331112	H01S3/18 H04B10/28 H04B10/02		偏波依存性を持つ回折格子を含む半導体レーザ装置	

表2.13.3-1 技術開発課題対応保有特許の概要(3/4)

技術要素			公報番号	特許分類	課題	概要(解決手段)あるいは発明の名称	代表図
基本構造	光ガイド層	層の厚さ・幅	特開平09-191157	H01S3/18 G02B5/18 H01S3/096 H01S3/103 H04B10/28 H04B10/02	その他出力	偏波変調半導体レーザとその作製方法	
		層の性質	特開平10-117046	H01S3/18 H01S3/103 H04B10/28 H04B10/02	その他出力	半導体レーザ及びその駆動法及びそれを用いた光送信器及びそれを用いた光通信システム	
		その他	特開平09-069670	H01S3/18 H01S3/10	その他出力	光半導体装置及びその作製方法	
	活性層埋込構造	層の形状・配置	特許2827128	H01S3/18 G02B6/44,351 H01S3/10 H04B10/00	ビーム形状	光増幅装置及びそれを用いた光通信システム	
製造技術							
	結晶成長	成長条件・方法	特開平07-335978	H01S3/18	生産性	半導体レーザ及びその製造方法	
		成長基板	特開平07-211984	H01S5/22 G02F1/015	生産性	光半導体デバイス及びその製造方法	
			特開平09-283858	H01S3/18 H01L21/20 H01L21/205 H01S3/25		化合物半導体光デバイスの製造方法及び装置	
			特開平10-163574	H01S3/18 H01S3/096 H04B10/28 H04B10/02		光半導体装置、その製造方法、その駆動方法、及びこれを用いた光通信システム及び方法	
		原料	特許2846086	H01S3/18	生産性	半導体素子の保護膜形成方法	
		その他	特開平05-160523	H01S5/323 H01L33/00	結晶性	半導体積層構造の製造方法	
	ドーピング	ドーパント	特許3204474	H01S5/12	基本横モード	両性不純物(IV族元素)を用いて成長条件を制御することにより、発振閾値以上で単一モード動作を行う	
			特許3204485	H01S5/20 H01S5/50,610	生産性	光半導体装置及びその作製方法	
		その他	特開平07-211984	H01S5/22 G02F1/015	生産性	光半導体デバイス及びその製造方法	
	エッチング	エッチング方法・組合せ	特開平08-078781	H01S3/18	結晶性	光半導体装置の作製方法	

表2.13.3-1 技術開発課題対応保有特許の概要(4/4)

技術要素			公報番号	特許分類	課題	概要(解決手段)あるいは発明の名称	代表図
製造技術	エッチング	その他	特許2876546	G02B5/18 G02B6/13 H01S3/18	生産性	異種材料と格子形成材料を同時にエッチングすることにより、回折格子の深さの制御性を向上し、簡単な工程で作成する	
			特開平11-074610	H01S3/18 H04B10/28 H04B10/02		光半導体装置、その製造方法、駆動方法、及びこれらを使ったシステム	

2.13.4 技術開発拠点

発明者の住所から技術開発拠点の割り出しを行ったが、キヤノンの出願の発明者住所は全て東京都のキヤノン会社住所と同じであったため、発明者の住所から技術開発拠点を見つけることはできなかった。参考として、キヤノンホームページに掲載された事業所を紹介する。

東京都：本社
研究開発部門、本社管理部門、事業部ほか

神奈川県：綾瀬事業所
半導体デバイスの研究開発・生産

2.13.5 研究開発者

特許情報から得られた実質発明者数により、研究開発担当者数の推移を説明する。

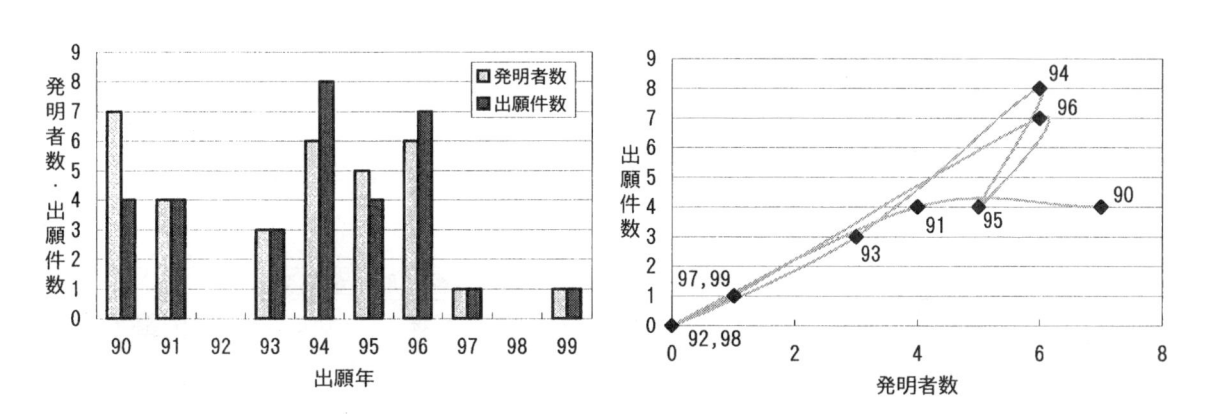

図2.13.5-1 キヤノンの発明者数－出願件数推移

図2.13.5-1に、発明者数と出願件数の推移を示す。1993年から96年にかけて発明者数・出願件数は増加傾向を示しており、開発に注力していたと考えられる。

2.14 古河電気工業

2.14.1 企業の概要

表2.14.1-1 企業の概要

1)	商号	古河電気工業株式会社
2)	設立年月日	1896年6月
3)	資本金	591億7,500万円
4)	従業員	8,355名
5)	事業内容	電線、ケーブル、光通信システム、伸銅品、プラスチック応用製品、熱関連製品、電子機器部品の製造・販売
6)	技術・資本提携関係	［技術援助契約先］ アメリカン・テレフォン・アンド・テレグラフ・カンパニー（米国）、コーニング・グラス・ワークス（米国）、アメリカン・テレフォン・アンド・テレグラフ・カンパニー（米国）、リットン・システムズ・イン・コーポレーション（米国）、ウィテカー・コーポレーション（米国）、コーニング・インコーポレイテッド（米国）、ユナイテッド・テクノロジーズ（米国）、レメルソン医療教育研究基金合資会社（米国）、ルーセント・テクノロジー（米国）、QED（イギリス）、タイコ・エレクトロニクス・コーポレーション（米国）
7)	事業所	本社／東京都千代田区丸の内2-6-1 工場／千葉県市原市、栃木県日光市、神奈川県平塚市、栃木県小山市、三重県亀山市、兵庫県尼崎市、福井県坂井郡、福岡県北九州市、滋賀県近江八幡市、静岡県庵原郡、東京都品川区
8)	関連会社	ハミル通信、岡野電線、正電社、新正電材、成和技研、東北古河電工、古河ファイテル部品、古河シーアンドピー、古河インフォネット、理研ファイテル、西浦電線、古河電池、古河オートモーティブパーツ、エフアイ・テクノ、スーパーソルダーテクノロジィズ、FE・オートパーツ・フィリピン・インク、その他
9)	業績推移		H11.3	H12.3	H13.3
		売上高(百万円)	515,817	504,841	549,875
		当期利益(千円)	5,002,000	14,663,000	44,743,000
10)	主要製品	ファイテル光製品、ファイテック融着機、ネットワーク機器、光システム、自動車電装部品、銅・銅合金製品
11)	主な取引先	伊藤忠商事、古河産業、デンソー、近江電線、加藤金属興業

半導体レーザでは、光通信用で光ファイバアンプ用半導体レーザの開発・製品展開を行っているところに特徴がある。

2.14.2 半導体レーザ技術に関連する製品・技術

表2.14.2-1 半導体レーザ技術に関連する製品・技術

技術用途	製品	製品名	出典
光通信用	光ファイバアンプ励起用レーザダイオードモジュール	FOL1402P FOL1404P FOL1405P FOL0903P FOL0903M	古河電気工業カタログ（2001～2002年版）

上記製品は半導体レーザモジュールであり、素子ではない。

2.14.3 技術開発課題対応保有特許の概要

技術要素3元系活性層、4元系活性層、結晶成長、ドーピングに対して主に出願している。特に、前表1.4.3-1に示すように成長条件・方法に解決手段をもつ出願が多い。

表2.14.3-1 技術開発課題対応保有特許の概要(1/3)

技術要素			公報番号	特許分類	課題	概要(解決手段)あるいは発明の名称	代表図
基本構造							
	3元系活性層	活性層厚	特開平08-172241	H01S3/18 H01L33/00	キャリア	AlGaInAs系多重量子井戸を有する半導体発光素子	
		構成その他	特開平09-219557	H01S3/18	結晶性	半導体レーザ素子	
		バンドギャップ	特開平08-222799	H01S3/18	漏れ電流・低閾値・発光効率	長波長帯用半導体レーザ素子	
		組成	特開平04-290486	H01S3/18	漏れ電流・低閾値・発光効率	半導体レーザ素子	
		格子定数	特開2000-082862	H01S3/18	漏れ電流・低閾値・発光効率	変調ドープ多重量子井戸半導体レーザ	
			特開平11-261151	H01S3/18	キャリア	半導体素子	
	4元系活性層	活性層厚	特開平08-172241	H01S3/18 H01L33/00	キャリア	AlGaInAs系多重量子井戸を有する半導体発光素子	
		活性層幅	特開平08-279648	H01S3/18	生産性	分布帰還型半導体レーザ素子の製造方法	
		構成その他	特開平03-034591	H01S3/18	漏れ電流・低閾値・発光効率	量子井戸半導体レーザ素子	
			特開2000-353862	H01S5/343 H01L31/10 H01L33/00	波長特性	半導体積層構造の製造方法	
			特開平11-233885	H01S3/18	キャリア	半導体発光装置	
		バンドギャップ	特開平08-222799	H01S3/18	漏れ電流・低閾値・発光効率	長波長帯用半導体レーザ素子	

表2.14.3-1 技術開発課題対応保有特許の概要(2/3)

技術要素			公報番号	特許分類	課題	概要(解決手段)あるいは発明の名称	代表図
基本構造	4元系活性層	バンドギャップ	特開2001-168463	H01S5/22 C30B29/40,502 G02B6/13 H01L21/205	ビーム形状	化合物半導体層の積層構造及びその作製方法	
		組成	特許3041381	H01S3/18 H01L33/00	波長特性	量子井戸半導体レーザ素子	
		格子定数	特開2000-082862	H01S3/18	漏れ電流・低閾値・発光効率	変調ドープ多重量子井戸半導体レーザ	
			特開平05-145178	H01S3/18	温度特性	歪量子井戸半導体レーザ素子	
			特開平06-237044	H01S3/18		半導体レーザ素子	
			特許3033717	H01S3/18 H01L33/00	波長特性	面発光半導体レーザ素子	
			特開平11-261151	H01S3/18	キャリア	半導体素子	
			特開平09-270567	H01S3/18 H01L29/06 H01L29/80	その他出力	量子井戸構造及びこれを備える半導体光素子	
	光ガイド層	層の性質	特開平10-004239	H01S3/18	生産性	半導体発光素子	
製造技術							
	結晶成長	成長条件・方法	特開平09-219565	H01S3/18 G02B6/42 H01L27/15	生産性	光導波路付き半導体レーザ素子の製造方法	
			特開平08-172216	H01L33/00 H01L33/00 H01L21/203 H01S3/18	成長層厚さ	歪量子井戸型半導体発光装置の製造方法	
			特開2001-168470	H01S5/343	バンドギャップ・波長	半導体光素子の作製方法及び半導体光素子	
		成長マスク	特開平08-279648	H01S3/18	生産性	分布帰還型半導体レーザ素子の製造方法	
		成長基板	特開2001-168463	H01S5/22 C30B29/40,502 G02B6/13 H01L21/205	生産性	化合物半導体層の積層構造及びその作製方法	
		原料	特開2001-217505	H01S5/223 C23C16/04 C23C16/30 H01L21/205	生産性	半導体光素子及びその作製方法、並びにAl系化合物半導体層の選択成長法	
		その他	特開平08-195356	H01L21/261 G02B6/122 H01S3/18	結晶性	半導体素子の製造方法及び半導体装置	
	ドーピング	ドーパント	特開平10-150239	H01S3/18	基本横モード	半導体レーザ素子およびその製造方法	

表2.14.3-1 技術開発課題対応保有特許の概要(3/3)

技術要素			公報番号	特許分類	課題	概要(解決手段)あるいは発明の名称	代表図
製造技術	ドーピング	注入・拡散温度	特開平11-054841	H01S3/18 G02B6/13	基本横モード	真性の量子井戸に対するZn拡散速度が速いことを利用し、低温度でZn拡散することで、Zn拡散領域のホール濃度を低くし、低閾値、横モード安定化する	
		不純物濃度	特開平11-261152	H01S3/18	生産性	半導体レーザ素子及びその作製方法	

2.14.4 技術開発拠点
発明者の住所から割り出した技術開発拠点を以下に示す。

東京都：古河電気工業-（*）
神奈川県：横浜研究所
注（*）は公報に事業所名の記載なし

2.14.5 研究開発者
特許情報から得られた実質発明者数により、研究開発担当者数の推移を説明する。

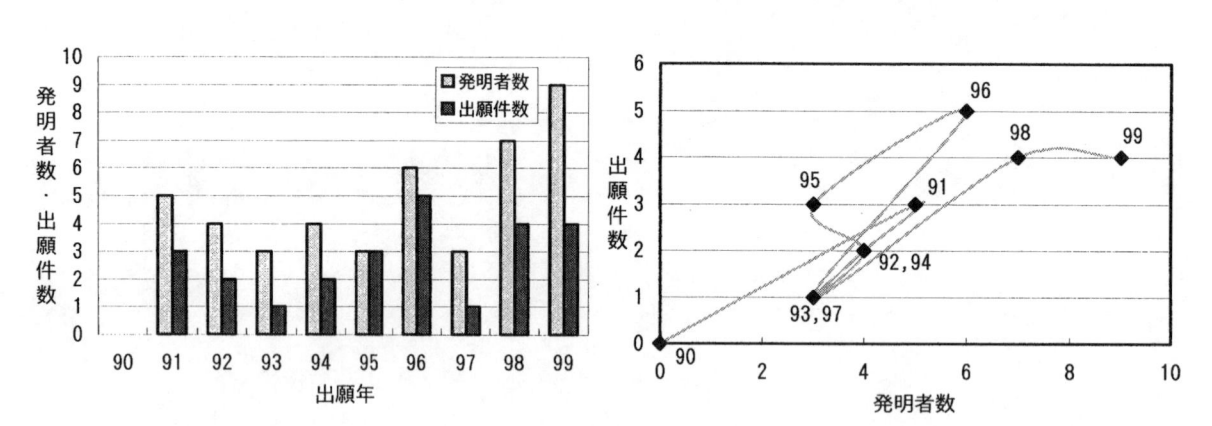

図2.14.5-1 古河電気工業の発明者数－出願件数推移

図2.14.5-1に、発明者数と出願件数の推移を示す。1997年に出願傾向に変化が見られ、97年以降、出願件数に対する発明者数が増加していることから、再度注力していると考えられる。

2.15 沖電気工業

2.15.1 企業の概要

表2.15.1-1 企業の概要

1)	商号	沖電気工業株式会社
2)	設立年月日	1949年11月
3)	資本金	678億6,236万円
4)	従業員	8,760名
5)	事業内容	電子通信機器、情報処理機器、電子デバイスの製造・販売
6)	技術・資本提携関係	[技術援助契約] Lucent Technologies GRL Corp.（米国）、International Business Machines Corporation（米国）、Hewlett-Packard Company（米国）、N.V.Philips Gloeilampenfabrieken（オランダ）、Texas Instruments Incorporated（米国）、Intersil Corporation（米国） [技術以外の契約先] Hewlett-Packard Company（米国）、シスコシステムズ
7)	事業所	本社／東京都港区虎ノ門1-7-12 工場／群馬県富岡市、群馬県高崎市、埼玉県本庄市、東京都八王子市、静岡県沼津市
8)	関連会社	沖データー、長野沖電気、沖プレシジョン、宮崎沖電気、宮城沖電気、多摩沖電気、その他
9)	業績推移	<table><tr><td></td><td>H11.3</td><td>H12.3</td><td>H13.3</td></tr><tr><td>売上高(百万円)</td><td>486,625</td><td>488,658</td><td>534,452</td></tr><tr><td>当期利益(千円)</td><td>32,323,000</td><td>5,148,000</td><td>11,892,000</td></tr></table>
10)	主要製品	マルチメディアシステム、金融ターミナルシステム、金融自動化機器システム、発券・KIOSKシステム、電子政府関連システム、ATM交換装置、電子交換装置、電子交換装置、コンピュータ通信装置、企業通信システム、ネットワーク管理システム、多重変換装置、マルチメディア多重化装置、光通信装置、LSI、光ファイバーモジュール、半導体レーザ、化合物半導体デバイス、光機能デバイス 半導体レーザではEA変調器付き半導体レーザの開発・製品化を進める
11)	主な取引先	日本電素工業、OKI AMERICA、東日本電信電話、西日本電信電話、日本テレコム、富士銀行、NTTコミュニケーションズ、防衛庁、カシオ、日本道路公団

　大容量光通信用としてInP化合物DFB型半導体レーザを用いた単体EA変調器の開発を行っている。EA変調器を構成する材料にInPおよびInGaAsPの組成を用いている。DFB型（分布帰還型）半導体レーザは回折格子により決定される波長光のみを選択的に発振させるものである。

2.15.2 半導体レーザ技術に関連する製品・技術

表2.15.2-1 半導体レーザ技術に関連する製品・技術

技術用途	製品	製品名	出典
光通信用	DILモジュール	OL3200N-5 OL3201N-40 OL5200N OL5201N-25 OL5204N-25 OL6201N-5	沖電気工業ホームページ http://www.oki.com/semi/Japanese/products/c_fiber.htm 調査日 2002.1
	バタフライモジュール	OL3112L OL5104L	
	SOPモジュール	OL330シリーズ OL3301N-05	
	同軸モジュール	OL392シリーズ OL3492シリーズ OL592シリーズ OL5492シリーズ OL4492L OL6492シリーズ OL692L	

2.15.3 技術開発課題対応保有特許の概要

前表1.4.3-1を参照すると、技術要素結晶成長における結晶性の課題を解決するために原料に解決手段をもつ出願が多い。

表2.15.3-1 技術開発課題対応保有特許の概要(1/3)

技術要素			公報番号	特許分類	課題	概要(解決手段)あるいは発明の名称	代表図
基本構造							
	3元系活性層	格子定数	特開平08-037344	H01S3/18 H01L29/06	結晶性	半導体レーザ型光増幅器	
		その他	特開2000-183394	H01L33/00 H01S3/18,652	漏れ電流・低閾値・発光効率	垂直微小共振器型発光ダイオード	
	4元系活性層	活性層幅	特開平08-064903	H01S3/18	波長特性	半導体多波長レーザレイの製造方法	
			特開平11-087851	H01S3/18 G02B6/122 G02B6/12	生産性	半導体レーザの製造方法	
		構成その他	特開2000-307192	H01S3/18,665	漏れ電流・低閾値・発光効率	リッジ導波路型半導体レーザおよびその製造方法	
		バンドギャップ	特開平11-112090	H01S3/18	高出力	半導体レーザパルス発生装置	
			特開平07-249828	H01S3/18 H01L29/06	キャリア	半導体レーザ	
		格子定数	特開平08-037344	H01S3/18 H01L29/06	結晶性	半導体レーザ型光増幅器	

表2.15.3-1 技術開発課題対応保有特許の概要(2/3)

技術要素			公報番号	特許分類	課題	概要(解決手段)あるいは発明の名称	代表図
基本構造	光ガイド層	その他	特開平11-202275	G02F1/025 G02B6/12 G02B6/13 H01S3/18	生産性	リッジ導波路型半導体光機能素子およびその製造方法	
	活性層埋込構造	層の形状・配置	特開平08-008483	H01S3/18	ビーム形状	半導体レーザ及びその製造方法	
		その他	特開平09-139548	H01S3/18 H01L21/205 H01L21/324 H01L33/00	その他	再成長界面の表面処理方法	
製造技術	結晶成長	供給	特開平08-288589	H01S3/18	結晶性	半導体レーザの製造方法	
		原料	特開平09-139548	H01S3/18 H01L21/205 H01L21/324 H01L33/00	結晶性	化合物半導体の再成長界面としての、AlAs、AlGaAsまたはGaAsの表面に対して水素ガスのみの雰囲気中で水素アニールを行う。その結果、再成長界面の汚染を除去することによって、再成長界面の界面準位を低減することができる	(図)
			特開平09-252006	H01L21/324 H01S3/18		半導体の再成長界面準位密度の低減方法	
			特開平10-303503	H01S3/18 H01L21/205 H01L21/28, 301 H01L21/324		再成長界面の表面処理方法およびレーザダイオード	
		成長マスク	特開平08-064903	H01S3/18	生産性	半導体多波長レーザアレイの製造方法	
			特開平11-087839	H01S3/18		変調器集積化半導体レーザの製造方法	
	エッチング	エッチング条件	特開平08-008483	H01S3/18	エッチング停止	ダミー層を設け、ダミー層のエッチング状態を観察しながら活性層のエッチングを制御することによって、幅狭な活性層ストライプを形成する	
		エッチング方法・組合せ	特開平11-068222	H01S3/18	エッチング停止	半導体レーザの製造方法	

171

表2.15.3-1 技術開発課題対応保有特許の概要(3/3)

技術要素			公報番号	特許分類	課題	概要(解決手段)あるいは発明の名称	代表図
製造技術	エッチング	エッチャント	特開平09-064467	H01S5/22 G02B6/122	所望形状	エッチング液に塩酸と硝酸と水との混合溶液を用いることにより、エッチングにおいて活性層が露出した時点で上部クラッド層のエッチングが進行しなくなり、クラッド層部と活性層の境界に形成されるリッジ幅を精度良く制御できる	

2.15.4 技術開発拠点

発明者の住所から技術開発拠点の割り出しを行ったが、沖電気工業の出願の発明者住所は全て東京都の沖電気工業会社住所と同じであったため、発明者の住所から技術開発拠点を見つけることはできなかった。

2.15.5 研究開発者

特許情報から得られた実質発明者数により、研究開発担当者数の推移を説明する。

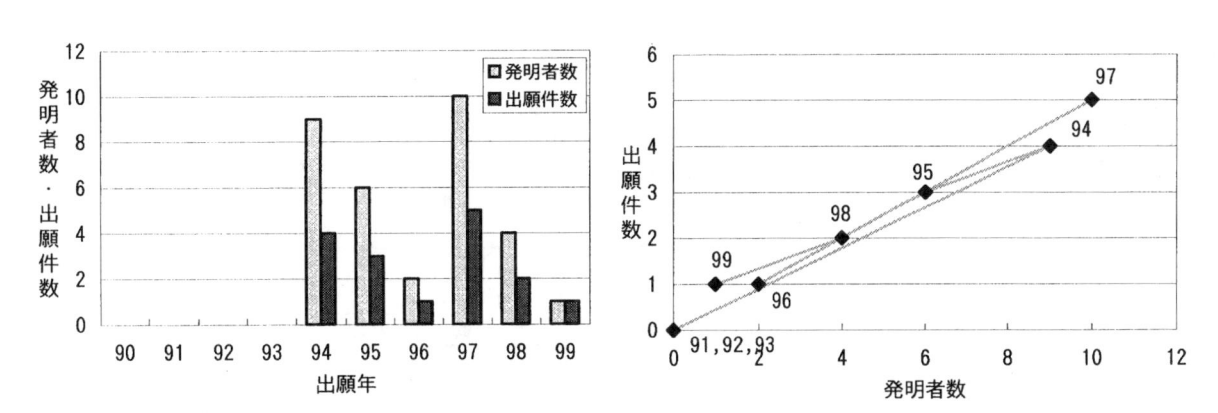

図2.15.5-1 沖電気工業の発明者数－出願件数推移

図2.15.5-1に、発明者数と出願件数の推移を示す。1997年が発明者数・出願件数のピークとなっている。

2.16 富士写真フィルム

2.16.1 企業の概要

表2.16.1-1 企業の概要

1)	商号	富士写真フィルム株式会社		
2)	設立年月日	1934年1月		
3)	資本金	403億6,300万円		
4)	従業員	9,822名		
5)	事業内容	写真フィルム、写真感光材料、カメラ機材、電子映像機材、オフセット印刷材料、磁気材料、感圧紙の製造・販売		
6)	技術・資本提携関係	Xerox Corporation（米国）、Sarriopapely Celulosa,S.A.（スペイン）		
7)	事業所	本社／東京都港区西麻布2-26-30 　　　神奈川県南足柄市中沼210 工場／神奈川県南足柄市、神奈川県小田原市、静岡県富士宮市、静岡県吉田町		
8)	関連会社	富士フィルムメディカル、富士フィルムコンピューターシステム、フジカラーサービス、フジカラー販売、富士フィルムアクシア、富士フィルムソフトウェア、その他		
9)	業績推移		H11.3	H12.3	H13.3
		売上高(百万円)	807,706	817,051	849,154
		当期利益(千円)	68,706,000	59,141,000	63,145,000
10)	主要製品	フィルム、カメラ、デジタルカメラ、プリンター、コンピューターメディア、AVメディア		
11)	主な取引先	浅沼商会、美スズ産業、近江屋写真用品、フジカラー販売、プロセス資材、富士フィルムメディカルシステム、富士フィルムビジネスサプライ、富士フィルムアクシア、ムサシ		

半導体レーザに関しては印刷分野向けで利用技術に関しての研究が進められている。

2.16.2 半導体レーザ技術に関連する製品・技術

半導体レーザの製品例はない。

2.16.3 技術開発課題対応保有特許の概要

前表1.4.3-1を参照すると、技術要素結晶成長の課題成長層厚さを解決手段成長基板で解決している出願が多い。

表2.16.3-1 技術開発課題対応保有特許の概要(1/2)

技術要素			公報番号	特許分類	課題	概要(解決手段)あるいは発明の名称	代表図
基本構造							
	3元系活性層	活性層幅	特開平08-181383	H01S3/18	ビーム形状	導波光を閉じ込めるテーパ状部分の光導波方向に沿った側端面に凹凸を形成することにより、高出力発振時にも基本横モード制御可能とする	
			特開平10-341061	H01S3/18 H01S3/10		半導体光増幅素子	
		構成その他	特開2001-085793	H01S5/30 H01S5/04 H01S5/183	波長特性	半導体レーザ装置	
		組成	特開2001-015863	H01S5/343	その他出力	半導体レーザ装置	
	4元系活性層	組成	特開平11-097794	H01S3/18	高出力	半導体レーザ装置	
			特開平11-204880	H01S3/18	波長特性	半導体レーザ	
			特開平08-274407	H01S3/18	生産性	半導体レーザ	
		格子定数	特開2001-177193	H01S5/343 H01S5/22	漏れ電流・低閾値・発光効率	半導体レーザ装置	
			特開2000-101198	H01S3/18,677 H01L21/265	結晶性	半導体レーザ装置	
	クラッド層	層の性質	特開2000-299530	H01S5/343	波長特性	半導体発光装置	
製造技術							
	結晶成長	成長基板	特開2001-111174	H01S5/323 H01L21/205 H01L29/80 H01L33/00	成長層厚さ	半導体素子用基板およびその製造方法およびその半導体素子用基板を用いた半導体素子	
			特開2001-111175	H01S5/323 H01L33/00		半導体素子用基板およびその製造方法およびその半導体素子用基板を用いた半導体素子	

表2.16.3-1 技術開発課題対応保有特許の概要(2/2)

技術要素			公報番号	特許分類	課題	概要(解決手段)あるいは発明の名称	代表図
製造技術	結晶成長	成長基板	特開2001-196697	H01S5/323 H01L33/00	成長層厚さ	半導体素子用基板およびその製造方法およびその半導体素子用基板を用いた半導体素子	

2.16.4 技術開発拠点

発明者の住所から技術開発拠点の割り出しを行ったが、富士写真フィルムの出願の発明者住所は全て神奈川県の富士写真フィルム会社住所と同じであったため、発明者の住所から技術開発拠点を見つけることはできなかった。

2.16.5 研究開発者

特許情報から得られた実質発明者数により、研究開発担当者数の推移を説明する。

図2.16.5-1 富士写真フィルムの発明者数－出願件数推移

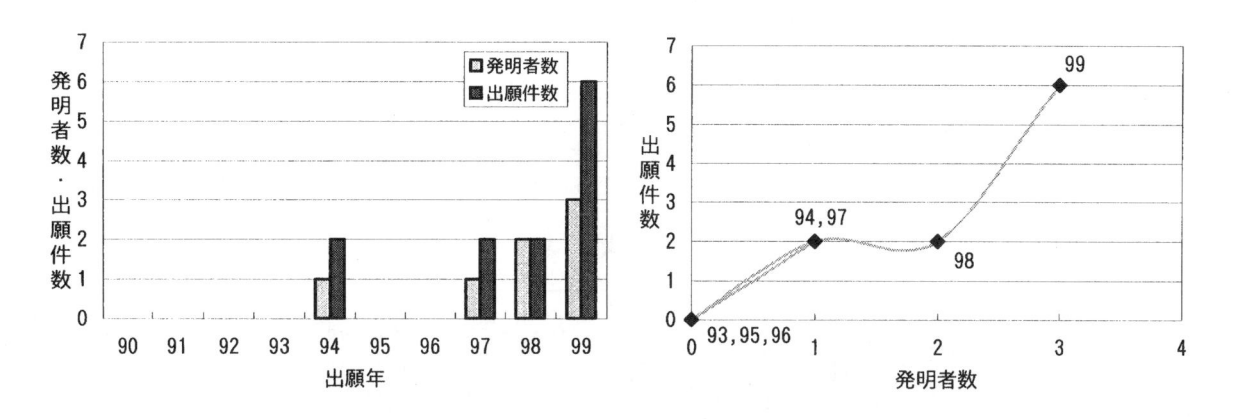

図2.16.5-1に、発明者数と出願件数の推移を示す。1999年には出願件数が急増している。

2.17 豊田合成

2.17.1 企業の概要

表2.17.1-1 企業の概要

1)	商号	豊田合成株式会社
2)	設立年月日	1949年6月
3)	資本金	251億3,400万円
4)	従業員	5,677名
5)	事業内容	自動車用（ゴム・プラスチック・ウレタン）製造部品、発光ダイオードの製造・販売
6)	技術・資本提携関係	［技術契約先］ ザ・ゲーツ（米国）、イートン（米国）、オートリブ・デベロップメント AB（スウェーデン）、BTRシーリングシステムズ（イギリス）、TRWオートモーティブセイフティシステムズ（ドイツ）、アストラオートパーツ（インドネシア）、プレミアムモールディング＆プレッシングズ（インド）、スタントマニュファクチャアリング（米国）
7)	事業所	本社／愛知県西春日井郡春日町大字落合字長畑1 工場／静岡県周智郡、愛知県尾西市、愛知県稲沢市、愛知県西春日井郡、愛知県中島郡
8)	関連会社	豊田合成九州、一栄工業、日乃出ゴム工業、豊信合成、東郷樹脂、海洋ゴム、ティージーオブシート、その他
9)	業績推移		H10.12	H11.12	H12.12
		売上高(百万円)	199,337	214,782	228,154
		当期利益(千円)	1,609,000	8,993,000	9,855,000
10)	主要製品	自動車内外装部品（メーターパネルなど）、自動車シール部品（ボディシーリング製品）、機能部品（セーフティシステム製品）などの金型・工作機械の製造・販売 半導体レーザーに関しては青色レーザーの開発を行っている
11)	主な取引先	トヨタ自動車、三菱自動車工業、大栄産業、ダイハツ工業、日野自動車工業、いすゞ自動車、富士重工業、関東自動車工業

約7億円の開発費用を投じて、次世代DVD用などに用いられる410nm窒化ガリウム系半導体レーザを、名城大学教授 赤崎 勇氏、および同助教授 天野 浩氏と開発した。光導波構造の開発、半導体結晶の成長技術の開発により、欠損の少ない多重量子井戸を形成することで、安定連続発振を実現した。これに関する特許出願は約50件行われている。

2.17.2 半導体レーザ技術に関連する製品・技術

半導体LEDの製品はあるが、半導体レーザの製品例はない。

2.17.3 技術開発課題対応保有特許の概要

主に製造方法に関する出願が多く、具体的には前表1.4.3-1を参照すると、技術要素結晶成長では、原料に解決手段をもつ出願が多い。また、表1.4.3-3を参照すると垂直・平坦性の課題をエッチング方法・組合せで解決している出願が多い。

表2.17.3-1 技術開発課題対応保有特許の概要(1/2)

技術要素			公報番号	特許分類	課題	概要(解決手段)あるいは発明の名称	代表図
基本構造							
	3元系活性層	活性層厚	特開平08-316587	H01S3/18 H01L27/12 H01L33/00	結晶性	3族窒化物半導体発光素子	
		構成その他	特開平10-012922	H01L33/00 H01S3/18	漏れ電流・低閾値・発光効率	3族窒化物半導体発光素子	
			特開2000-286448	H01L33/00 H01S3/18,677	生産性	III族窒化物系化合物半導体発光素子	
		その他	特開平10-173227	H01L33/00 H01S3/18	結晶性	GaN系素子	
	4元系活性層	構成その他	特開2000-286448	H01L33/00 H01S3/18,677	生産性	III族窒化物系化合物半導体発光素子	
材料技術							
	ドーパント材料	2種類以上	特開平10-012922	H01L33/00 H01S3/18	発光効率	膜厚約5nmの6層からなるバリア層と膜厚約5nmの5層からなる井戸層を交互に積層し、井戸層に亜鉛とシリコンをそれぞれ5×10^{18}/cm^{3}の濃度に添加することによって、発光効率の向上を図る	
製造技術							
	結晶成長	成長基板	特開2000-091253	H01L21/205 H01L21/20 H01L33/00 H01S5/323 H01L31/10	結晶性	窒化ガリウム系化合物半導体の製造方法	
			特開2001-181096	C30B29/38 C30B29/38 H01L21/205 H01L33/00 H01S5/343		III族窒化物系化合物半導体の製造方法及びIII族窒化物系化合物半導体素子	
		原料	特開平11-026812	H01L33/00 H01S3/18	結晶性	3族窒化物半導体素子及びその製造方法	
			特開2001-015807	H01L33/00 H01S5/323	生産性	半導体発光素子の製造方法	

表2.17.3-1 技術開発課題対応保有特許の概要(2/2)

技術要素			公報番号	特許分類	課題	概要(解決手段)あるいは発明の名称	代表図
製造技術	結晶成長	原料	特開平10-209493	H01L33/00 H01S3/18	素子特性	窒化ガリウム系化合物半導体及び素子の製造方法	
	エッチング	マスク	特開2001-077468	H01S5/22 H01L33/00	所望形状	端面発光型半導体レーザの製造方法	
		エッチング方法・組合せ	特開平09-283861	H01S3/18 H01L33/00	垂直・平坦性	電極形成と共振器端面のエッチングを分離して行うことにより、垂直度が高く、また、平行度を向上させると共に電流を供給する下層の抵抗を小さくし発振効率を向上する	
			特開平10-041584	H01S3/18 H01L21/3065 H01L33/00		3族窒化物半導体レーザダイオードの製造方法	
		その他	特開2001-160657	H01S5/323 H01L21/205 H01L21/3065	生産性	III族窒化物系化合物半導体レーザの製造方法	

2.17.4 技術開発拠点

発明者の住所から技術開発拠点の割り出しを行ったが、豊田合成の出願の発明者住所は全て愛知県の豊田合成会社住所と同じであったため、発明者の住所から技術開発拠点を見つけることはできなかった。

2.17.5 研究開発者

特許情報から得られた実質発明者数により、研究開発担当者数の推移を説明する。

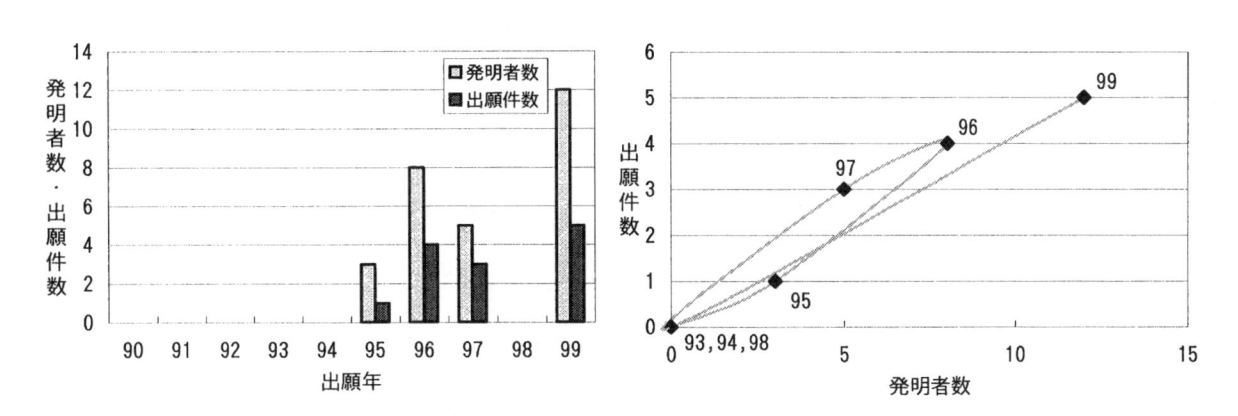

図2.17.5-1 豊田合成の発明者数－出願件数推移

図2.17.5-1に、発明者数と出願件数の推移を示す。1995年以降から出願がなされている。99年には発明者数・発明者数が最大となっており、近年、注力していると考えられる。

2.18 リコー

2.18.1 企業の概要

表2.18.1-1 企業の概要

1)	商号	株式会社リコー
2)	設立年月日	1936年2月
3)	資本金	1,034億3,400万円(2001年3月31日現在)
4)	従業員	12,242名
5)	事業内容	OA機器、カメラ、電子部品、機器関連消耗品の製造・販売
6)	技術・資本提携関係	[技術援助契約先] Xerox Co.(米国)、International Business Machines Co.(米国)、ADOBE Systems Inc.(米国)、Jerome H. Lemelson(米国)、日本IBM、Texas Instrument(米国)、シャープ、キヤノン、ブラザー工業
7)	事業所	本社/東京都港区南青山1-15-5 リコービル 工場/兵庫県加東郡、神奈川県厚木市、静岡県沼津市、大阪府池田市、神奈川県秦野市、福井県坂井市、静岡県御殿場市
8)	関連会社	東北リコー、迫リコー、リコーユニテクノ、リコーエレメックス、リコー計器、リコーマイクロエレクトロニクス、その他
9)	業績推移		H11.3	H12.3	H13.3
	売上高(百万円)	720,502	777,501	855,499
	当期利益(千円)	18,977,000	22,613,000	34,404,000
10)	主要製品	デジタル/アナログ複写機、マルチ・ファンクション・プリンター、レーザプリンター、ファクシミリ、デジタル印刷機、光ディスク応用商品、デジタルカメラ、アナログカメラ、光学レンズ
		半導体レーザに関しては印刷などの分野で利用技術の研究が進められている
11)	主な取引先	東京リコー、エヌビーエスリコー、大阪リコー、神奈川リコー、リコーリース

東京工業大学との共同研究により高速光LAN通信用GaInNAs面発光レーザをMOCVD法で実現している。

2.18.2 半導体レーザ技術に関連する製品・技術

半導体レーザ素子としての製品例はないが、半導体レーザを用いたプリンタや高密度レーザ走査ユニットなどは製品として存在する。

2.18.3 技術開発課題対応保有特許の概要

技術要素結晶成長に主に出願しており、具体的には、前表1.4.3-1を参照すると結晶性の課題、生産性の課題を解決するために、成長条件・方法、成長基板、成長装置を工夫する出願が多い。なお、掲載の特許については開放していない。

表2.18.3-1 技術開発課題対応保有特許の概要(1/2)

技術要素			公報番号	特許分類	課題	概要(解決手段)あるいは発明の名称	代表図
基本構造							
	3元系活性層	格子定数	特開2000-332363	H01S5/343	結晶性	半導体発光素子およびその製造方法	
	4元系活性層	格子定数	特開2000-332363	H01S5/343	結晶性	半導体発光素子およびその製造方法	

表2.18.3-1 技術開発課題対応保有特許の概要(2/2)

技術要素			公報番号	特許分類	課題	概要(解決手段)あるいは発明の名称	代表図
製造技術							
	結晶成長	成長条件・方法	特開平09-283857	H01S3/18 H01L21/205 H01L33/00	結晶性	半導体の製造方法及び半導体素子	
			特開2001-007394	H01L33/00 C30B29/38 C30B33/00 H01L21/203 H01L21/205 H01S5/343	生産性	半導体基板およびその作製方法および半導体発光素子	
		成長基板	特開2001-217506	H01S5/323 H01L33/00	結晶性	半導体基板およびその作製方法および発光素子	
			特開2001-189531	H01S5/323 H01L33/00	生産性	半導体基板および半導体発光素子およびその作製方法	
		成長装置	特開2001-058900	C30B29/38 C30B29/38 C30B29/38 C30B9/12 H01L21/208 H01L33/00 H01S5/343	結晶性	III族元素とN元素が供給される領域を分離した装置を用いることにより、結晶欠陥を低減する	(図)
			特開2001-102316	H01L21/208 C30B29/38 H01L33/00 H01S5/323		結晶成長方法および結晶成長装置およびIII族窒化物結晶および半導体デバイス	
			特開2001-119103	H01S5/323 C30B29/38 H01L33/00	生産性	結晶成長方法および結晶成長装置および立方晶系III族窒化物結晶および半導体デバイス	
	ドーピング	ドーパント	特開平10-261836	H01S3/18	漏れ電流抑制	打ち込みイオンとしてプロトンを用い、p型不純物を不活性化することにより、高抵抗層を形成し、漏れ電流の増加を抑制する	(図)
		不純物濃度	特開平09-283846	H01S3/18	生産性	半導体レーザの製造方法	

183

2.18.4 技術開発拠点
発明者の住所から割り出した技術開発拠点を以下に示す。

宮城県：リコー‐（*）
東京都：リコー‐（*）
注（*）は公報に事業所名の記載なし

2.18.5 研究開発者
特許情報から得られた実質発明者数により、研究開発担当者数の推移を説明する。

図2.18.5-1 リコーの発明者数－出願件数推移

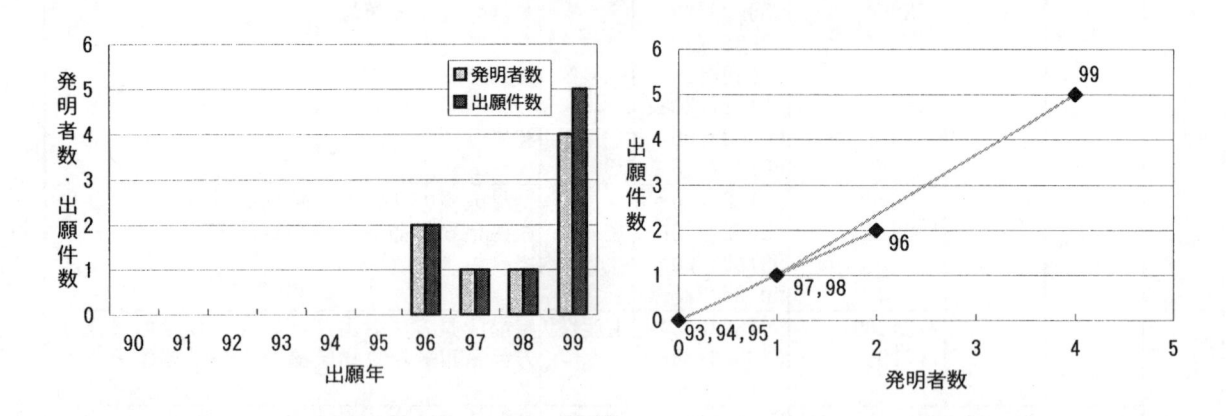

図2.18.5-1に、発明者数と出願件数の推移を示す。1996年以降出願がなされている。99年には、発明者数・出願件数ともに急増傾向を示している。

2.19 三菱化学

2.19.1 企業の概要

三菱化成と三菱油化が合併し、1994年に三菱化学として発足した。

表2.19.1-1 企業の概要

1)	商号	三菱化学株式会社
2)	設立年月日	1950年6月（日本化成株式会社として発足）
3)	資本金	1,450億8,668万円
4)	従業員	8,144名
5)	事業内容	炭素・アグリ製品、石油化学製品、機能化学製品、医薬品、誘導体、情報電子の製造・販売
6)	技術・資本提携関係	［技術援助契約先］ エンゲルハルド社（米国）、デグサ社（ドイツ）、ネステ・オイ社（フィンランド）、マルテックス・ポリマーズ社（米国）、ストックハウゼン社（ドイツ）、エクソン・ケミカル社（米国）、エーティー・プラスチック社（カナダ）、エニケム・アニッチ社（イタリア）、三星綜合化学社（韓国）、ユニオン・カーバイド・ケミカルズ・アンド・プラスチックス社（米国）、テクノエクスポート社（チェコ）、コーメテック社（米国）、上海高橋石化国際貿易社（中国）、エム・ダブリュー・ケロッグ社（米国）、ペトキム・ペトロキムヤ・ホールディング社（トルコ）、三菱化学インドネシア社（インドネシア）、中国化工建設社（中国）、中国石化国際事業社（中国）、中国技術進出口社（中国）、ボーデン社（米国）、三南石油化学社（韓国）、ウェストレイク・ビニル社（米国）、太洋フィルム社（中国）、ペトロ・オキソ・ヌサンタラ社（インドネシア）、太洋新技社（中国）、エイチエムティー・ポリスチレン社（タイ）、トリケム社（ブラジル）、韓国BASF社（韓国）、テキサス・ウルトラ・ピュア社（米国）、MCCPTA・インディア社（インド）、M&Cスウィートナーズ社（米国）、韓国リソケム社（韓国）、エクソン・ケミカル社（米国）、サソール・ケミカル・インダストリーズ社（南アフリカ）、ノバルティス・ファルマ社（スイス）、リーディング・シンセティクス社（オーストラリア）、レネセン社（米国）、ストックハウゼン社（ドイツ）、ノバルティス・アニマルヘルス社（スイス）、ファルマ・カール・スチル社（ドイツ）、シェル・リサーチ社（イギリス）、フィリップス社（オランダ）、トムソン・コンシューマー・エレクトロニクス社（フランス）、ディスコビジョン・アソーシエイツ社（米国）、ザ・エムダブリュー・ケロッグ社（オランダ）、フィリップス・エレクトロニクス社（オランダ）、バージル・ヘッジコート（米国）、ワシントン・グループ・インターナショナル社（米国）、エフ・ホフマン・ラ・ロシュ社（スイス）、クアンテック社（米国）、HTSバイオシステムズ社（米国）
7)	事業所	本社／東京都千代田区丸の内2-5-2　三菱ビルディング 工場／福岡県北九州市、三重県四日市市、新潟県上越市、岡山県倉敷市、香川県坂出市、茨城県鹿島郡、茨城県牛久市、愛媛県松山市、神奈川県小田原市
8)	関連会社	化成オプトニクス、三菱化学メディア、油化電子、エムシー・インフォニクス・アイルランド社、アドバンスト・カラーテック、ジャパンエポキシレジン、三菱エンジニアリングプラスチック、日東化工、三菱樹脂、児玉化学工業、その他
9)	業績推移			
			H11.3	H12.3	H13.3
	売上高(百万円)	868,529	841,494	781,501
	当期利益(千円)	9,855,000	46,767,000	4,081,000
10)	主要製品	基礎石化製品、化成品、合成繊維原料、情報機材、記憶機材、電子関連製品、機能樹脂、有機中間体、精密化学品、樹脂加工品の製造・販売
11)	主な取引先	三菱商事、明和産業、日新製鋼

独自のMOCVD技術（選択成長技術）により作製することで光ディスク用半導体レーザを製造している。また、半導体レーザ用の材料としてのGaAsウエハと発光ダイオード用各種エピウエハを製造している。

2.19.2 半導体レーザ技術に関連する製品・技術

表2.19.2-1 半導体レーザ技術に関連する製品・技術

技術用途	製品	製品名	出典
光ディスク用	半導体レーザ	780nm-LD	http://www.m-kagaku.co.jp/business/library/teishoden.htm

2.19.3 技術開発課題対応保有特許の概要

技術要素3元系活性層に主に出願しており、前表1.4.1-1(*)を参照すると、結晶性向上の課題を解決する出願が多い。((*)：1.4節の表中では、出願人名は三菱化成)

表2.19.3-1 技術開発課題対応保有特許の概要

技術要素			公報番号	特許分類	課題	概要(解決手段)あるいは発明の名称	代表図
基本構造							
	3元系活性層	活性層幅	特開2000-164984	H01S5/22 H01L33/00	高出力	保護膜の開口部の幅を2.2μm以上1000μm以下とすることにより、リッジ導波型レーザにおいて高出力動作を実現する	
		バンドギャップ	特開2001-135895	H01S5/343 H01L33/00	漏れ電流・低閾値・発光効率	半導体発光装置	
			特開2001-203423	H01S5/16 H01S5/223 H01S5/343	結晶性	半導体発光装置	
		組成	特開平10-223972	H01S3/18	高出力	半導体レーザおよびその製造方法	
			特開2000-058960	H01S3/18	結晶性	半導体発光素子及びその製造方法	
		格子定数	特開平08-125277	H01S3/18 H01L21/20 H01L33/00	結晶性	V溝構造を有する半導体装置	
		その他	特開2000-323798	H01S3/18,67	波長特性	半導体発光装置および半導体レーザ	
	活性層埋込構造	層の形状・配置	特開2001-024281	H01S5/323	特性維持	半導体発光装置	
製造技術							
	エッチング	エッチング停止層	特開平08-130344	H01S3/18	結晶品質	第1エッチングストップ層、第2エッチングストップ層を用いて形成することによって、結晶性を良好にする	

2.19.4 技術開発拠点
発明者の住所から割り出した技術開発拠点を以下に示す。

茨城県：筑波研究所

2.19.5 研究開発者
特許情報から得られた実質発明者数により、研究開発担当者数の推移を説明する。

図2.19.5-1 三菱化学の発明者数－出願件数推移

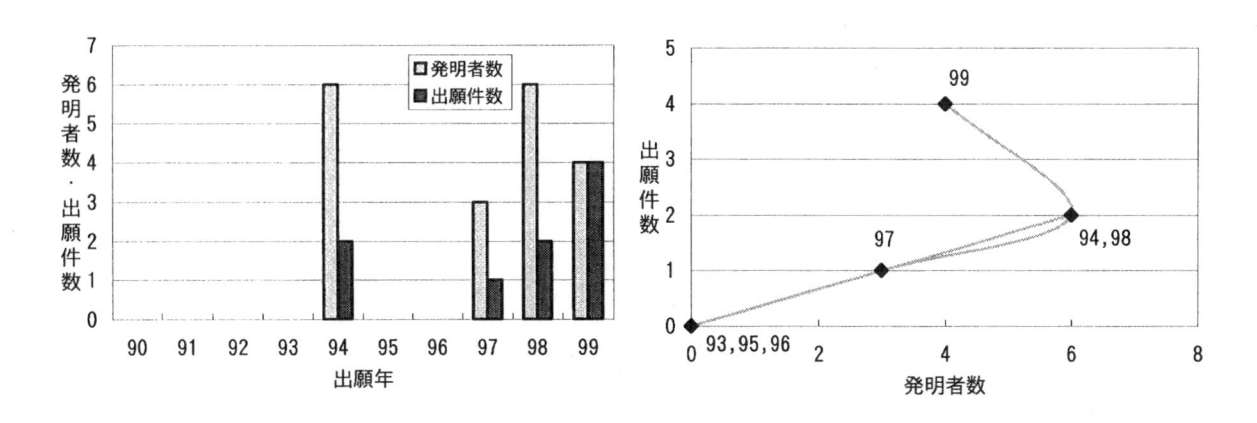

図2.19.5-1に、発明者数と出願件数の推移を示す。1997年以降、出願件数は増加傾向を示している。

2.20 住友電気工業

2.20.1 企業の概要

表2.20.1-1 企業の概要

1)	商号	住友電気工業株式会社		
2)	設立年月日	1920年12月		
3)	資本金	962億3,010万円		
4)	従業員	9,131名		
5)	事業内容	電線、ケーブル、特殊金属線、粉末合金製品、ハイブリット製品、情報・制御システム、電子材料、高周波製品、光通信システムの製造・販売		
6)	技術・資本提携関係	［技術援助契約先］ ピレリー ケーブルズ リミテッド（イギリス）、ルーセント テクノロジーズ インク（米国）、ディビダーグ システムズ インターナショナル ゲーエムベーハー（ドイツ）、ブリティッシュ テレコニュニケーションズ パブリック リミテッド カンパニー（イギリス）、ピナクル ブイ アール ヒー リミテッド（オーストラリア） ［クロス・ライセンス契約先］ ケナメタル インク（米国）、ルーセント テクノロジーズ インク（米国）、サンドビック アクチュエムボルグ（スウェーデン）		
7)	事業所	本社／大阪府大阪市中央区北浜4-5-33　住友ビル 　　　　東京都港区元赤坂1-3-12 工場／栃木県鹿沼市、神奈川県横浜市、大阪府大阪市、兵庫県伊丹市		
8)	関連会社	住友電装、清原住電、住電マグネットワイヤー、トヨクニ電線、東海ゴム工業、栃木住友電工、アライドマテリアル、住友電工ブレーキシステムズ、住友電工プリントサーキット、住電エレクトロニクス、ネットマークス、ブロードネットマークス、富山住友電工、その他		
9)	業績推移		H11.3	H12.3	H13.3
		売上高(百万円)	727,749	723,695	837,065
		当期利益(千円)	18,812,000	16,412,000	27,043,000
10)	主要製品	光ケーブル、OPGW（光ファイバー複合架空地線）、ワイヤーハーネス、電線ケーブル用機器、光融着接続機、データーリンク、化合物半導体、電子部品金属材料、プリント回路		
11)	主な取引先	トヨタ自動車、NTT、関西電力、東京電力、住友商事		

　半導体レーザに関しては光通信用でアクセス系から長距離伝送用、ファイバアンプ用まで幅広い製品展開を行う。具体的には、ファイバグレーティング付きレーザなどを製品化している。同じ光半導体では白色LEDをZnSe系材料で実現する研究などを行っている。

2.20.2 半導体レーザ技術に関連する製品・技術

表2.20.2-1 半導体レーザ技術に関連する製品・技術

技術用途	製品	製品名	出典
光通信システム用	DWDM用DFB	SLT5411-CA～CD SLT5414-DP,DA,DB SLT5441-CA,CB SLA5481-CA,CB	住友電気工業カタログ （2001.8発行）
	DWDM用波長ロッカ内蔵DFB	SLT6411CA～CD	
	光ファイバアンプ励起用	SLA4606-XP	
	CATV用DFB	SLV4260-UP SLV4270-QS SLV4460-US	

2.20.3 技術開発課題対応保有特許の概要

主に技術要素3元系活性層、4元系活性層に出願しており、前表1.4.1-1、表1.4.1-2を参照すると、主に出力特性の課題を解決している出願をしている。

表2.20.3-1 技術開発課題対応保有特許の概要(1/2)

技術要素			公報番号	特許分類	課題	概要(解決手段)あるいは発明の名称	代表図
基本構造							
	3元系活性層	活性層幅	特許3175148	H01S5/343 H01L31/10	生産性	半導体装置	
		バンドギャップ	特開平09-162495	H01S3/18 G02B6/42 H01S3/08	波長特性	外部共振器半導体レーザ	
		組成	特開平11-261170	H01S3/18 H01L33/00	温度特性	半導体レーザおよび半導体発光素子	
		その他	特開2000-323787	H01S5/12 H01L33/00 H01S5/343	その他出力	発光素子モジュール	
	4元系活性層	活性層幅	特開平07-058412	H01S3/18 H01L29/06	温度特性	活性層の幅を0.7μm以上1.0μm以下とすることにより、-45℃～+85℃の温度範囲でのスペクトル幅を2.5nm以下とすることができる	
		バンドギャップ	特開平09-162495	H01S3/18 G02B6/42 H01S3/08	波長特性	外部共振器半導体レーザ	
		組成	特開平11-261170	H01S3/18 H01L33/00	温度特性	半導体レーザおよび半導体発光素子	
		格子定数	特許2636071	H01S3/18	漏れ電流・低閾値・発光効率	半導体レーザ	
			特許3194292	H01S5/40		半導体レーザ	
		その他	特開平11-312842	H01S3/18 G02B6/42	その他出力	発光素子モジュール	

表2.20.3-1 技術開発課題対応保有特許の概要(2/2)

技術要素			公報番号	特許分類	課題	概要(解決手段)あるいは発明の名称	代表図
基本構造	光ガイド層	層の形状・配置	特開平11-354884	H01S3/18	生産性	半導体レーザ及び半導体レーザの製造方法	
	活性層埋込構造	層の形状・配置	特開平11-312842	H01S3/18 G02B6/42	その他出力	発光素子モジュール	

2.20.4 技術開発拠点
発明者の住所から割り出した技術開発拠点を以下に示す。

神奈川県：住友電気工業-(*)
神奈川県：横浜製作所
兵庫県：伊丹製作所
注（*）は公報に事業所名の記載なし

2.20.5 研究開発者
特許情報から得られた実質発明者数により、研究開発担当者数の推移を説明する。

図2.20.5-1 住友電気工業の発明者数－出願件数推移

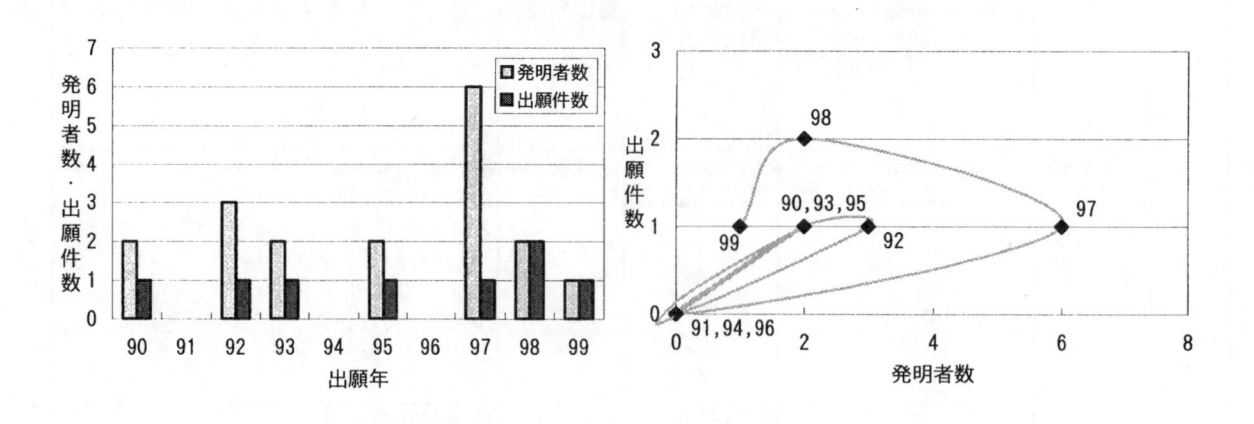

図2.20.5-1に、発明者数と出願件数の推移を示す。出願件数は少ないものの継続して出願を行っている。また、1997年には発明者数がピークとなっている。

2.21 ゼロックス

2.21.1 企業の概要

表2.21.1-1 企業の概要

1)	商号	XEROX CORPORATION
2)	設立年月日	1934年
3)	資本金	－
4)	従業員	92,500名（世界の関連会社の含めて）
5)	事業内容	Black and White Production Publishing、Puroduction Printing、Production Light-Lens Copying、Black and White Laser Printers
6)	技術・資本提携関係	－
7)	事業所	本社／P.O.Box1600, Stamford, Connecticat, USA.
8)	関連会社	Intelligent Electronics,Inc.、Intellinet,Ltd.、RNTS,Inc.、Xerox Connect,Inc.、Kapwell,Ltd.、Proyectos Inverdoco,C.A.、goodkap,Ltd.、Kapskew,Ltd.、Other
9)	業績推移		1998.12	1999.12	2000.12
		収入(百万ドル)	19,593	19,567	18,701
10)	主要製品	Office Printers、Office Multifunction Machines(plint, copy, fax, and scan all from one machine)、Office Copiers、Office Fax machiines、Production Printers&Copiers、Scanners&Software、Other
11)	主な取引先	－

ゼロックスは青色半導体レーザの開発を行っており、DARPAから一部出資を受けて開発した発振波長403nm（青色域）のInGaN/GaN半導体DFBレーザを発表している。このレーザのAlGaNクラッド層およびGaNコンタクト層にはエピタキシャル成長技術を用い、また光ガイド層にはイオンビームエッチング技術を用いている。

なお、日本の富士ゼロックスでは、ブロードバンド（大容量）化のための高速通信や近距離光通信VSRもしくは計測分野などに用いられるAlGaAs面発光型半導体レーザを最近発売している。この面発光型半導体レーザは、発振波長850nmの縦型発振タイプであり、半導体基板上の発光部配置自由度が高い、アレイ化が容易などの特徴がある。

2.21.2 半導体レーザ技術に関連する製品・技術

研究はされているものの半導体レーザの製品例はない。日本の富士ゼロックスからは、光通信用・光計測用赤色面発光レーザVCSELが製品として発売されている（出典：http://www.fujixerox.co.jp/product/vcsel/調査日2002年1月）。

2.21.3 技術開発課題対応保有特許の概要

前表1.4.1-1、表1.4.1-2を参照すると、技術要素3元系活性層、4元系活性層における波長特性の課題を解決する出願が多い。

表2.21.3-1 技術開発課題対応保有特許の概要

技術要素			公報番号	特許分類	課題	概要(解決手段)あるいは発明の名称	代表図
基本構造							
	3元系活性層	バンドギャップ	特開平05-218576	H01S5/00	波長特性	第1の量子井戸の1つの量子準位を第2の量子井戸の別の量子準位と同一のエネルギー準位にすることによって、1つの量子井戸からの担体の再結合が他の量子井戸の担体の再結合を増加させ、出力波長における利得を増加する	
			特開平05-218577	H01S5/00		切換可能な固体半導体レーザ	
		格子定数	特開平07-202329	H01S3/18	波長特性	レーザダイオード	
		組成	特開平10-093200	H01S3/18 H01L33/00	波長特性	損失導波型半導体レーザ	
	4元系活性層	バンドギャップ	特開平07-162097	H01S3/18	波長特性	レーザダイオード	
		格子定数	特開平07-202329	H01S3/18		レーザダイオード	
		構成その他	特開平06-120614	H01S3/18	その他出力	多ビーム半導体量子井戸レーザ	
	光ガイド層技術	層の性質	特開平11-135893	H01S3/18 G02B6/42	低閾値	エッジエミッティングレーザアレイ	
	クラッド層技術	層の形状・配置	特開2001-111172	H01S5/227 H01S5/343	その他出力	インデックスガイド型埋め込みヘテロ構造窒化物レーザダイオード構造	

2.21.4 技術開発拠点

発明者の住所から技術開発拠点の割り出しを行ったが、ゼロックスの出願の発明者住所は全て米国のゼロックスと同じであったため、発明者の住所から技術開発拠点を見つけることはできなかった。参考として関連会社である富士ゼロックスを紹介する。

東京都：富士ゼロックス

2.21.5 研究開発者

特許情報から得られた実質発明者数により、研究開発担当者数の推移を説明する。

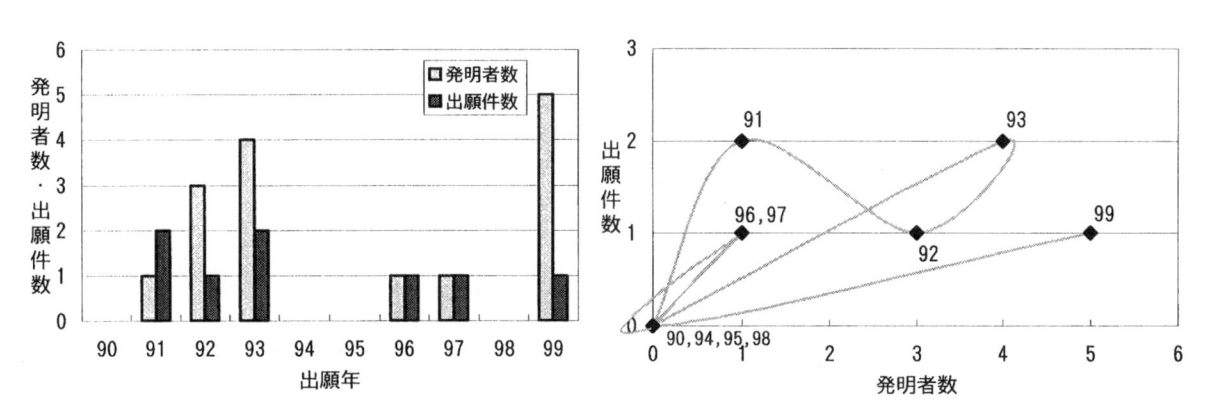

図2.21.5-1 ゼロックスの発明者数－出願件数推移

図2.21.5-1に、発明者数と出願件数の推移を示す。出願件数は少ないながらも継続して出願を行っている。1999年は発明者が増加しており、今後開発に力を入れそうな兆しがみえる。

3．主要企業の技術開発拠点

3.1 3元系活性層
3.2 4元系活性層
3.3 光ガイド層
3.4 クラッド層
3.5 活性層埋込構造
3.6 ドーパント材料
3.7 結晶成長
3.8 ドーピング
3.9 エッチング

> 特許流通
> 支援チャート

3．主要企業の技術開発拠点

各主要企業の開発拠点を出願明細書の発明者住所のみから探ると、開発拠点は関東地方に集中している。

ここでは技術要素ごとに、各主要企業の開発拠点を出願明細書の発明者住所から特定し、開発拠点ごとの開発の特徴を探っていく。

なお、本章の表に開発拠点が1つしか記載されていない企業は、出願明細書にほかの事業所の住所が1つも記載されていなかった企業である。本章では、発明者住所から事業所が見つけられた企業を中心に解説を行う。

3.1 3元系活性層

　表3.1-1No.3三菱電機の兵庫県光・マイクロデバイス波研究所からの出願は、全て活性層をInGaAsで形成する出願であるため、兵庫県光・マイクロデバイス波研究所ではInGaAs活性層の研究がされていると思われる。また、同県の北伊丹製作所も同様である。

　表3.1-1No.7東芝神奈川県マイクロエレクトロニクスセンターでは、DVD用の780nm、650nmの2色半導体レーザ1件などが出願されている。同じく東芝の神奈川県研究開発センターでは、青色系でよく用いられる窒化ガリウム系半導体レーザが4件出願されており、青色系の研究がなされていると思われる。また、東芝本社でも窒化ガリウム系半導体レーザが出願されており、全社的に窒化ガリウム系半導体レーザに力を入れていると思われる。

　表3.1-1No.11鳥取三洋電機では、窒化ガリウム系（InGaN）活性層にかかわる出願が1件なされている。また、三洋電機からも窒化ガリウム系半導体レーザが出願されている。

　表3.1-1No.17住友電気工業の神奈川県横浜製作所からの出願は、全てGaInAs系であるため、GaInAs系半導体レーザの研究を行っていると思われる。

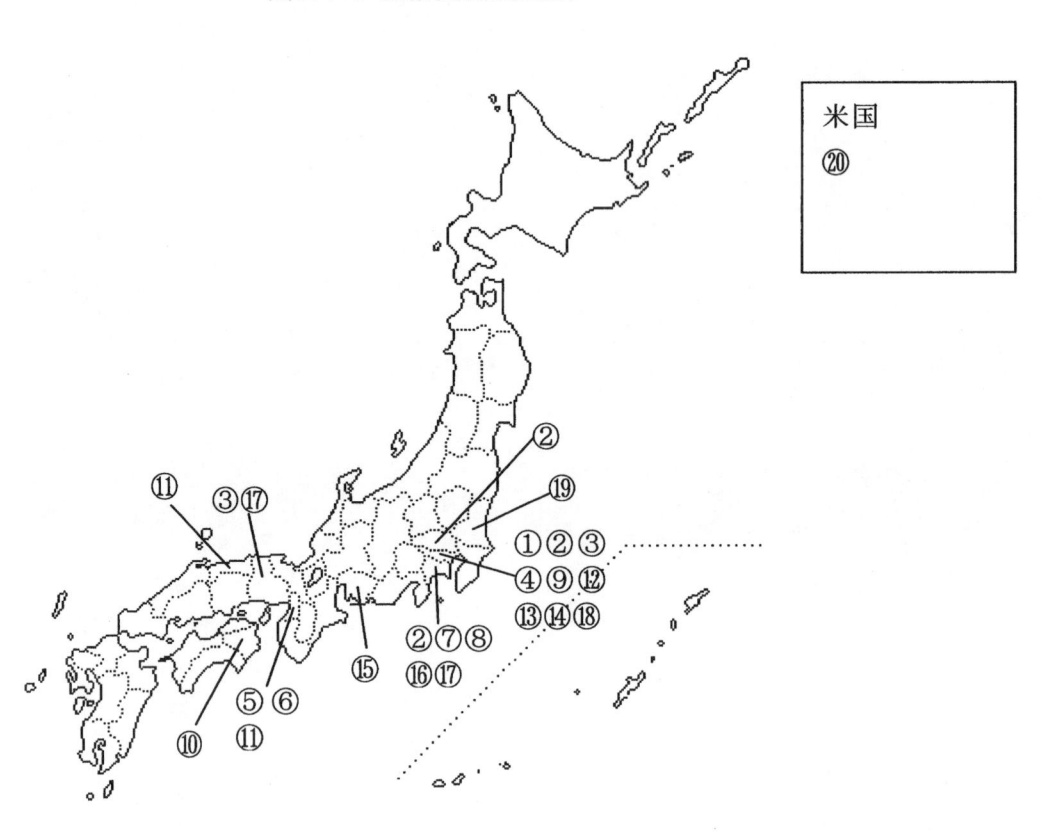

図3.1-1 技術開発拠点図

表3.1-1 技術開発拠点一覧表

NO.	企業名	特許件数	事業所名	住所	発明者数
1	日本電気	48	日本電気-(*)	東京都	39
2	日立製作所	30	中央研究所	東京都	39
			東部セミコンダクタ	埼玉県	1
			情報通信事業部	神奈川県	2
3	三菱電機	21	三菱電機-(*)	東京都	17
			光・マイクロデバイス波研究所	兵庫県	13
			北伊丹製作所	兵庫県	2
4	日本電信電話	20	日本電信電話-(*)	東京都	36
5	松下電器産業	12	松下電器産業-(*)	大阪府	19
6	シャープ	14	シャープ(*)	大阪府	22
7	東芝	15	東芝-(*)	神奈川県	9
			マイクロエレクトロニクスセンター	神奈川県	4
			研究開発センター	神奈川県	16
			川崎事業所	神奈川県	1
			総合研究所	神奈川県	3
8	富士通	7	富士通-(*)	神奈川県	11
9	ソニー	9	ソニー(*)	東京都	12
10	日亜化学工業	10	日亜化学工業-(*)	徳島県	7
11	三洋電機	11	三洋電機-(*)	大阪府	15
			鳥取三洋電機	鳥取県	1
12	キヤノン	12	キヤノン-(*)	東京都	11
13	古河電気工業	8	古河電気工業-(*)	東京都	12
14	沖電気工業	2	沖電気工業-(*)	東京都	5
15	豊田合成	5	豊田合成-(*)	愛知県	10
16	富士写真フィルム	4	富士写真フィルム-(*)	神奈川県	3
17	住友電気工業	4	住友電気工業-(*)	神奈川県	1
			横浜製作所	神奈川県	7
			伊丹製作所	兵庫県	2
18	リコー	1	リコー-(*)	東京都	1
19	三菱化学	7	筑波事業所	茨城県	9
20	ゼロックス	4	ゼロックス-(*)	米国	2

注(*)は公報に事業所名の記載なし

3.2 4元系活性層

　三菱電機の兵庫県光・マイクロデバイス波研究所からは、3元系と同様、InGaAs系の4元系InGaAsPで半導体レーザを作製する出願がされている。

　東芝神奈川県研究開発センターでは、3元系と同様青色系でよく用いられる窒化ガリウム系半導体レーザが4件出願されている。

　古河電気工業の神奈川県横浜研究所からの出願は、全てIn,Ga,As,P,Alを組み合わせた4元系活性層に関するものである。

　住友電気工業の神奈川県横浜製作所の出願は、3元系と同様GaInAs系であり、具体的にはGaInAsP系の4元系である。また、住友電気工業本社からは、AlGaInPの4元系についての出願も見られる。

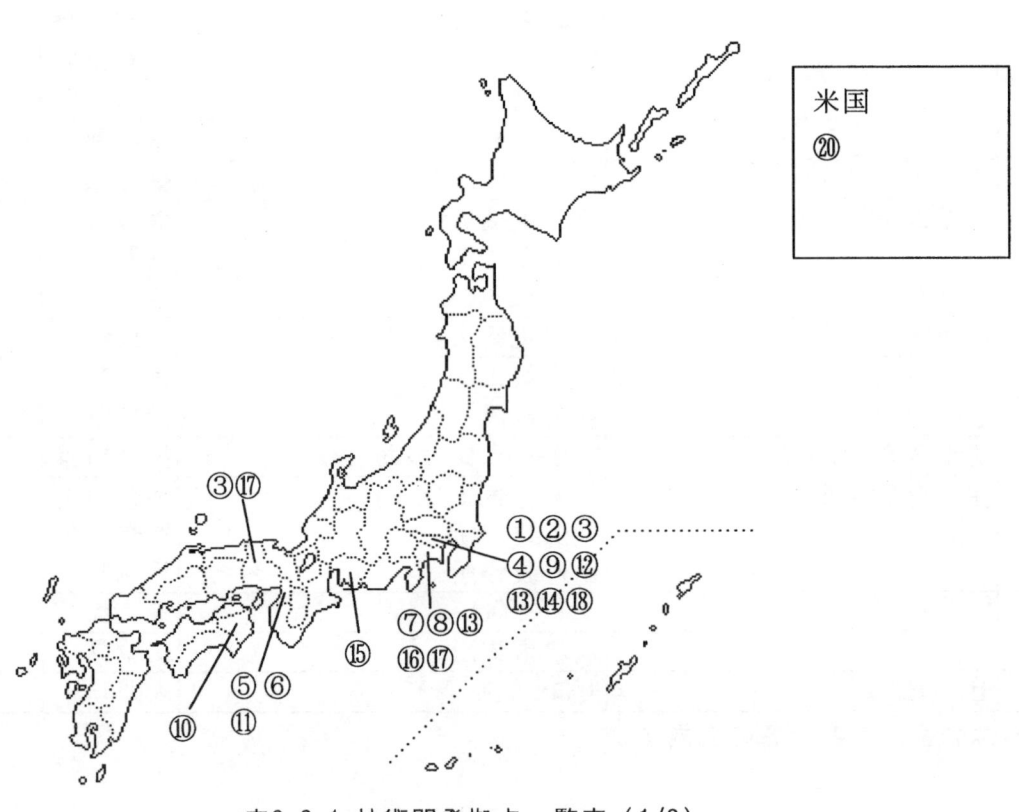

図3.2-1 技術開発拠点図

表3.2-1 技術開発拠点一覧表（1/2）

NO.	企業名	特許件数	事業所名	住所	発明者数
1	日本電気	90	日本電気-(*)	東京都	51
2	日立製作所	31	中央研究所	東京都	33
			半導体事業部	東京都	7
			光技術開発推進本部	東京都	1
3	三菱電機	20	三菱電機-(*)	東京都	21
			光・マイクロデバイス波研究所	兵庫県	9
			北伊丹製作所	兵庫県	2
4	日本電信電話	27	日本電信電話-(*)	東京都	46

表 3.2-1 技術開発拠点一覧表 (2/2)

NO.	企業名	特許件数	事業所名	住所	発明者数
5	松下電器産業	25	松下電器産業-(*)	大阪府	19
6	シャープ	11	シャープ-(*)	大阪府	22
7	東芝	23	東芝-(*)	神奈川県	9
			マイクロエレクトロニクスセンター	神奈川県	3
			研究開発センター	神奈川県	15
			川崎事業所	神奈川県	2
			総合研究所	神奈川県	16
			堀川町工場	神奈川県	1
8	富士通	25	富士通-(*)	神奈川県	24
9	ソニー	15	ソニー-(*)	東京都	11
10	日亜化学工業	4	日亜化学工業-(*)	徳島県	4
11	三洋電機	11	三洋電機-(*)	大阪府	13
12	キヤノン	9	キヤノン-(*)	東京都	7
13	古河電気工業	15	古河電気工業-(*)	東京都	14
			横浜研究所	神奈川県	4
14	沖電気工業	6	沖電気工業-(*)	東京都	13
15	豊田合成	2	豊田合成-(*)	愛知県	4
16	富士写真フィルム	5	富士写真フィルム-(*)	神奈川県	3
17	住友電気工業	6	住友電気工業-(*)	神奈川県	4
			横浜製作所	神奈川県	10
			伊丹製作所	兵庫県	2
18	リコー	1	リコー-(*)	東京都	1
20	ゼロックス	3	ゼロックス-(*)	米国	4

注(*)は公報に事業所名の記載なし

3.3 光ガイド層

図3.3-1 技術開発拠点図

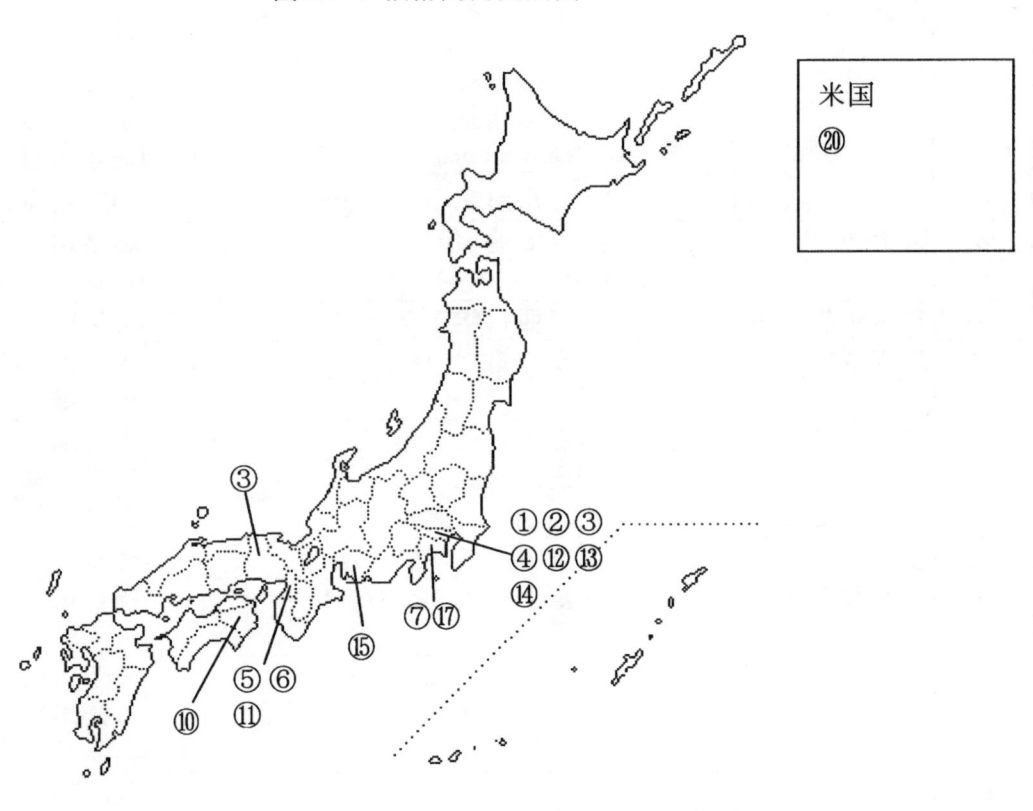

表3.3-1 技術開発拠点一覧表

No.	企業名	特許件数	事業所名	住所	発明者数
1	日本電気	5	日本電気-(*)	東京都	10
2	日立製作所	4	中央研究所	東京都	6
			半導体事業部	東京都	2
3	三菱電機	3	三菱電機-(*)	東京都	2
			光・マイクロデバイス波研究所	兵庫県	1
4	日本電信電話	5	日本電信電話-(*)	東京都	10
5	松下電器産業	4	松下電器産業-(*)	大阪府	6
6	シャープ	3	シャープ-(*)	大阪府	4
7	東芝	2	東芝-(*)	神奈川県	2
			研究開発センタ	神奈川県	5
10	日亜化学工業	5	日亜化学工業-(*)	徳島県	7
11	三洋電機	1	三洋電機-(*)	大阪府	5
12	キヤノン	6	キヤノン-(*)	東京都	6
13	古河電気工業	1	古河電気工業-(*)	東京都	1
14	沖電気工業	1	沖電気-(*)	東京都	2
17	住友電気工業	1	住友電気工業-(*)	神奈川県	1
20	ゼロックス	1	ゼロックス-(*)	米国	1

注(*)は公報に事業所名の記載なし

3.4 クラッド層

東芝の神奈川県総合研究所からは3件出願されており、その全てが窒化ガリウム青色半導体レーザである。

図3.4-1 技術開発拠点図

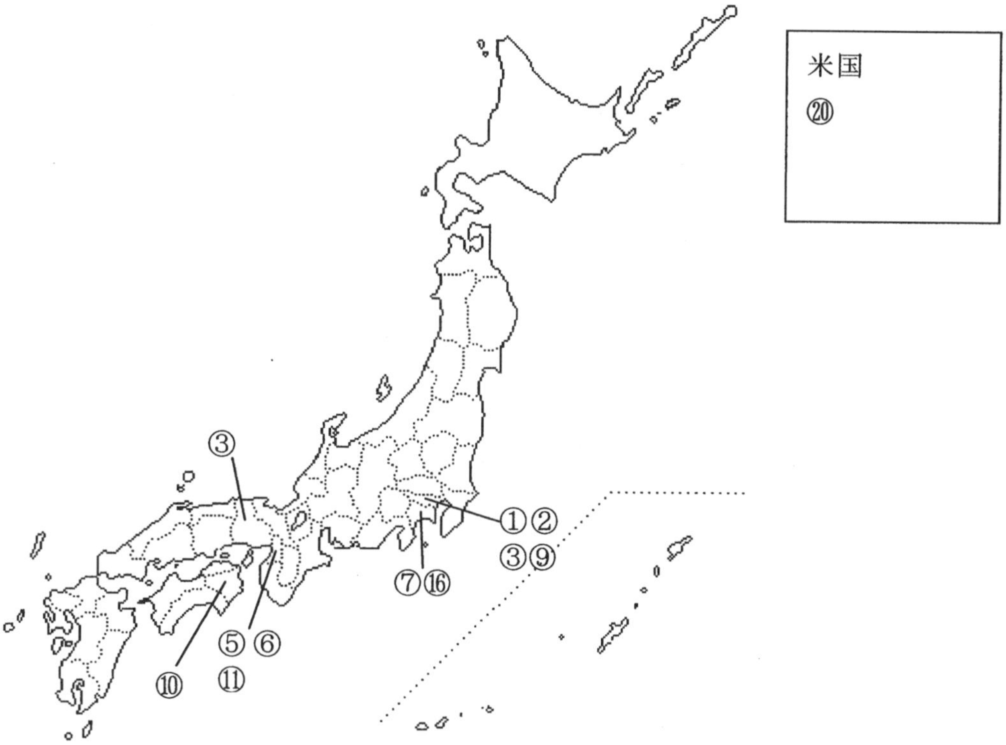

表3.4-1 技術開発拠点一覧表

NO.	企業名	特許件数	事業所名	住所	発明者数
1	日本電気	7	日本電気-(*)	東京都	9
2	日立製作所	3	中央研究所	東京都	7
3	三菱電機	2	三菱電機-(*)	東京都	1
			光・マイクロデバイス波研究所	兵庫県	1
5	松下電器産業	1	松下電器産業-(*)	大阪府	5
6	シャープ	2	シャープ-(*)	大阪府	6
7	東芝	4	東芝-(*)	神奈川県	2
			総合研究所	神奈川県	5
9	ソニー	2	ソニー-(*)	東京都	2
10	日亜化学工業	12	日亜化学工業-(*)	徳島県	12
11	三洋電機	1	三洋電機-(*)	大阪府	5
16	富士写真フィルム	1	富士写真フィルム-(*)	神奈川県	1
20	ゼロックス	1	ゼロックス-(*)	米国	5

注(*)は公報に事業所名の記載なし

3.5 活性層埋込構造

図3.5-1 技術開発拠点図

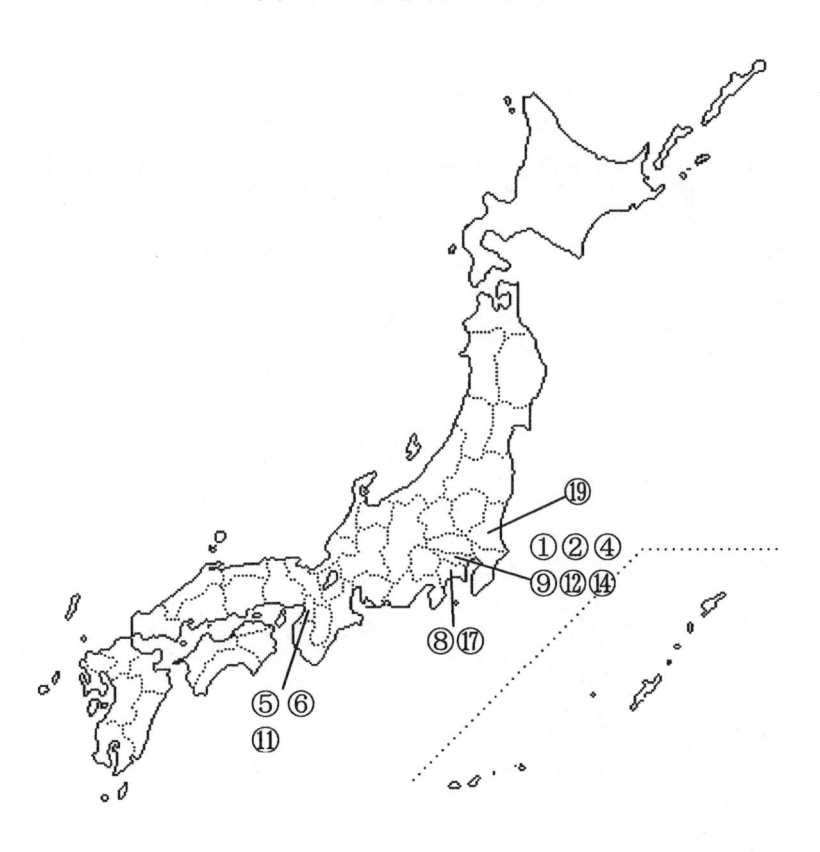

表3.5-1 技術開発拠点一覧表

NO.	企業名	特許件数	事業所名	住所	発明者数
1	日本電気	10	日本電気-(*)	東京都	11
2	日立製作所	2	中央研究所	東京都	3
			半導体事業部	東京都	5
4	日本電信電話	2	日本電信電話-(*)	東京都	6
5	松下電器産業	1	松下電器産業-(*)	大阪府	4
6	シャープ	1	シャープ-(*)	大阪府	5
8	富士通	4	富士通-(*)	神奈川県	7
9	ソニー	1	ソニー-(*)	東京都	1
11	三洋電機	1	三洋電機-(*)	大阪府	1
12	キヤノン	1	キヤノン-(*)	東京都	1
14	沖電気工業	2	沖電気工業-(*)	東京都	5
17	住友電気工業	1	住友電気工業-(*)	神奈川県	1
19	三菱化学	1	筑波事業所	茨城県	2

注(*)は公報に事業所名の記載なし

3.6 ドーパント材料

図3.6-1 技術開発拠点図

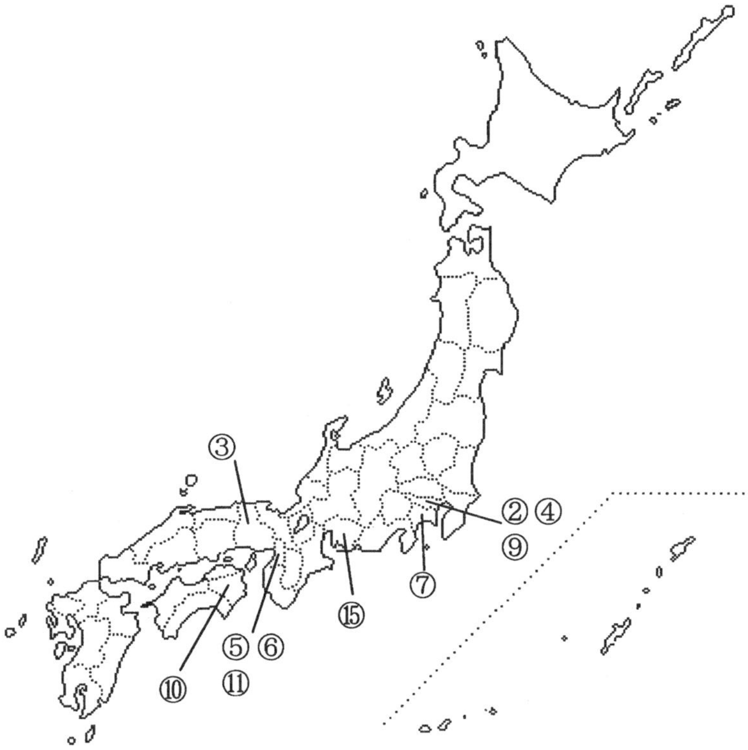

表3.6-1 技術開発拠点一覧表

NO.	企業名	特許件数	事業所名	住所	発明者数
2	日立製作所	3	中央研究所	東京都	6
3	三菱電機	2	光・マイクロデバイス波研究所	兵庫県	5
4	日本電信電話	4	日本電信電話-(*)	東京都	11
5	松下電器産業	4	松下電器産業-(*)	大阪府	10
6	シャープ	2	シャープ-(*)	大阪府	4
7	東芝	2	東芝-(*)	神奈川県	5
			研究開発センター	神奈川県	4
9	ソニー	3	ソニー-(*)	東京都	4
10	日亜化学工業	4	日亜化学工業-(*)	徳島県	5
11	三洋電機	1	三洋電機-(*)	大阪府	2
15	豊田合成	1	豊田合成-(*)	愛知県	5

注(*)は公報に事業所名の記載なし

3.7 結晶成長

図3.7-1 技術開発拠点図

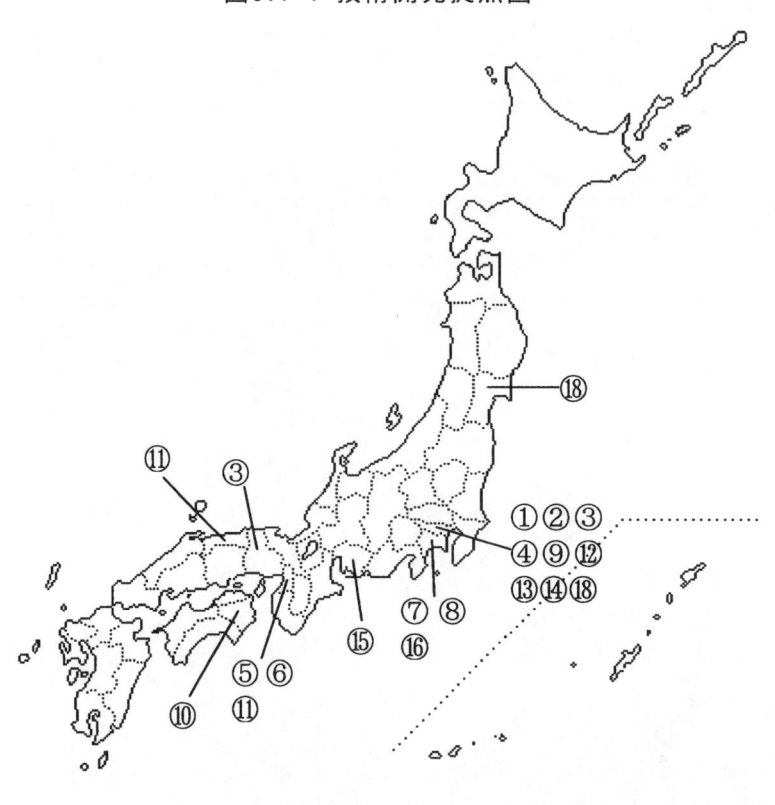

表3.7-1 技術開発拠点一覧表（1/2）

NO.	企業名	特許件数	事業所名	住所	発明者数
1	日本電気	61	日本電気-(*)	東京都	44
2	日立製作所	6	中央研究所	東京都	15
3	三菱電機	10	三菱電機-(*)	東京都	12
			光・マイクロデバイス波研究所	兵庫県	5
4	日本電信電話	8	日本電信電話-(*)	東京都	24
5	松下電器産業	15	松下電器産業-(*)	大阪府	22
6	シャープ	20	シャープ-(*)	大阪府	25
7	東芝	6	研究開発センタ	神奈川県	12
			川崎事業所	神奈川県	1
			総合研究所	神奈川県	7
8	富士通	15	富士通-(*)	神奈川県	8
9	ソニー	16	ソニー-(*)	東京都	25
10	日亜化学工業	8	日亜化学工業-(*)	徳島県	8
11	三洋電機	8	三洋電機-(*)	大阪府	13
			鳥取三洋電機	鳥取県	4
12	キヤノン	6	キヤノン-(*)	東京都	5
13	古河電気工業	7	古河電気工業-(*)	東京都	10
14	沖電気工業	6	沖電気工業-(*)	東京都	10
15	豊田合成	5	豊田合成-(*)	愛知県	8

表 3.7-1 技術開発拠点一覧表 (2/2)

NO.	企業名	特許件数	事業所名	住所	発明者数
16	富士写真フィルム	3	富士写真フィルム-(*)	神奈川県	3
18	リコー	7	リコー-(*)	東京都	3
				宮城県	2

注(*)は公報に事業所名の記載なし

3.8 ドーピング

図3.8-1 技術開発拠点図

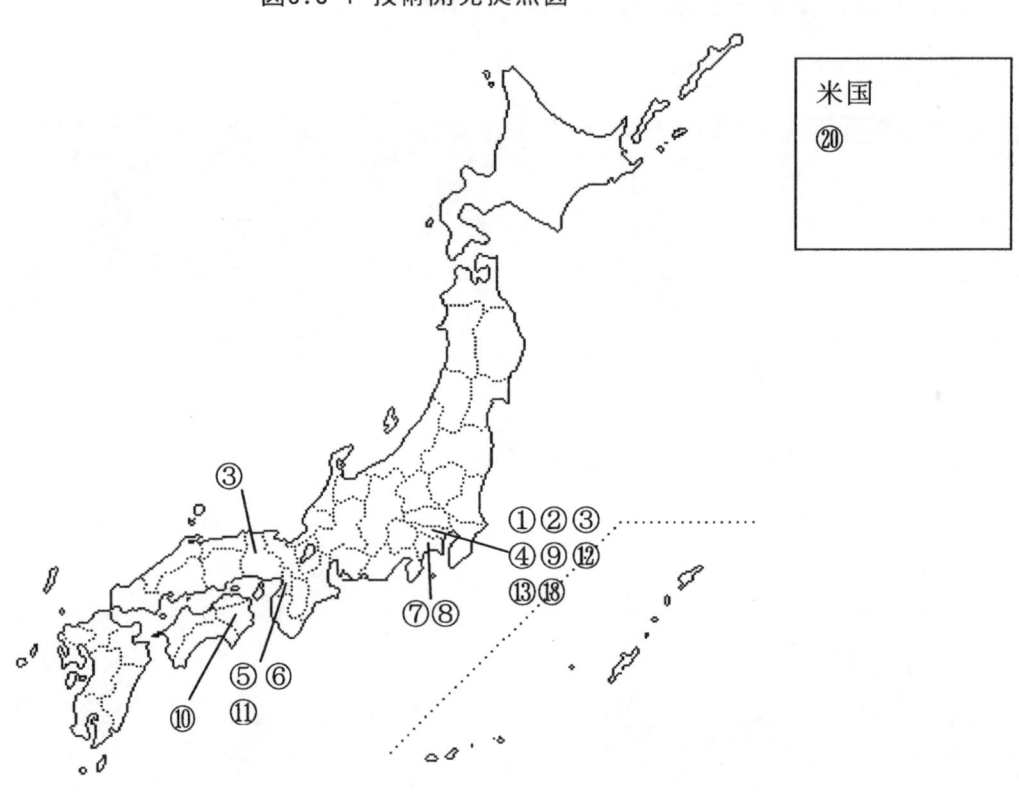

表3.8-1 技術開発拠点一覧表（1/2）

NO.	企業名	特許件数	事業所名	住所	発明者数
1	日本電気	22	日本電気-(*)	東京都	18
2	日立製作所	7	中央研究所	東京都	14
			半導体事業部	東京都	3
3	三菱電機	16	三菱電機-(*)	東京都	10
			光・マイクロデバイス波研究所	兵庫県	19
			北伊丹製作所	兵庫県	2
4	日本電信電話	8	日本電信電話-(*)	東京都	16
5	松下電器産業	6	松下電器産業-(*)	大阪府	22
6	シャープ	11	シャープ-(*)	大阪府	22
7	東芝	8	東芝-(*)	神奈川県	3
			研究開発センタ	神奈川県	7
			川崎事業所	神奈川県	2
			総合研究所	神奈川県	3
			多摩川工場	神奈川県	1
			堀川町工場	神奈川県	2
8	富士通	1	富士通-(*)	神奈川県	1

表 3.8-1 技術開発拠点一覧表 (2/2)

NO.	企業名	特許件数	事業所名	住所	発明者数
9	ソニー	10	ソニー-(*)	東京都	12
10	日亜化学工業	4	日亜化学工業-(*)	徳島県	6
11	三洋電機	4	三洋電機-(*)	大阪府	5
12	キヤノン	3	キヤノン-(*)	東京都	2
13	古河電気工業	3	古河電気工業-(*)	東京都	6
18	リコー	2	リコー-(*)	東京都	1
20	ゼロックス	3	ゼロックス-(*)	米国	4

注(*)は公報に事業所名の記載なし

3.9 エッチング

図3.9-1 技術開発拠点図

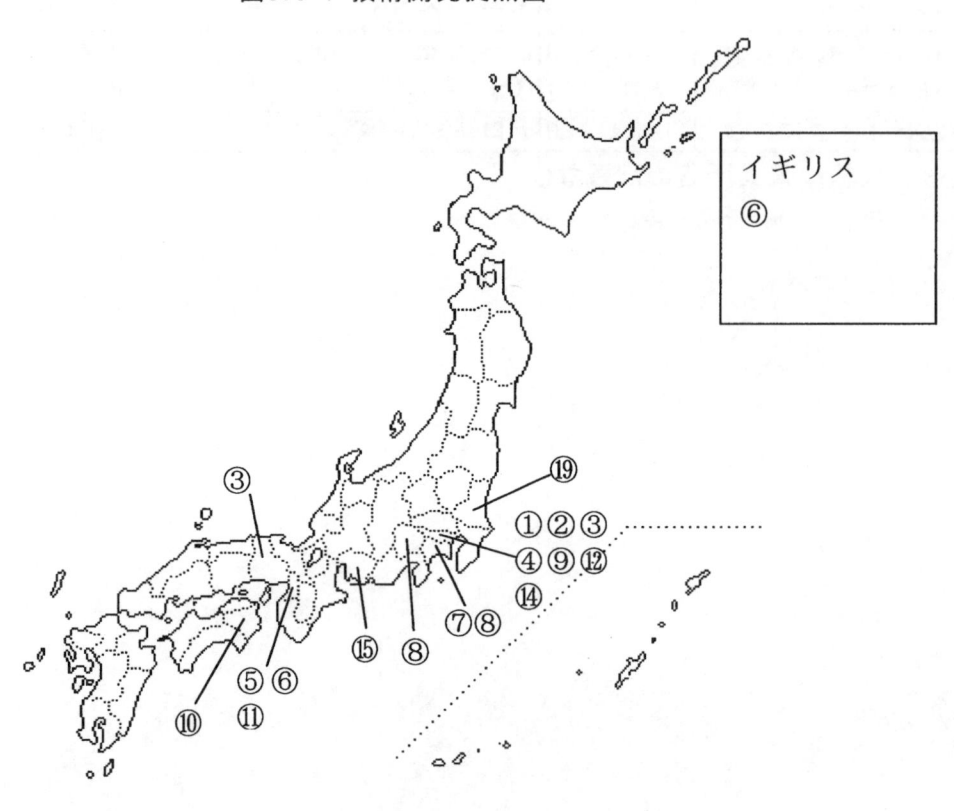

表3.9-1 技術開発拠点一覧表（1/2）

NO.	企業名	特許件数	事業所名	住所	発明者数
1	日本電気	19	日本電気-(*)	東京都	14
2	日立製作所	8	中央研究所	東京都	21
			東部セミコンダクター	東京都	1
			光技術開発推進本部	東京都	1
3	三菱電機	14	三菱電機-(*)	東京都	11
			光・マイクロデバイス波研究所	兵庫県	11
4	日本電信電話	3	日本電信電話-(*)	東京都	3
5	松下電器産業	7	松下電器産業-(*)	大阪府	17
6	シャープ	10	シャープ-(*)	大阪府	17
				イギリス	2
7	東芝	3	東芝-(*)	神奈川県	1
			研究開発センタ	神奈川県	2
			総合研究所	神奈川県	1
8	富士通	4	富士通-(*)	神奈川県	5
				山梨県	2
9	ソニー	3	ソニー-(*)	東京都	9

210

表 3.9-1 技術開発拠点一覧表 (2/2)

NO.	企業名	特許件数	事業所名	住所	発明者数
10	日亜化学工業	1	日亜化学工業-(*)	徳島県	2
11	三洋電機	6	三洋電機-(*)	大阪府	8
12	キヤノン	3	キヤノン-(*)	東京都	3
14	沖電気工業	3	沖電気工業-(*)	東京都	5
15	豊田合成	4	豊田合成-(*)	愛知県	6
19	三菱化学	1	筑波事業所	茨城県	4

注(*)は公報に事業所名の記載なし

資料

1. 工業所有権総合情報館と特許流通促進事業
2. 特許流通アドバイザー一覧
3. 特許電子図書館情報検索指導アドバイザー一覧
4. 知的所有権センター一覧
5. 平成13年度25技術テーマの特許流通の概要
6. 特許番号一覧

資料1．工業所有権総合情報館と特許流通促進事業

　特許庁工業所有権総合情報館は、明治20年に特許局官制が施行され、農商務省特許局庶務部内に図書館を置き、図書等の保管・閲覧を開始したことにより、組織上のスタートを切りました。
　その後、我が国が明治32年に「工業所有権の保護等に関するパリ同盟条約」に加入することにより、同条約に基づく公報等の閲覧を行う中央資料館として、国際的な地位を獲得しました。
　平成9年からは、工業所有権相談業務と情報流通業務を新たに加え、総合的な情報提供機関として、その役割を果たしております。さらに平成13年4月以降は、独立行政法人工業所有権総合情報館として生まれ変わり、より一層の利用者ニーズに機敏に対応する業務運営を目指し、特許公報等の情報提供及び工業所有権に関する相談等による出願人支援、審査審判協力のための図書等の提供、開放特許活用等の特許流通促進事業を推進しております。

1　事業の概要

(1) 内外国公報類の収集・閲覧

　下記の公報閲覧室でどなたでも内外国公報等の調査を行うことができる環境と体制を整備しています。

閲覧室	所在地	TEL
札幌閲覧室	北海道札幌市北区北7条西2-8　北ビル7F	011-747-3061
仙台閲覧室	宮城県仙台市青葉区本町3-4-18　太陽生命仙台本町ビル7F	022-711-1339
第一公報閲覧室	東京都千代田区霞が関3-4-3　特許庁2F	03-3580-7947
第二公報閲覧室	東京都千代田区霞が関1-3-1　経済産業省別館1F	03-3581-1101（内線3819）
名古屋閲覧室	愛知県名古屋市中区栄2-10-19　名古屋商工会議所ビルB2F	052-223-5764
大阪閲覧室	大阪府大阪市天王寺区伶人町2-7　関西特許情報センター1F	06-4305-0211
広島閲覧室	広島県広島市中区上八丁堀6-30　広島合同庁舎3号館	082-222-4595
高松閲覧室	香川県高松市林町2217-15　香川産業頭脳化センタービル2F	087-869-0661
福岡閲覧室	福岡県福岡市博多区博多駅東2-6-23　住友博多駅前第2ビル2F	092-414-7101
那覇閲覧室	沖縄県那覇市前島3-1-15　大同生命那覇ビル5F	098-867-9610

(2) 審査審判用図書等の収集・閲覧

　審査に利用する図書等を収集・整理し、特許庁の審査に提供すると同時に、「図書閲覧室（特許庁2F）」において、調査を希望する方々へ提供しています。【TEL：03-3592-2920】

(3) 工業所有権に関する相談

　相談窓口（特許庁　2F）を開設し、工業所有権に関する一般的な相談に応じています。

手紙、電話、e-mail等による相談も受け付けています。
　【TEL：03-3581-1101(内線2121〜2123)】【FAX：03-3502-8916】
　【e-mail：PA8102@ncipi.jpo.go.jp】

(4) 特許流通の促進
　特許権の活用を促進するための特許流通市場の整備に向け、各種事業を行っています。
(詳細は2項参照)【TEL：03-3580-6949】

2　特許流通促進事業
　先行き不透明な経済情勢の中、企業が生き残り、発展して行くためには、新しいビジネスの創造が重要であり、その際、知的資産の活用、とりわけ技術情報の宝庫である特許の活用がキーポイントとなりつつあります。
　また、企業が技術開発を行う場合、まず自社で開発を行うことが考えられますが、商品のライフサイクルの短縮化、技術開発のスピードアップ化が求められている今日、外部からの技術を積極的に導入することも必要になってきています。
　このような状況下、特許庁では、特許の流通を通じた技術移転・新規事業の創出を促進するため、特許流通促進事業を展開していますが、2001年4月から、これらの事業は、特許庁から独立をした「独立行政法人　工業所有権総合情報館」が引き継いでいます。

(1) 特許流通の促進
① 特許流通アドバイザー
　全国の知的所有権センター・TLO等からの要請に応じて、知的所有権や技術移転についての豊富な知識・経験を有する専門家を特許流通アドバイザーとして派遣しています。
　知的所有権センターでは、地域の活用可能な特許の調査、当該特許の提供支援及び大学・研究機関が保有する特許と地域企業との橋渡しを行っています。(資料2参照)

② 特許流通促進説明会
　地域特性に合った特許情報の有効活用の普及・啓発を図るため、技術移転の実例を紹介しながら特許流通のプロセスや特許電子図書館を利用した特許情報検索方法等を内容とした説明会を開催しています。

(2) 開放特許情報等の提供
① 特許流通データベース
　活用可能な開放特許を産業界、特に中小・ベンチャー企業に円滑に流通させ実用化を推進していくため、企業や研究機関・大学等が保有する提供意思のある特許をデータベース化し、インターネットを通じて公開しています。(http://www.ncipi.go.jp)

② 開放特許活用例集
　特許流通データベースに登録されている開放特許の中から製品化ポテンシャルが高い案

件を選定し、これら有用な開放特許を有効に使ってもらうためのビジネスアイデア集を作成しています。

③ 特許流通支援チャート
　企業が新規事業創出時の技術導入・技術移転を図る上で指標となりうる国内特許の動向を技術テーマごとに、分析したものです。出願上位企業の特許取得状況、技術開発課題に対応した特許保有状況、技術開発拠点等を紹介しています。

④ 特許電子図書館情報検索指導アドバイザー
　知的財産権及びその情報に関する専門的知識を有するアドバイザーを全国の知的所有権センターに派遣し、特許情報の検索に必要な基礎知識から特許情報の活用の仕方まで、無料でアドバイス・相談を行っています。(資料3参照)

(3) 知的財産権取引業の育成
① 知的財産権取引業者データベース
　特許を始めとする知的財産権の取引や技術移転の促進には、欧米の技術移転先進国に見られるように、民間の仲介事業者の存在が不可欠です。こうした民間ビジネスが質・量ともに不足し、社会的認知度も低いことから、事業者の情報を収集してデータベース化し、インターネットを通じて公開しています。

② 国際セミナー・研修会等
　著名海外取引業者と我が国取引業者との情報交換、議論の場(国際セミナー)を開催しています。また、産学官の技術移転を促進して、企業の新商品開発や技術力向上を促進するために不可欠な、技術移転に携わる人材の育成を目的とした研修事業を開催しています。

資料2．特許流通アドバイザー一覧 （平成14年3月1日現在）

○経済産業局特許室および知的所有権センターへの派遣

派遣先	氏名	所在地	TEL
北海道経済産業局特許室	杉谷 克彦	〒060-0807 札幌市北区北7条西2丁目8番地1北ビル7階	011-708-5783
北海道知的所有権センター （北海道立工業試験場）	宮本 剛汎	〒060-0819 札幌市北区北19条西11丁目 北海道立工業試験場内	011-747-2211
東北経済産業局特許室	三澤 輝起	〒980-0014 仙台市青葉区本町3-4-18 太陽生命仙台本町ビル7階	022-223-9761
青森県知的所有権センター （(社)発明協会青森県支部）	内藤 規雄	〒030-0112 青森市大字八ツ役字芦谷202-4 青森県産業技術開発センター内	017-762-3912
岩手県知的所有権センター （岩手県工業技術センター）	阿部 新喜司	〒020-0852 盛岡市飯岡新田3-35-2 岩手県工業技術センター内	019-635-8182
宮城県知的所有権センター （宮城県産業技術総合センター）	小野 賢悟	〒981-3206 仙台市泉区明通二丁目2番地 宮城県産業技術総合センター内	022-377-8725
秋田県知的所有権センター （秋田県工業技術センター）	石川 順三	〒010-1623 秋田市新屋町字砂奴寄4-11 秋田県工業技術センター内	018-862-3417
山形県知的所有権センター （山形県工業技術センター）	冨樫 富雄	〒990-2473 山形市松栄1-3-8 山形県産業創造支援センター内	023-647-8130
福島県知的所有権センター （(社)発明協会福島県支部）	相澤 正彬	〒963-0215 郡山市待池台1-12 福島県ハイテクプラザ内	024-959-3351
関東経済産業局特許室	村上 義英	〒330-9715 さいたま市上落合2-11 さいたま新都心合同庁舎1号館	048-600-0501
茨城県知的所有権センター （(財)茨城県中小企業振興公社）	齋藤 幸一	〒312-0005 ひたちなか市新光町38 ひたちなかテクノセンタービル内	029-264-2077
栃木県知的所有権センター （(社)発明協会栃木県支部）	坂本 武	〒322-0011 鹿沼市白桑田516-1 栃木県工業技術センター内	0289-60-1811
群馬県知的所有権センター （(社)発明協会群馬県支部）	三田 隆志	〒371-0845 前橋市鳥羽町190 群馬県工業試験場内	027-280-4416
	金井 澄雄	〒371-0845 前橋市鳥羽町190 群馬県工業試験場内	027-280-4416
埼玉県知的所有権センター （埼玉県工業技術センター）	野口 満	〒333-0848 川口市芝下1-1-56 埼玉県工業技術センター内	048-269-3108
	清水 修	〒333-0848 川口市芝下1-1-56 埼玉県工業技術センター内	048-269-3108
千葉県知的所有権センター （(社)発明協会千葉県支部）	稲谷 稔宏	〒260-0854 千葉市中央区長洲1-9-1 千葉県庁南庁舎内	043-223-6536
	阿草 一男	〒260-0854 千葉市中央区長洲1-9-1 千葉県庁南庁舎内	043-223-6536
東京都知的所有権センター （東京都城南地域中小企業振興センター）	鷹見 紀彦	〒144-0035 大田区南蒲田1-20-20 城南地域中小企業振興センター内	03-3737-1435
神奈川県知的所有権センター支部 （(財)神奈川高度技術支援財団）	小森 幹雄	〒213-0012 川崎市高津区坂戸3-2-1 かながわサイエンスパーク内	044-819-2100
新潟県知的所有権センター （(財)信濃川テクノポリス開発機構）	小林 靖幸	〒940-2127 長岡市新産4-1-9 長岡地域技術開発振興センター内	0258-46-9711
山梨県知的所有権センター （山梨県工業技術センター）	廣川 幸生	〒400-0055 甲府市大津町2094 山梨県工業技術センター内	055-220-2409
長野県知的所有権センター （(社)発明協会長野県支部）	徳永 正明	〒380-0928 長野市若里1-18-1 長野県工業試験場内	026-229-7688
静岡県知的所有権センター （(社)発明協会静岡県支部）	神長 邦雄	〒421-1221 静岡市牧ヶ谷2078 静岡工業技術センター内	054-276-1516
	山田 修寧	〒421-1221 静岡市牧ヶ谷2078 静岡工業技術センター内	054-276-1516
中部経済産業局特許室	原口 邦弘	〒460-0008 名古屋市中区栄2-10-19 名古屋商工会議所ビルB2F	052-223-6549
富山県知的所有権センター （富山県工業技術センター）	小坂 郁雄	〒933-0981 高岡市二上町150 富山県工業技術センター内	0766-29-2081
石川県知的所有権センター （(財)石川県産業創出支援機構）	一丸 義次	〒920-0223 金沢市戸水町イ65番地 石川県地場産業振興センター新館1階	076-267-8117
岐阜県知的所有権センター （岐阜県科学技術振興センター）	松永 孝義	〒509-0108 各務原市須衛町4-179-1 テクノプラザ5F	0583-79-2250
	木下 裕雄	〒509-0108 各務原市須衛町4-179-1 テクノプラザ5F	0583-79-2250
愛知県知的所有権センター （愛知県工業技術センター）	森 孝和	〒448-0003 刈谷市一ツ木町西新割 愛知県工業技術センター内	0566-24-1841
	三浦 元久	〒448-0003 刈谷市一ツ木町西新割 愛知県工業技術センター内	0566-24-1841

派遣先	氏名	所在地	TEL
三重県知的所有権センター (三重県工業技術総合研究所)	馬渡 建一	〒514-0819 津市高茶屋5-5-45 三重県科学振興センター工業研究部内	059-234-4150
近畿経済産業局特許室	下田 英宣	〒543-0061 大阪市天王寺区伶人町2-7 関西特許情報センター1階	06-6776-8491
福井県知的所有権センター (福井県工業技術センター)	上坂 旭	〒910-0102 福井市川合鷲塚町61字北稲田10 福井県工業技術センター内	0776-55-2100
滋賀県知的所有権センター (滋賀県工業技術センター)	新屋 正男	〒520-3004 栗東市上砥山232 滋賀県工業技術総合センター別館内	077-558-4040
京都府知的所有権センター ((社)発明協会京都支部)	衣川 清彦	〒600-8813 京都市下京区中堂寺南町17番地 京都リサーチパーク京都高度技術研究所ビル4階	075-326-0066
大阪府知的所有権センター (大阪府立特許情報センター)	大空 一博	〒543-0061 大阪市天王寺区伶人町2-7 関西特許情報センター内	06-6772-0704
	梶原 淳治	〒577-0809 東大阪市永和1-11-10	06-6722-1151
兵庫県知的所有権センター ((財)新産業創造研究機構)	園田 憲一	〒650-0047 神戸市中央区港島南町1-5-2 神戸キメックセンタービル6F	078-306-6808
	島田 一男	〒650-0047 神戸市中央区港島南町1-5-2 神戸キメックセンタービル6F	078-306-6808
和歌山県知的所有権センター ((社)発明協会和歌山県支部)	北澤 宏造	〒640-8214 和歌山県寄合町25 和歌山市発明館4階	073-432-0087
中国経済産業局特許室	木村 郁男	〒730-8531 広島市中区上八丁堀6-30 広島合同庁舎3号館1階	082-502-6828
鳥取県知的所有権センター ((社)発明協会鳥取県支部)	五十嵐 善司	〒689-1112 鳥取市若葉台南7-5-1 新産業創造センター1階	0857-52-6728
島根県知的所有権センター ((社)発明協会島根県支部)	佐野 馨	〒690-0816 島根県松江市北陵町1 テクノアークしまね内	0852-60-5146
岡山県知的所有権センター ((社)発明協会岡山県支部)	横田 悦造	〒701-1221 岡山市芳賀5301 テクノサポート岡山内	086-286-9102
広島県知的所有権センター ((社)発明協会広島県支部)	壹岐 正弘	〒730-0052 広島市中区千田町3-13-11 広島発明会館2階	082-544-2066
山口県知的所有権センター ((社)発明協会山口県支部)	滝川 尚久	〒753-0077 山口市熊野町1-10 NPYビル10階 (財)山口県産業技術開発機構内	083-922-9927
四国経済産業局特許室	鶴野 弘章	〒761-0301 香川県高松市林町2217-15 香川産業頭脳化センタービル2階	087-869-3790
徳島県知的所有権センター ((社)発明協会徳島県支部)	武岡 明夫	〒770-8021 徳島市雑賀町西開11-2 徳島県立工業技術センター内	088-669-0117
香川県知的所有権センター ((社)発明協会香川県支部)	谷田 吉成	〒761-0301 香川県高松市林町2217-15 香川産業頭脳化センタービル2階	087-869-9004
	福家 康矩	〒761-0301 香川県高松市林町2217-15 香川産業頭脳化センタービル2階	087-869-9004
愛媛県知的所有権センター ((社)発明協会愛媛県支部)	川野 辰己	〒791-1101 松山市久米窪田町337-1 テクノプラザ愛媛	089-960-1489
高知県知的所有権センター ((財)高知県産業振興センター)	吉本 忠男	〒781-5101 高知市布師田3992-2 高知県中小企業会館2階	0888-46-7087
九州経済産業局特許室	簗田 克志	〒812-8546 福岡市博多区博多駅東2-11-1 福岡合同庁舎内	092-436-7260
福岡県知的所有権センター ((社)発明協会福岡県支部)	道津 毅	〒812-0013 福岡市博多区博多駅東2-6-23 住友博多駅前第2ビル1階	092-415-6777
福岡県知的所有権センター北九州支部 ((株)北九州テクノセンター)	沖 宏治	〒804-0003 北九州市戸畑区中原新町2-1 (株)北九州テクノセンター内	093-873-1432
佐賀県知的所有権センター (佐賀県工業技術センター)	光武 章二	〒849-0932 佐賀市鍋島町大字八戸溝114 佐賀県工業技術センター内	0952-30-8161
	村上 忠郎	〒849-0932 佐賀市鍋島町大字八戸溝114 佐賀県工業技術センター内	0952-30-8161
長崎県知的所有権センター ((社)発明協会長崎県支部)	嶋北 正俊	〒856-0026 大村市池田2-1303-8 長崎県工業技術センター内	0957-52-1138
熊本県知的所有権センター ((社)発明協会熊本県支部)	深見 毅	〒862-0901 熊本市東町3-11-38 熊本県工業技術センター内	096-331-7023
大分県知的所有権センター (大分県産業科学技術センター)	古崎 宣	〒870-1117 大分市高江西1-4361-10 大分県産業科学技術センター内	097-596-7121
宮崎県知的所有権センター ((社)発明協会宮崎県支部)	久保田 英世	〒880-0303 宮崎県宮崎郡佐土原町東上那珂16500-2 宮崎県工業技術センター内	0985-74-2953
鹿児島県知的所有権センター (鹿児島県工業技術センター)	山田 式典	〒899-5105 鹿児島県姶良郡隼人町小田1445-1 鹿児島県工業技術センター内	0995-64-2056
沖縄総合事務局特許室	下司 義雄	〒900-0016 那覇市前島3-1-15 大同生命那覇ビル5階	098-867-3293
沖縄県知的所有権センター (沖縄県工業技術センター)	木村 薫	〒904-2234 具志川市州崎12-2 沖縄県工業技術センター内1階	098-939-2372

○技術移転機関（TLO）への派遣

派遣先	氏名	所在地	TEL
北海道ティー・エル・オー（株）	山田 邦重	〒060-0808 札幌市北区北8条西5丁目 北海道大学事務局分館2館	011-708-3633
	岩城 全紀	〒060-0808 札幌市北区北8条西5丁目 北海道大学事務局分館2館	011-708-3633
（株）東北テクノアーチ	井硲 弘	〒980-0845 仙台市青葉区荒巻字青葉468番地 東北大学未来科学技術共同センター	022-222-3049
（株）筑波リエゾン研究所	関 淳次	〒305-8577 茨城県つくば市天王台1-1-1 筑波大学共同研究棟A303	0298-50-0195
	綾 紀元	〒305-8577 茨城県つくば市天王台1-1-1 筑波大学共同研究棟A303	0298-50-0195
（財）日本産業技術振興協会 産総研イノベーションズ	坂 光	〒305-8568 茨城県つくば市梅園1-1-1 つくば中央第二事業所D-7階	0298-61-5210
日本大学国際産業技術・ビジネス育成セン	斎藤 光史	〒102-8275 東京都千代田区九段南4-8-24	03-5275-8139
	加根魯 和宏	〒102-8275 東京都千代田区九段南4-8-24	03-5275-8139
学校法人早稲田大学知的財産センター	菅野 淳	〒162-0041 東京都新宿区早稲田鶴巻町513 早稲田大学研究開発センター120-1号館1F	03-5286-9867
	風間 孝彦	〒162-0041 東京都新宿区早稲田鶴巻町513 早稲田大学研究開発センター120-1号館1F	03-5286-9867
（財）理工学振興会	鷹巣 征行	〒226-8503 横浜市緑区長津田町4259 フロンティア創造共同研究センター内	045-921-4391
	北川 謙一	〒226-8503 横浜市緑区長津田町4259 フロンティア創造共同研究センター内	045-921-4391
よこはまティーエルオー（株）	小原 郁	〒240-8501 横浜市保土ヶ谷区常盤台79-5 横浜国立大学共同研究推進センター内	045-339-4441
学校法人慶応義塾大学知的資産センター	道井 敏	〒108-0073 港区三田2-11-15 三田川崎ビル3階	03-5427-1678
	鈴木 泰	〒108-0073 港区三田2-11-15 三田川崎ビル3階	03-5427-1678
学校法人東京電機大学産官学交流セン	河村 幸夫	〒101-8457 千代田区神田錦町2-2	03-5280-3640
タマティーエルオー（株）	古瀬 武弘	〒192-0083 八王子市旭町9-1 八王子スクエアビル11階	0426-31-1325
学校法人明治大学知的資産センター	竹田 幹男	〒101-8301 千代田区神田駿河台1-1	03-3296-4327
（株）山梨ティー・エル・オー	田中 正男	〒400-8511 甲府市武田4-3-11 山梨大学地域共同開発研究センター内	055-220-8760
（財）浜松科学技術研究振興会	小野 義光	〒432-8561 浜松市城北3-5-1	053-412-6703
（財）名古屋産業科学研究所	杉本 勝	〒460-0008 名古屋市中区栄二丁目十番十九号 名古屋商工会議所ビル	052-223-5691
	小西 富雅	〒460-0008 名古屋市中区栄二丁目十番十九号 名古屋商工会議所ビル	052-223-5694
関西ティー・エル・オー（株）	山田 富義	〒600-8813 京都市下京区中堂寺南町17 京都リサーチパークサイエンスセンタービル1号館2階	075-315-8250
	斎田 雄一	〒600-8813 京都市下京区中堂寺南町17 京都リサーチパークサイエンスセンタービル1号館2階	075-315-8250
（財）新産業創造研究機構	井上 勝彦	〒650-0047 神戸市中央区港島南町1-5-2 神戸キメックセンタービル6F	078-306-6805
	長冨 弘充	〒650-0047 神戸市中央区港島南町1-5-2 神戸キメックセンタービル6F	078-306-6805
（財）大阪産業振興機構	有馬 秀平	〒565-0871 大阪府吹田市山田丘2-1 大阪大学先端科学技術共同研究センター4F	06-6879-4196
（有）山口ティー・エル・オー	松本 孝三	〒755-8611 山口県宇部市常盤台2-16-1 山口大学地域共同研究開発センター内	0836-22-9768
	熊原 尋美	〒755-8611 山口県宇部市常盤台2-16-1 山口大学地域共同研究開発センター内	0836-22-9768
（株）テクノネットワーク四国	佐藤 博正	〒760-0033 香川県高松市丸の内2-5 ヨンデンビル別館4F	087-811-5039
（株）北九州テクノセンター	乾 全	〒804-0003 北九州市戸畑区中原新町2番1号	093-873-1448
（株）産学連携機構九州	堀 浩一	〒812-8581 福岡市東区箱崎6-10-1 九州大学技術移転推進室内	092-642-4363
（財）くまもとテクノ産業財団	桂 真郎	〒861-2202 熊本県上益城郡益城町田原2081-10	096-289-2340

資料3．特許電子図書館情報検索指導アドバイザー一覧 （平成14年3月1日現在）

○知的所有権センターへの派遣

派遣先	氏名	所在地	TEL
北海道知的所有権センター (北海道立工業試験場)	平野 徹	〒060-0819 札幌市北区北19条西11丁目	011-747-2211
青森県知的所有権センター ((社)発明協会青森県支部)	佐々木 泰樹	〒030-0112 青森市第二問屋町4-11-6	017-762-3912
岩手県知的所有権センター (岩手県工業技術センター)	中嶋 孝弘	〒020-0852 盛岡市飯岡新田3-35-2	019-634-0684
宮城県知的所有権センター (宮城県産業技術総合センター)	小林 保	〒981-3206 仙台市泉区明通2-2	022-377-8725
秋田県知的所有権センター (秋田県工業技術センター)	田嶋 正夫	〒010-1623 秋田市新屋町字砂奴寄4-11	018-862-3417
山形県知的所有権センター (山形県工業技術センター)	大澤 忠行	〒990-2473 山形市松栄1-3-8	023-647-8130
福島県知的所有権センター ((社)発明協会福島県支部)	栗田 広	〒963-0215 郡山市待池台1-12 福島県ハイテクプラザ内	024-963-0242
茨城県知的所有権センター ((財)茨城県中小企業振興公社)	猪野 正己	〒312-0005 ひたちなか市新光町38 ひたちなかテクノセンタービル1階	029-264-2211
栃木県知的所有権センター ((社)発明協会栃木県支部)	中里 浩	〒322-0011 鹿沼市白桑田516-1 栃木県工業技術センター内	0289-65-7550
群馬県知的所有権センター ((社)発明協会群馬県支部)	神林 賢蔵	〒371-0845 前橋市鳥羽町190 群馬県工業試験場内	027-254-0627
埼玉県知的所有権センター ((社)発明協会埼玉県支部)	田中 庸雅	〒331-8669 さいたま市桜木町1-7-5 ソニックシティ10階	048-644-4806
千葉県知的所有権センター ((社)発明協会千葉県支部)	中原 照義	〒260-0854 千葉市中央区長洲1-9-1 千葉県庁南庁舎R3階	043-223-7748
東京都知的所有権センター ((社)発明協会東京支部)	福澤 勝義	〒105-0001 港区虎ノ門2-9-14	03-3502-5521
神奈川県知的所有権センター (神奈川県産業技術総合研究所)	森 啓次	〒243-0435 海老名市下今泉705-1	046-236-1500
神奈川県知的所有権センター支部 ((財)神奈川高度技術支援財団)	大井 隆	〒213-0012 川崎市高津区坂戸3-2-1 かながわサイエンスパーク西棟205	044-819-2100
神奈川県知的所有権センター支部 ((社)発明協会神奈川県支部)	蓮見 亮	〒231-0015 横浜市中区尾上町5-80 神奈川中小企業センター10階	045-633-5055
新潟県知的所有権センター ((財)信濃川テクノポリス開発機構)	石谷 速夫	〒940-2127 長岡市新産4-1-9	0258-46-9711
山梨県知的所有権センター (山梨県工業技術センター)	山下 知	〒400-0055 甲府市大津町2094	055-243-6111
長野県知的所有権センター ((社)発明協会長野県支部)	岡田 光正	〒380-0928 長野市若里1-18-1 長野県工業試験場内	026-228-5559
静岡県知的所有権センター ((社)発明協会静岡県支部)	吉井 和夫	〒421-1221 静岡市牧ヶ谷2078 静岡工業技術センター資料館内	054-278-6111
富山県知的所有権センター (富山県工業技術センター)	齋藤 靖雄	〒933-0981 高岡市二上町150	0766-29-1252
石川県知的所有権センター (財)石川県産業創出支援機構	辻 寛司	〒920-0223 金沢市戸水町イ65番地 石川県地場産業振興センター	076-267-5918
岐阜県知的所有権センター (岐阜県科学技術振興センター)	林 邦明	〒509-0108 各務原市須衛町4-179-1 テクノプラザ5F	0583-79-2250
愛知県知的所有権センター (愛知県工業技術センター)	加藤 英昭	〒448-0003 刈谷市一ツ木町西新割	0566-24-1841
三重県知的所有権センター (三重県工業技術総合研究所)	長峰 隆	〒514-0819 津市高茶屋5-5-45	059-234-4150
福井県知的所有権センター (福井県工業技術センター)	川・好昭	〒910-0102 福井市川合鷲塚町61字北稲田10	0776-55-1195
滋賀県知的所有権センター (滋賀県工業技術センター)	森 久子	〒520-3004 栗東市上砥山232	077-558-4040
京都府知的所有権センター ((社)発明協会京都支部)	中野 剛	〒600-8813 京都市下京区中堂寺南町17 京都リサーチパーク内 京都高度技研ビル4階	075-315-8686
大阪府知的所有権センター (大阪府立特許情報センター)	秋田 伸一	〒543-0061 大阪市天王寺区伶人町2-7	06-6771-2646
大阪府知的所有権センター支部 ((社)発明協会大阪支部知的財産センター)	戎 邦夫	〒564-0062 吹田市垂水町3-24-1 シンプレス江坂ビル2階	06-6330-7725
兵庫県知的所有権センター ((社)発明協会兵庫県支部)	山口 克己	〒654-0037 神戸市須磨区行平町3-1-31 兵庫県立産業技術センター4階	078-731-5847
奈良県知的所有権センター (奈良県工業技術センター)	北田 友彦	〒630-8031 奈良市柏木町129-1	0742-33-0863

派遣先	氏名	所在地	TEL
和歌山県知的所有権センター ((社)発明協会和歌山県支部)	木村 武司	〒640-8214 和歌山県寄合町25 和歌山市発明館4階	073-432-0087
鳥取県知的所有権センター ((社)発明協会鳥取県支部)	奥村 隆一	〒689-1112 鳥取市若葉台南7-5-1 新産業創造センター1階	0857-52-6728
島根県知的所有権センター ((社)発明協会島根県支部)	門脇 みどり	〒690-0816 島根県松江市北陵町1番地 テクノアークしまね1F内	0852-60-5146
岡山県知的所有権センター ((社)発明協会岡山県支部)	佐藤 新吾	〒701-1221 岡山市芳賀5301 テクノサポート岡山内	086-286-9656
広島県知的所有権センター ((社)発明協会広島県支部)	若木 幸蔵	〒730-0052 広島市中区千田町3-13-11 広島発明会館内	082-544-0775
広島県知的所有権センター支部 ((社)発明協会広島県支部備後支会)	渡部 武徳	〒720-0067 福山市西町2-10-1	0849-21-2349
広島県知的所有権センター支部 (呉地域産業振興センター)	三上 達矢	〒737-0004 呉市阿賀南2-10-1	0823-76-3766
山口県知的所有権センター ((社)発明協会山口県支部)	大段 恭二	〒753-0077 山口市熊野町1-10 NPYビル10階	083-922-9927
徳島県知的所有権センター ((社)発明協会徳島県支部)	平野 稔	〒770-8021 徳島市雑賀町西開11-2 徳島県立工業技術センター内	088-636-3388
香川県知的所有権センター ((社)発明協会香川県支部)	中元 恒	〒761-0301 香川県高松市林町2217-15 香川産業頭脳化センタービル2階	087-869-9005
愛媛県知的所有権センター ((社)発明協会愛媛県支部)	片山 忠徳	〒791-1101 松山市久米窪田町337-1 テクノプラザ愛媛	089-960-1118
高知県知的所有権センター (高知県工業技術センター)	柏井 富雄	〒781-5101 高知市布師田3992-3	088-845-7664
福岡県知的所有権センター ((社)発明協会福岡県支部)	浦井 正章	〒812-0013 福岡市博多区博多駅東2-6-23 住友博多駅前第2ビル2階	092-474-7255
福岡県知的所有権センター北九州支部 ((株)北九州テクノセンター)	重藤 務	〒804-0003 北九州市戸畑区中原新町2-1	093-873-1432
佐賀県知的所有権センター (佐賀県工業技術センター)	塚島 誠一郎	〒849-0932 佐賀市鍋島町八戸溝114	0952-30-8161
長崎県知的所有権センター ((社)発明協会長崎県支部)	川添 早苗	〒856-0026 大村市池田2-1303-8 長崎県工業技術センター内	0957-52-1144
熊本県知的所有権センター ((社)発明協会熊本県支部)	松山 彰雄	〒862-0901 熊本市東町3-11-38 熊本県工業技術センター内	096-360-3291
大分県知的所有権センター (大分県産業科学技術センター)	鎌田 正道	〒870-1117 大分市高江西1-4361-10	097-596-7121
宮崎県知的所有権センター ((社)発明協会宮崎県支部)	黒田 護	〒880-0303 宮崎県宮崎郡佐土原町東上那珂16500-2 宮崎県工業技術センター内	0985-74-2953
鹿児島県知的所有権センター (鹿児島県工業技術センター)	大井 敏民	〒899-5105 鹿児島県姶良郡隼人町小田1445-1	0995-64-2445
沖縄県知的所有権センター (沖縄県工業技術センター)	和田 修	〒904-2234 具志川市字州崎12-2 中城湾港新港地区トロピカルテクノパーク内	098-929-0111

資料4．知的所有権センター一覧 （平成14年3月1日現在）

都道府県	名称	所在地	TEL
北海道	北海道知的所有権センター (北海道立工業試験場)	〒060-0819 札幌市北区北19条西11丁目	011-747-2211
青森県	青森県知的所有権センター ((社)発明協会青森県支部)	〒030-0112 青森市第二問屋町4-11-6	017-762-3912
岩手県	岩手県知的所有権センター (岩手県工業技術センター)	〒020-0852 盛岡市飯岡新田3-35-2	019-634-0684
宮城県	宮城県知的所有権センター (宮城県産業技術総合センター)	〒981-3206 仙台市泉区明通2-2	022-377-8725
秋田県	秋田県知的所有権センター (秋田県工業技術センター)	〒010-1623 秋田市新屋町字砂奴寄4-11	018-862-3417
山形県	山形県知的所有権センター (山形県工業技術センター)	〒990-2473 山形市松栄1-3-8	023-647-8130
福島県	福島県知的所有権センター ((社)発明協会福島県支部)	〒963-0215 郡山市待池台1-12 福島県ハイテクプラザ内	024-963-0242
茨城県	茨城県知的所有権センター ((財)茨城県中小企業振興公社)	〒312-0005 ひたちなか市新光町38 ひたちなかテクノセンタービル1階	029-264-2211
栃木県	栃木県知的所有権センター ((社)発明協会栃木県支部)	〒322-0011 鹿沼市白桑田516-1 栃木県工業技術センター内	0289-65-7550
群馬県	群馬県知的所有権センター ((社)発明協会群馬県支部)	〒371-0845 前橋市鳥羽町190 群馬県工業試験場内	027-254-0627
埼玉県	埼玉県知的所有権センター ((社)発明協会埼玉県支部)	〒331-8669 さいたま市桜木町1-7-5 ソニックシティ10階	048-644-4806
千葉県	千葉県知的所有権センター ((社)発明協会千葉県支部)	〒260-0854 千葉市中央区長洲1-9-1 千葉県庁南庁舎R3階	043-223-7748
東京都	東京都知的所有権センター ((社)発明協会東京支部)	〒105-0001 港区虎ノ門2-9-14	03-3502-5521
神奈川県	神奈川県知的所有権センター (神奈川県産業技術総合研究所)	〒243-0435 海老名市下今泉705-1	046-236-1500
	神奈川県知的所有権センター支部 ((財)神奈川高度技術支援財団)	〒213-0012 川崎市高津区坂戸3-2-1 かながわサイエンスパーク西棟205	044-819-2100
	神奈川県知的所有権センター支部 ((社)発明協会神奈川県支部)	〒231-0015 横浜市中区尾上町5-80 神奈川中小企業センター10階	045-633-5055
新潟県	新潟県知的所有権センター ((財)信濃川テクノポリス開発機構)	〒940-2127 長岡市新産4-1-9	0258-46-9711
山梨県	山梨県知的所有権センター (山梨県工業技術センター)	〒400-0055 甲府市大津町2094	055-243-6111
長野県	長野県知的所有権センター ((社)発明協会長野県支部)	〒380-0928 長野市若里1-18-1 長野県工業試験場内	026-228-5559
静岡県	静岡県知的所有権センター ((社)発明協会静岡県支部)	〒421-1221 静岡市牧ヶ谷2078 静岡工業技術センター資料館内	054-278-6111
富山県	富山県知的所有権センター (富山県工業技術センター)	〒933-0981 高岡市二上町150	0766-29-1252
石川県	石川県知的所有権センター (財)石川県産業創出支援機構	〒920-0223 金沢市戸水町イ65番地 石川県地場産業振興センター	076-267-5918
岐阜県	岐阜県知的所有権センター (岐阜県科学技術振興センター)	〒509-0108 各務原市須衛町4-179-1 テクノプラザ5F	0583-79-2250
愛知県	愛知県知的所有権センター (愛知県工業技術センター)	〒448-0003 刈谷市一ツ木町西新割	0566-24-1841
三重県	三重県知的所有権センター (三重県工業技術総合研究所)	〒514-0819 津市高茶屋5-5-45	059-234-4150
福井県	福井県知的所有権センター (福井県工業技術センター)	〒910-0102 福井市川合鷲塚町61字北稲田10	0776-55-1195
滋賀県	滋賀県知的所有権センター (滋賀県工業技術センター)	〒520-3004 栗東市上砥山232	077-558-4040
京都府	京都府知的所有権センター ((社)発明協会京都支部)	〒600-8813 京都市下京区中堂寺南町17 京都リサーチパーク内 京都高度技研ビル4階	075-315-8686
大阪府	大阪府知的所有権センター (大阪府立特許情報センター)	〒543-0061 大阪市天王寺区伶人町2-7	06-6771-2646
	大阪府知的所有権センター支部 ((社)発明協会大阪支部知的財産センター)	〒564-0062 吹田市垂水町3-24-1 シンプレス江坂ビル2階	06-6330-7725
兵庫県	兵庫県知的所有権センター ((社)発明協会兵庫県支部)	〒654-0037 神戸市須磨区行平町3-1-31 兵庫県立産業技術センター4階	078-731-5847

都道府県	名称	所在地	TEL
奈良県	奈良県知的所有権センター (奈良県工業技術センター)	〒630-8031 奈良市柏木町129-1	0742-33-0863
和歌山県	和歌山県知的所有権センター ((社)発明協会和歌山県支部)	〒640-8214 和歌山県寄合町25 和歌山市発明館4階	073-432-0087
鳥取県	鳥取県知的所有権センター ((社)発明協会鳥取支部)	〒689-1112 鳥取市若葉台南7-5-1 新産業創造センター1階	0857-52-6728
島根県	島根県知的所有権センター ((社)発明協会島根支部)	〒690-0816 島根県松江市北陵町1番地 テクノアークしまね1F内	0852-60-5146
岡山県	岡山県知的所有権センター ((社)発明協会岡山支部)	〒701-1221 岡山市芳賀5301 テクノサポート岡山内	086-286-9656
広島県	広島県知的所有権センター ((社)発明協会広島県支部)	〒730-0052 広島市中区千田町3-13-11 広島発明会館内	082-544-0775
	広島県知的所有権センター支部 ((社)発明協会広島県支部備後支部)	〒720-0067 福山市西町2-10-1	0849-21-2349
	広島県知的所有権センター支部 (呉地域産業振興センター)	〒737-0004 呉市阿賀南2-10-1	0823-76-3766
山口県	山口県知的所有権センター ((社)発明協会山口県支部)	〒753-0077 山口市熊野町1-10 NPYビル10階	083-922-9927
徳島県	徳島県知的所有権センター ((社)発明協会徳島県支部)	〒770-8021 徳島市雑賀町西開11-2 徳島県立工業技術センター内	088-636-3388
香川県	香川県知的所有権センター ((社)発明協会香川県支部)	〒761-0301 香川県高松市林町2217-15 香川産業頭脳化センタービル2階	087-869-9005
愛媛県	愛媛県知的所有権センター ((社)発明協会愛媛県支部)	〒791-1101 松山市久米窪田町337-1 テクノプラザ愛媛	089-960-1118
高知県	高知県知的所有権センター (高知県工業技術センター)	〒781-5101 高知市布師田3992-3	088-845-7664
福岡県	福岡県知的所有権センター ((社)発明協会福岡県支部)	〒812-0013 福岡市博多区博多駅東2-6-23 住友博多駅前第2ビル2階	092-474-7255
	福岡県知的所有権センター北九州支部 ((株)北九州テクノセンター)	〒804-0003 北九州市戸畑区中原新町2-1	093-873-1432
佐賀県	佐賀県知的所有権センター (佐賀県工業技術センター)	〒849-0932 佐賀市鍋島町八戸溝114	0952-30-8161
長崎県	長崎県知的所有権センター ((社)発明協会長崎県支部)	〒856-0026 大村市池田2-1303-8 長崎県工業技術センター内	0957-52-1144
熊本県	熊本県知的所有権センター ((社)発明協会熊本県支部)	〒862-0901 熊本市東町3-11-38 熊本県工業技術センター内	096-360-3291
大分県	大分県知的所有権センター (大分県産業科学技術センター)	〒870-1117 大分市高江西1-4361-10	097-596-7121
宮崎県	宮崎県知的所有権センター ((社)発明協会宮崎県支部)	〒880-0303 宮崎県宮崎郡佐土原町東上那珂16500-2 宮崎県工業技術センター内	0985-74-2953
鹿児島県	鹿児島県知的所有権センター (鹿児島県工業技術センター)	〒899-5105 鹿児島県姶良郡隼人町小田1445-1	0995-64-2445
沖縄県	沖縄県知的所有権センター (沖縄県工業技術センター)	〒904-2234 具志川市字州崎12-2 中城湾港新港地区トロピカルテクノパーク内	098-929-0111

資料5．平成13年度25技術テーマの特許流通の概要

5.1 アンケート送付先と回収率

平成13年度は、25の技術テーマにおいて「特許流通支援チャート」を作成し、その中で特許流通に対する意識調査として各技術テーマの出願件数上位企業を対象としてアンケート調査を行った。平成13年12月7日に郵送によりアンケートを送付し、平成14年1月31日までに回収されたものを対象に解析した。

表5.1-1に、アンケート調査表の回収状況を示す。送付数578件、回収数306件、回収率52.9%であった。

表5.1-1 アンケートの回収状況

送付数	回収数	未回収数	回収率
578	306	272	52.9%

表5.1-2に、業種別の回収状況を示す。各業種を一般系、機械系、化学系、電気系と大きく4つに分類した。以下、「〇〇系」と表現する場合は、各企業の業種別に基づく分類を示す。それぞれの回収率は、一般系56.5%、機械系63.5%、化学系41.1%、電気系51.6%であった。

表5.1-2 アンケートの業種別回収件数と回収率

業種と回収率	業種	回収件数
一般系 48/85=56.5%	建設	5
	窯業	12
	鉄鋼	6
	非鉄金属	17
	金属製品	2
	その他製造業	6
化学系 39/95=41.1%	食品	1
	繊維	12
	紙・パルプ	3
	化学	22
	石油・ゴム	1
機械系 73/115=63.5%	機械	23
	精密機器	28
	輸送機器	22
電気系 146/283=51.6%	電気	144
	通信	2

図 5.1 に、全回収件数を母数にして業種別に回収率を示す。全回収件数に占める業種別の回収率は電気系 47.7%、機械系 23.9%、一般系 15.7%、化学系 12.7%である。

図 5.1 回収件数の業種別比率

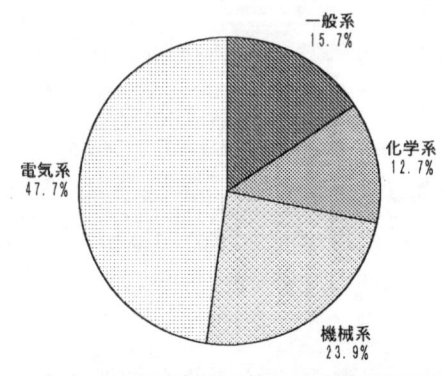

一般系	化学系	機械系	電気系	合計
48	39	73	146	306

表 5.1-3 に、技術テーマ別の回収件数と回収率を示す。この表では、技術テーマを一般分野、化学分野、機械分野、電気分野に分類した。以下、「○○分野」と表現する場合は、技術テーマによる分類を示す。回収率の最も良かった技術テーマは焼却炉排ガス処理技術の 71.4%で、最も悪かったのは有機 EL 素子の 34.6%である。

表 5.1-3 テーマ別の回収件数と回収率

分野	技術テーマ名	送付数	回収数	回収率
一般分野	カーテンウォール	24	13	54.2%
	気体膜分離装置	25	12	48.0%
	半導体洗浄と環境適応技術	23	14	60.9%
	焼却炉排ガス処理技術	21	15	71.4%
	はんだ付け鉛フリー技術	20	11	55.0%
化学分野	プラスティックリサイクル	25	15	60.0%
	バイオセンサ	24	16	66.7%
	セラミックスの接合	23	12	52.2%
	有機EL素子	26	9	34.6%
	生分解ポリエステル	23	12	52.2%
	有機導電性ポリマー	24	15	62.5%
	リチウムポリマー電池	29	13	44.8%
機械分野	車いす	21	12	57.1%
	金属射出成形技術	28	14	50.0%
	微細レーザ加工	20	10	50.0%
	ヒートパイプ	22	10	45.5%
電気分野	圧力センサ	22	13	59.1%
	個人照合	29	12	41.4%
	非接触型ICカード	21	10	47.6%
	ビルドアップ多層プリント配線板	23	11	47.8%
	携帯電話表示技術	20	11	55.0%
	アクティブマトリックス液晶駆動技術	21	12	57.1%
	プログラム制御技術	21	12	57.1%
	半導体レーザの活性層	22	11	50.0%
	無線LAN	21	11	52.4%

5.2 アンケート結果
5.2.1 開放特許に関して
(1) 開放特許と非開放特許

他者にライセンスしてもよい特許を「開放特許」、ライセンスの可能性のない特許を「非開放特許」と定義した。その上で、各技術テーマにおける保有特許のうち、自社での実施状況と開放状況について質問を行った。

306件中257件の回答があった（回答率84.0%）。保有特許件数に対する開放特許件数の割合を開放比率とし、保有特許件数に対する非開放特許件数の割合を非開放比率と定義した。

図5.2.1-1に、業種別の特許の開放比率と非開放比率を示す。全体の開放比率は58.3%で、業種別では一般系が37.1%、化学系が20.6%、機械系が39.4%、電気系が77.4%である。化学系（20.6%）の企業の開放比率は、化学分野における開放比率（図5.2.1-2）の最低値である「生分解ポリエステル」の22.6%よりさらに低い値となっている。これは、化学分野においても、機械系、電気系の企業であれば、保有特許について比較的開放的であることを示唆している。

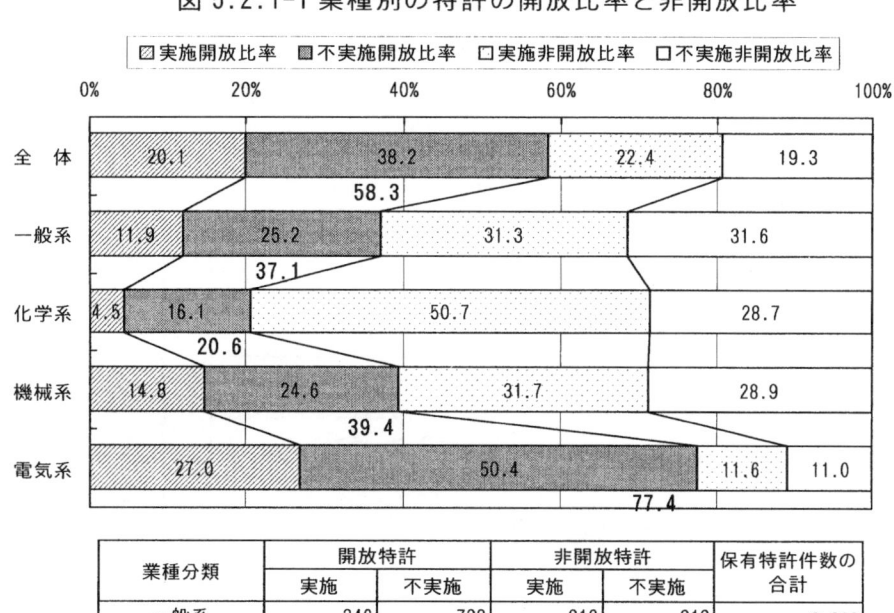

図5.2.1-1 業種別の特許の開放比率と非開放比率

業種分類	開放特許 実施	開放特許 不実施	非開放特許 実施	非開放特許 不実施	保有特許件数の合計
一般系	346	732	910	918	2,906
化学系	90	323	1,017	576	2,006
機械系	494	821	1,058	964	3,337
電気系	2,835	5,291	1,218	1,155	10,499
全体	3,765	7,167	4,203	3,613	18,748

図5.2.1-2に、技術テーマ別の開放比率と非開放比率を示す。

開放比率（実施開放比率と不実施開放比率を加算。）が高い技術テーマを見てみると、最高値は「個人照合」の84.7%で、次いで「はんだ付け鉛フリー技術」の83.2%、「無線LAN」の82.4%、「携帯電話表示技術」の80.0%となっている。一方、低い方から見ると、「生分解ポリエステル」の22.6%で、次いで「カーテンウォール」の29.3%、「有機EL」の30.5%である。

図 5.2.1-2 技術テーマ別の開放比率と非開放比率

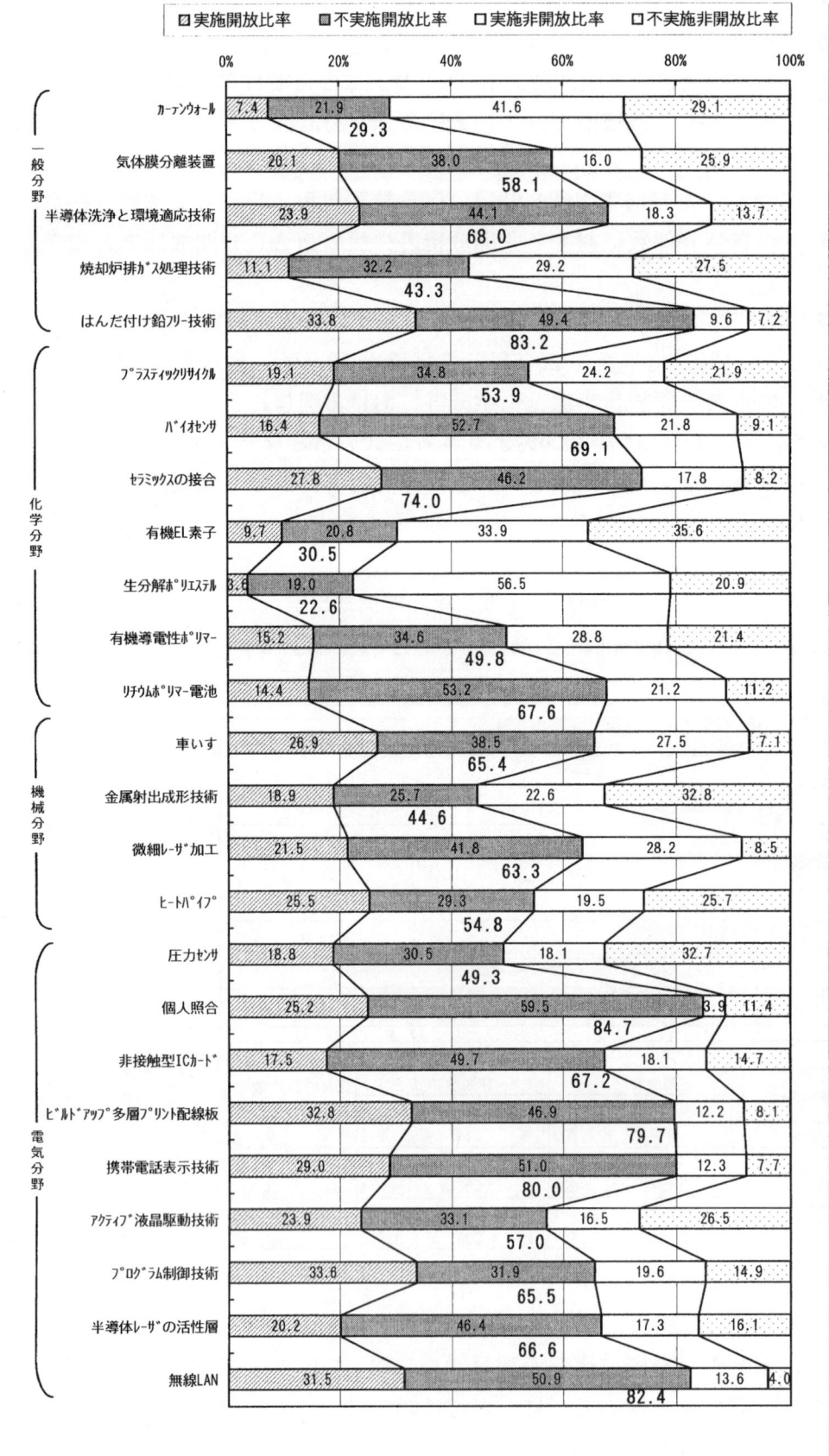

凡例: ■実施開放比率　■不実施開放比率　□実施非開放比率　□不実施非開放比率

分野	技術テーマ	実施開放比率	不実施開放比率	実施非開放比率	不実施非開放比率	合計(開放)	開放特許 実施	開放特許 不実施	非開放特許 実施	非開放特許 不実施	保有特許件数の合計
一般分野	カーテンウォール	7.4	21.9	41.6	29.1	29.3	67	198	376	264	905
	気体膜分離装置	20.1	38.0	16.0	25.9	58.1	88	166	70	113	437
	半導体洗浄と環境適応技術	23.9	44.1	18.3	13.7	68.0	155	286	119	89	649
	焼却炉排ガス処理技術	11.1	32.2	29.2	27.5	43.3	133	387	351	330	1,201
	はんだ付け鉛フリー技術	33.8	49.4	9.6	7.2	83.2	139	204	40	30	413
化学分野	プラスティックリサイクル	19.1	34.8	24.2	21.9	53.9	196	357	248	225	1,026
	バイオセンサ	16.4	52.7	21.8	9.1	69.1	106	340	141	59	646
	セラミックスの接合	27.8	46.2	17.8	8.2	74.0	145	241	93	42	521
	有機EL素子	9.7	20.8	33.9	35.6	30.5	90	193	316	332	931
	生分解ポリエステル	3.6	19.0	56.5	20.9	22.6	28	147	437	162	774
	有機導電性ポリマー	15.2	34.6	28.8	21.4	49.8	125	285	237	176	823
	リチウムポリマー電池	14.4	53.2	21.2	11.2	67.6	140	515	205	108	968
機械分野	車いす	26.9	38.5	27.5	7.1	65.4	107	154	110	28	399
	金属射出成形技術	18.9	25.7	22.6	32.8	44.6	147	200	175	255	777
	微細レーザ加工	21.5	41.8	28.2	8.5	63.3	68	133	89	27	317
	ヒートパイプ	25.5	29.3	19.5	25.7	54.8	215	248	164	217	844
電気分野	圧力センサ	18.8	30.5	18.1	32.7	49.3	164	267	158	286	875
	個人照合	25.2	59.5	3.9	11.4	84.7	220	521	34	100	875
	非接触型ICカード	17.5	49.7	18.1	14.7	67.2	140	398	145	117	800
	ビルドアップ多層プリント配線板	32.8	46.9	12.2	8.1	79.7	177	254	66	44	541
	携帯電話表示技術	29.0	51.0	12.3	7.7	80.0	235	414	100	62	811
	アクティブ液晶駆動技術	23.9	33.1	16.5	26.5	57.0	252	349	174	278	1,053
	プログラム制御技術	33.6	31.9	19.6	14.9	65.5	280	265	163	124	832
	半導体レーザの活性層	20.2	46.4	17.3	16.1	66.6	123	282	105	99	609
	無線LAN	31.5	50.9	13.6	4.0	82.4	227	367	98	29	721
	合計						3,767	7,171	4,214	3,596	18,748

図 5.2.1-3 は、業種別に、各企業の特許の開放比率を示したものである。

開放比率は、化学系で最も低く、電気系で最も高い。機械系と一般系はその中間に位置する。推測するに、化学系の企業では、保有特許は「物質特許」である場合が多く、自社の市場独占を確保するため、特許を開放しづらい状況にあるのではないかと思われる。逆に、電気・機械系の企業は、商品のライフサイクルが短いため、せっかく取得した特許も短期間で新技術と入れ替える必要があり、不実施となった特許を開放特許として供出やすい環境にあるのではないかと考えられる。また、より効率性の高い技術開発を進めるべく他社とのアライアンスを目的とした開放特許戦略を採るケースも、最近出てきているのではないだろうか。

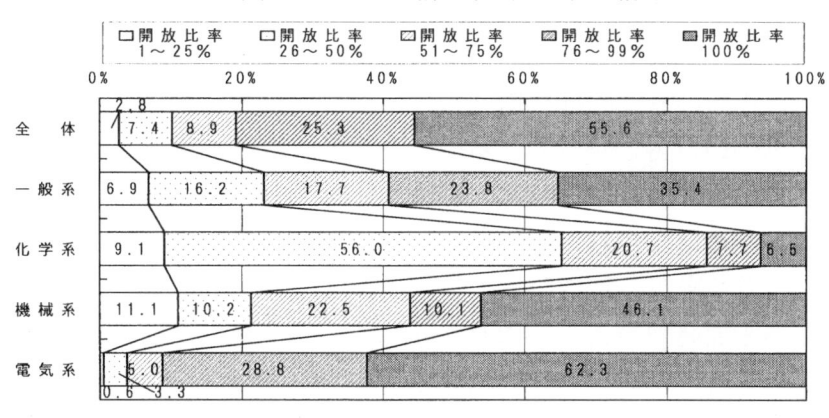

図 5.2.1-3 特許の開放比率の構成

図 5.2.1-4 に、業種別の自社実施比率と不実施比率を示す。全体の自社実施比率は 42.5％で、業種別では化学系 55.2％、機械系 46.5％、一般系 43.2％、電気系 38.6％である。化学系の企業は、自社実施比率が高く開放比率が低い。電気・機械系の企業は、その逆で自社実施比率が低く開放比率は高い。自社実施比率と開放比率は、反比例の関係にあるといえる。

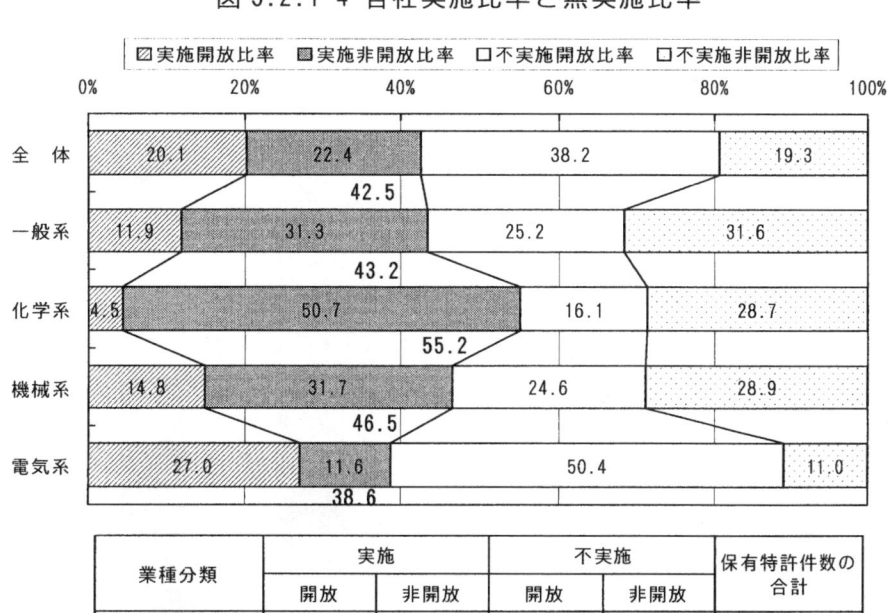

図 5.2.1-4 自社実施比率と無実施比率

業種分類	実施 開放	実施 非開放	不実施 開放	不実施 非開放	保有特許件数の合計
一般系	346	910	732	918	2,906
化学系	90	1,017	323	576	2,006
機械系	494	1,058	821	964	3,337
電気系	2,835	1,218	5,291	1,155	10,499
全体	3,765	4,203	7,167	3,613	18,748

(2) 非開放特許の理由

開放可能性のない特許の理由について質問を行った（複数回答）。

質問内容	一般系	化学系	機械系	電気系	全体
・独占的排他権の行使により、ライバル企業を排除するため（ライバル企業排除）	36.3%	36.7%	36.4%	34.5%	36.0%
・他社に対する技術の優位性の喪失（優位性喪失）	31.9%	31.6%	30.5%	29.9%	30.9%
・技術の価値評価が困難なため（価値評価困難）	12.1%	16.5%	15.3%	13.8%	14.4%
・企業秘密がもれるから（企業秘密）	5.5%	7.6%	3.4%	14.9%	7.5%
・相手先を見つけるのが困難であるため（相手先探し）	7.7%	5.1%	8.5%	2.3%	6.1%
・ライセンス経験不足等のため提供に不安があるから（経験不足）	4.4%	0.0%	0.8%	0.0%	1.3%
・その他	2.1%	2.5%	5.1%	4.6%	3.8%

図 5.2.1-5 は非開放特許の理由の内容を示す。

「ライバル企業の排除」が最も多く 36.0%、次いで「優位性喪失」が 30.9%と高かった。特許権を「技術の市場における排他的独占権」として充分に行使していることが伺える。「価値評価困難」は 14.4%となっているが、今回の「特許流通支援チャート」作成にあたり分析対象とした特許は直近 10 年間だったため、登録前の特許が多く、権利範囲が未確定なものが多かったためと思われる。

電気系の企業で「企業秘密がもれるから」という理由が 14.9%と高いのは、技術のライフサイクルが短く新技術開発が激化しており、さらに、技術自体が模倣されやすいことが原因であるのではないだろうか。

化学系の企業で「企業秘密がもれるから」という理由が 7.6%と高いのは、物質特許のノウハウ漏洩に細心の注意を払う必要があるためと思われる。

機械系や一般系の企業で「相手先探し」が、それぞれ 8.5%、7.7%と高いことは、これらの分野で技術移転を仲介する者の活躍できる潜在性が高いことを示している。

なお、その他の理由としては、「共同出願先との調整」が 12 件と多かった。

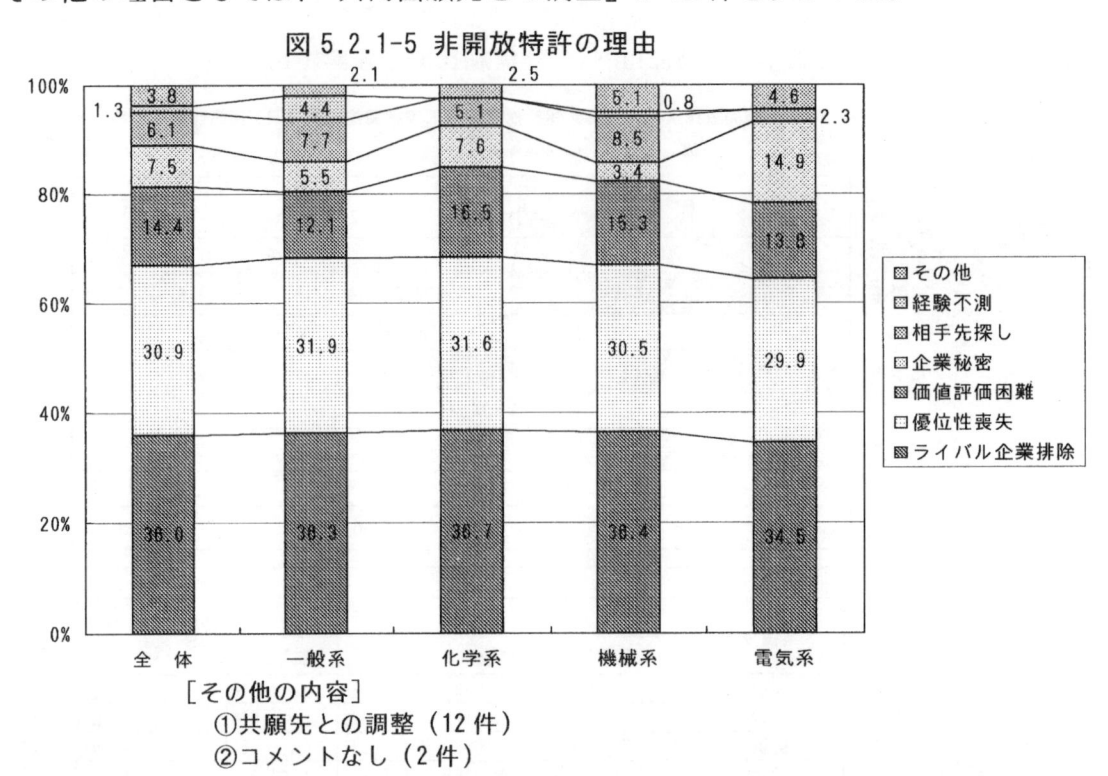

図 5.2.1-5 非開放特許の理由

[その他の内容]
①共願先との調整（12 件）
②コメントなし（2 件）

5.2.2 ライセンス供与に関して
(1) ライセンス活動

ライセンス供与の活動姿勢について質問を行った。

質問内容	一般系	化学系	機械系	電気系	全体
・特許ライセンス供与のための活動を積極的に行っている（積極的）	2.0%	15.8%	4.3%	8.9%	7.5%
・特許ライセンス供与のための活動を行っている（普通）	36.7%	15.8%	25.7%	57.7%	41.2%
・特許ライセンス供与のための活動はやや消極的である（消極的）	24.5%	13.2%	14.3%	10.4%	14.0%
・特許ライセンス供与のための活動を行っていない（しない）	36.8%	55.2%	55.7%	23.0%	37.3%

　その結果を、図5.2.2-1 ライセンス活動に示す。306件中295件の回答であった(回答率96.4%)。

　何らかの形で特許ライセンス活動を行っている企業は62.7%を占めた。そのうち、比較的積極的に活動を行っている企業は48.7%に上る（「積極的」＋「普通」）。これは、技術移転を仲介する者の活躍できる潜在性がかなり高いことを示唆している。

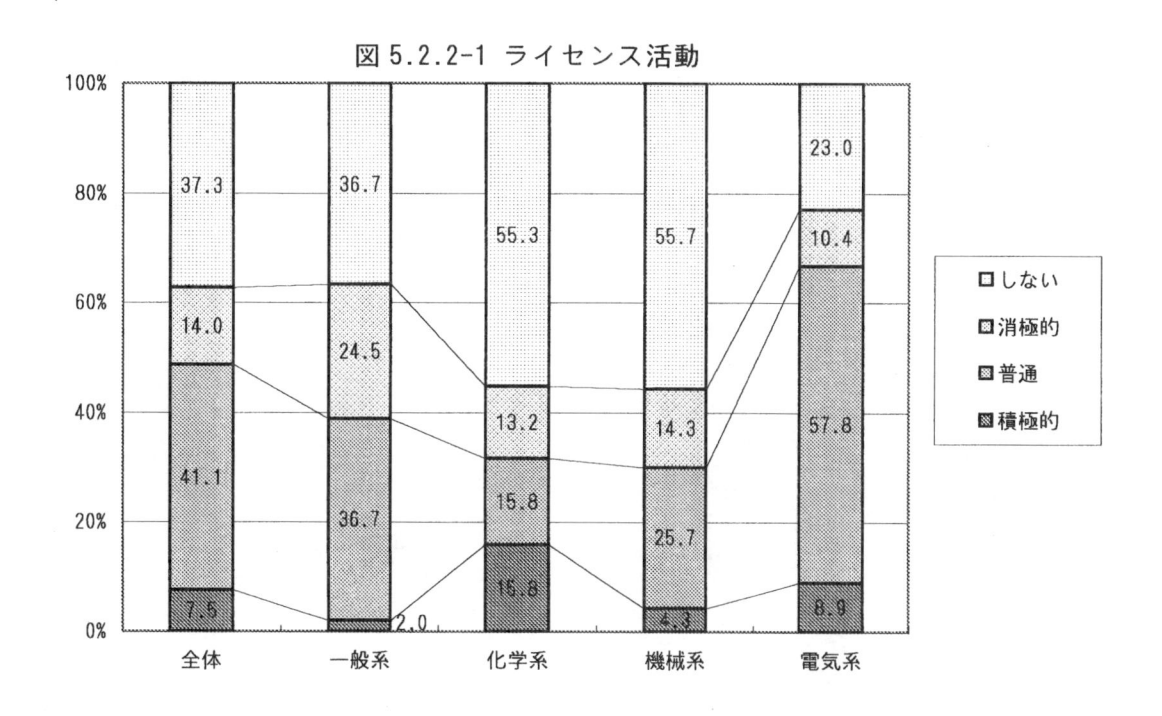

図5.2.2-1 ライセンス活動

(2) ライセンス実績

ライセンス供与の実績について質問を行った。

質問内容	一般系	化学系	機械系	電気系	全体
・供与実績はないが今後も行う方針（実績無し今後も実施）	54.5%	48.0%	43.6%	74.6%	58.3%
・供与実績があり今後も行う方針（実績有り今後も実施）	72.2%	61.5%	95.5%	67.3%	73.5%
・供与実績はなく今後は不明（実績無し今後は不明）	36.4%	24.0%	46.1%	20.3%	30.8%
・供与実績はあるが今後は不明（実績有り今後は不明）	27.8%	38.5%	4.5%	30.7%	25.5%
・供与実績はなく今後も行わない方針（実績無し今後も実施せず）	9.1%	28.0%	10.3%	5.1%	10.9%
・供与実績はあるが今後は行わない方針（実績有り今後は実施せず）	0.0%	0.0%	0.0%	2.0%	1.0%

図 5.2.2-2 に、ライセンス実績を示す。306 件中 295 件の回答があった（回答率 96.4％）。ライセンス実績有りとライセンス実績無しを分けて示す。

「供与実績があり、今後も実施」は 73.5％と非常に高い割合であり、特許ライセンスの有効性を認識した企業はさらにライセンス活動を活発化させる傾向にあるといえる。また、「供与実績はないが、今後は実施」が 58.3％あり、ライセンスに対する関心の高まりが感じられる。

機械系や一般系の企業で「実績有り今後も実施」がそれぞれ 90％、70％を越えており、他業種の企業よりもライセンスに対する関心が非常に高いことがわかる。

図 5.2.2-2 ライセンス実績

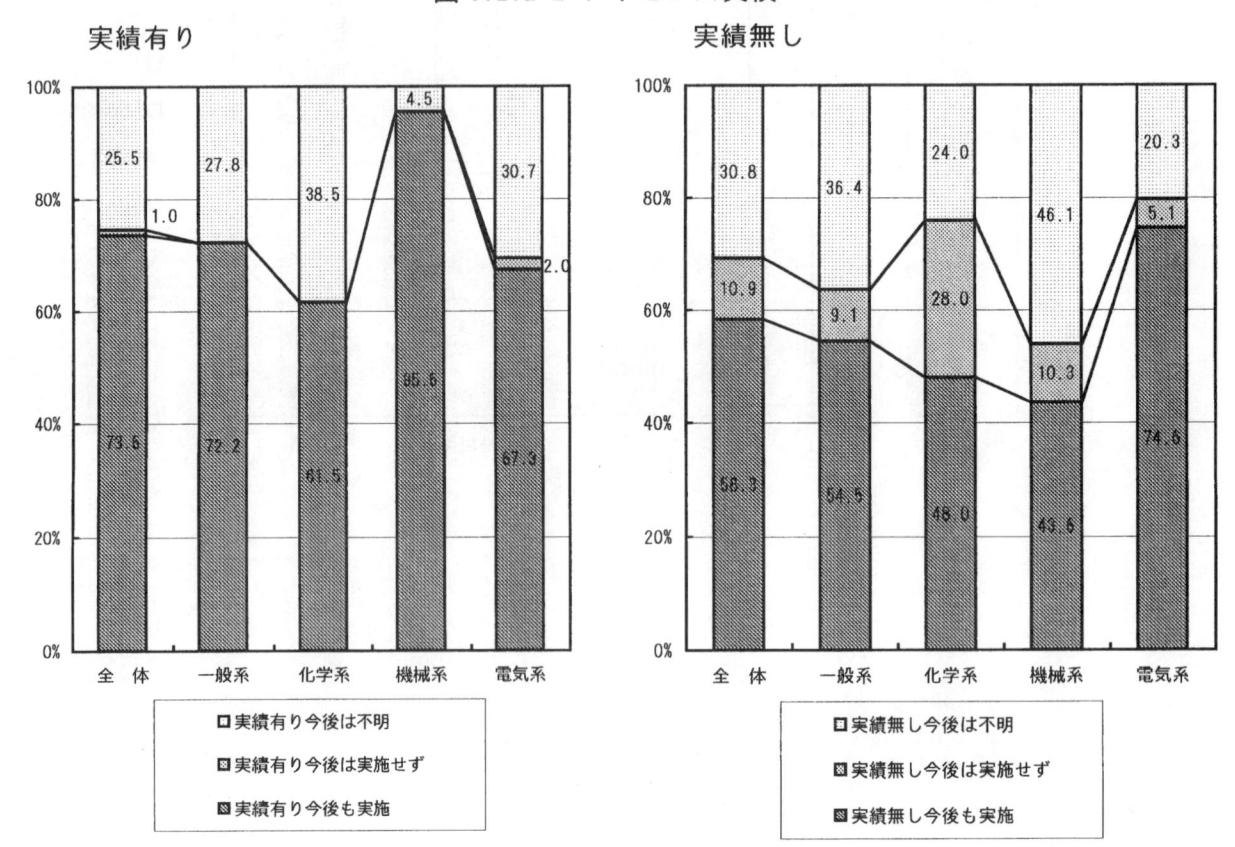

(3) ライセンス先の見つけ方

ライセンス供与の実績があると 5.2.2 項の(2)で回答したテーマ出願人にライセンス先の見つけ方について質問を行った(複数回答)。

質問内容	一般系	化学系	機械系	電気系	全体
・先方からの申し入れ(申入れ)	27.8%	43.2%	37.7%	32.0%	33.7%
・権利侵害調査の結果(侵害発)	22.2%	10.8%	17.4%	21.3%	19.3%
・系列企業の情報網（内部情報）	9.7%	10.8%	11.6%	11.5%	11.0%
・系列企業を除く取引先企業（外部情報）	2.8%	10.8%	8.7%	10.7%	8.3%
・新聞、雑誌、TV、インターネット等（メディア）	5.6%	2.7%	2.9%	12.3%	7.3%
・イベント、展示会等(展示会)	12.5%	5.4%	7.2%	3.3%	6.7%
・特許公報	5.6%	5.4%	2.9%	1.6%	3.3%
・相手先に相談できる人がいた等(人的ネットワーク)	1.4%	8.2%	7.3%	0.8%	3.3%
・学会発表、学会誌(学会)	5.6%	8.2%	1.4%	1.6%	2.7%
・データベース（DB）	6.8%	2.7%	0.0%	0.0%	1.7%
・国・公立研究機関（官公庁）	0.0%	0.0%	0.0%	3.3%	1.3%
・弁理士、特許事務所(特許事務所)	0.0%	0.0%	2.9%	0.0%	0.7%
・その他	0.0%	0.0%	0.0%	1.6%	0.7%

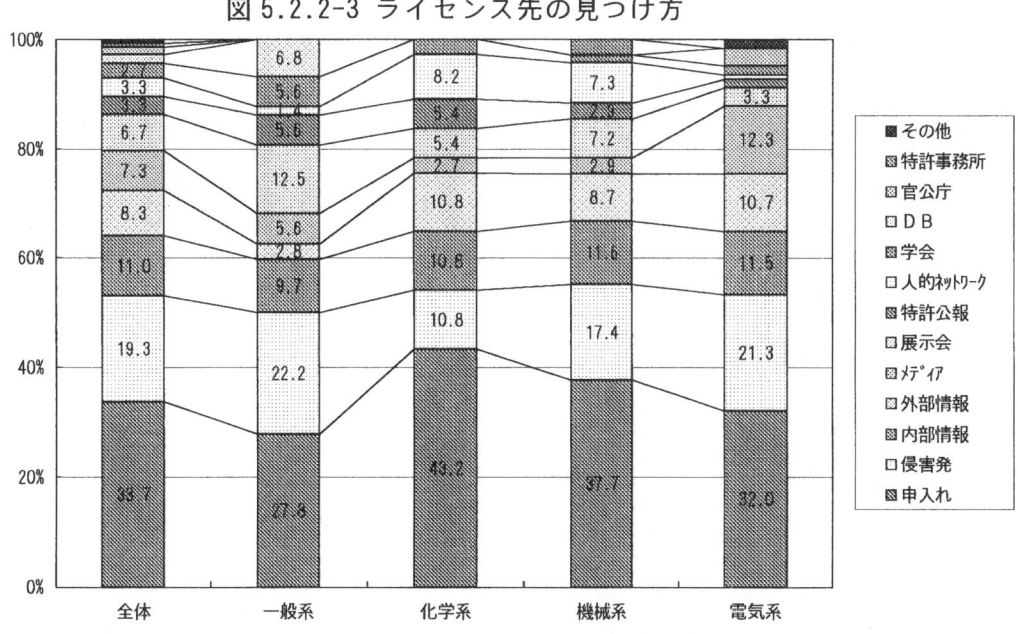

その結果を、図 5.2.2-3 ライセンス先の見つけ方に示す。「申入れ」が 33.7％と最も多く、次いで侵害警告を発した「侵害発」が 19.3％、「内部情報」によりものが 11.0％、「外部情報」によるものが 8.3％であった。特許流通データベースなどの「DB」からは 1.7％であった。化学系において、「申入れ」が 40％を越えている。

図 5.2.2-3 ライセンス先の見つけ方

〔その他の内容〕
　①関係団体（2件）

(4) ライセンス供与の不成功理由

5.2.2項の(1)でライセンス活動をしていると答えて、ライセンス実績の無いテーマ出願人に、その不成功理由について質問を行った。

質問内容	一般系	化学系	機械系	電気系	全体
・相手先が見つからない（相手先探し）	58.8%	57.9%	68.0%	73.0%	66.7%
・情勢（業績・経営方針・市場など）が変化した（情勢変化）	8.8%	10.5%	16.0%	0.0%	6.4%
・ロイヤリティーの折り合いがつかなかった（ロイヤリティー）	11.8%	5.3%	4.0%	4.8%	6.4%
・当該特許だけでは、製品化が困難と思われるから（製品化困難）	3.2%	5.0%	7.7%	1.6%	3.6%
・供与に伴う技術移転（試作や実証試験等）に時間がかかっており、まだ、供与までに至らない（時間浪費）	0.0%	0.0%	0.0%	4.8%	2.1%
・ロイヤリティー以外の契約条件で折り合いがつかなかった（契約条件）	3.2%	5.0%	0.0%	0.0%	1.4%
・相手先の技術消化力が低かった（技術消化力不足）	0.0%	10.0%	0.0%	0.0%	1.4%
・新技術が出現した（新技術）	3.2%	5.3%	0.0%	0.0%	1.3%
・相手先の秘密保持に信頼が置けなかった（機密漏洩）	3.2%	0.0%	0.0%	0.0%	0.7%
・相手先がグランド・バックを認めなかった（グランドバック）	0.0%	0.0%	0.0%	0.0%	0.0%
・交渉過程で不信感が生まれた（不信感）	0.0%	0.0%	0.0%	0.0%	0.0%
・競合技術に遅れをとった（競合技術）	0.0%	0.0%	0.0%	0.0%	0.0%
・その他	9.7%	0.0%	3.9%	15.8%	10.0%

その結果を、図5.2.2-4ライセンス供与の不成功理由に示す。約66.7%は「相手先探し」と回答している。このことから、相手先を探す仲介者および仲介を行うデータベース等のインフラの充実が必要と思われる。電気系の「相手先探し」は73.0%を占めていて他の業種より多い。

図5.2.2-4 ライセンス供与の不成功理由

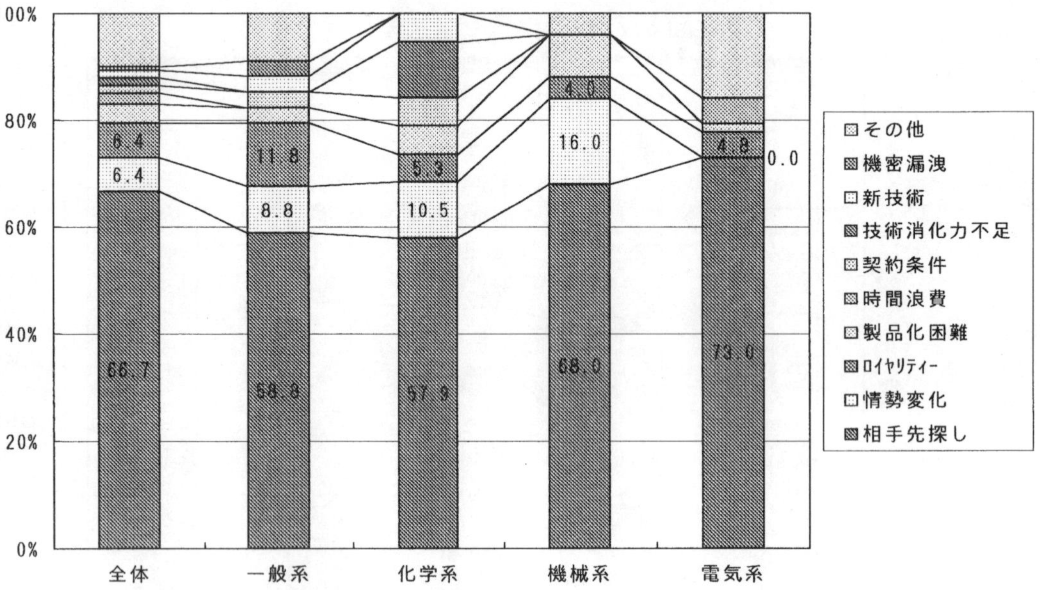

〔その他の内容〕
①単独での技術供与でない
②活動を開始してから時間が経っていない
③当該分野では未登録が多い（3件）
④市場未熟
⑤業界の動向（規格等）
⑥コメントなし（6件）

5.2.3 技術移転の対応
(1) 申し入れ対応

技術移転してもらいたいと申し入れがあった時、どのように対応するかについて質問を行った。

質問内容	一般系	化学系	機械系	電気系	全体
・とりあえず、話を聞く（話を聞く）	44.3%	70.3%	54.9%	56.8%	55.8%
・積極的に交渉していく（積極交渉）	51.9%	27.0%	39.5%	40.7%	40.6%
・他社への特許ライセンスの供与は考えていないので、断る（断る）	3.8%	2.7%	2.8%	2.5%	2.9%
・その他	0.0%	0.0%	2.8%	0.0%	0.7%

その結果を、図 5.2.3-1 ライセンス申し入れ対応に示す。「話を聞く」が 55.8%であった。次いで「積極交渉」が 40.6%であった。「話を聞く」と「積極交渉」で 96.4%という高率であり、中小企業側からみた場合は、ライセンス供与の申し入れを積極的に行っても断られるのはわずか 2.9%しかないということを示している。一般系の「積極交渉」が他の業種より高い。

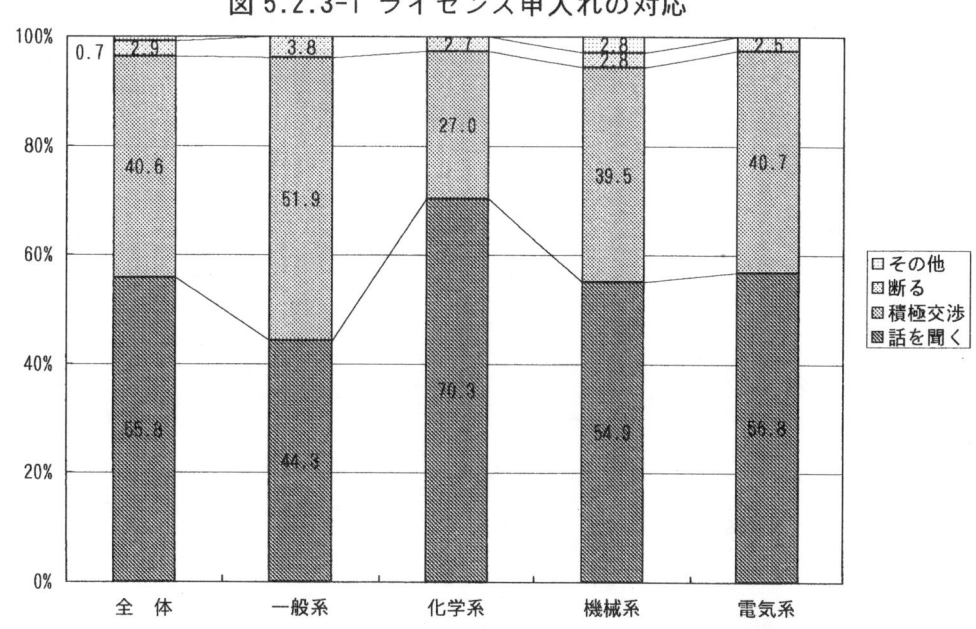

図5.2.3-1 ライセンス申入れの対応

(2) 仲介の必要性

ライセンスの仲介の必要性があるかについて質問を行った。

質問内容	一般系	化学系	機械系	電気系	全体
・自社内にそれに相当する機能があるから不要(社内機能あるから不要)	36.6%	48.7%	62.4%	53.8%	52.0%
・現在はレベルが低いので不要(低レベル仲介で不要)	1.9%	0.0%	1.4%	1.7%	1.5%
・適切な仲介者がいれば使っても良い(適切な仲介者で検討)	44.2%	45.9%	27.5%	40.2%	38.5%
・公的支援機関に仲介等を必要とする(公的仲介が必要)	17.3%	5.4%	8.7%	3.4%	7.6%
・民間仲介業者に仲介等を必要とする(民間仲介が必要)	0.0%	0.0%	0.0%	0.9%	0.4%

図 5.2.3-2 に仲介の必要性の内訳を示す。「社内機能あるから不要」が 52.0%を占め、最も多い。アンケートの配布先は大手企業が大部分であったため、自社において知財管理、技術移転機能が整備されている企業が 50%以上を占めることを意味している。

次いで「適切な仲介者で検討」が 38.5%、「公的仲介が必要」が 7.6%、「民間仲介が必要」が 0.4%となっている。これらを加えると仲介の必要を感じている企業は 46.5%に上る。

自前で知財管理や知財戦略を立てることができない中小企業や一部の大企業では、技術移転・仲介者の存在が必要であると推測される。

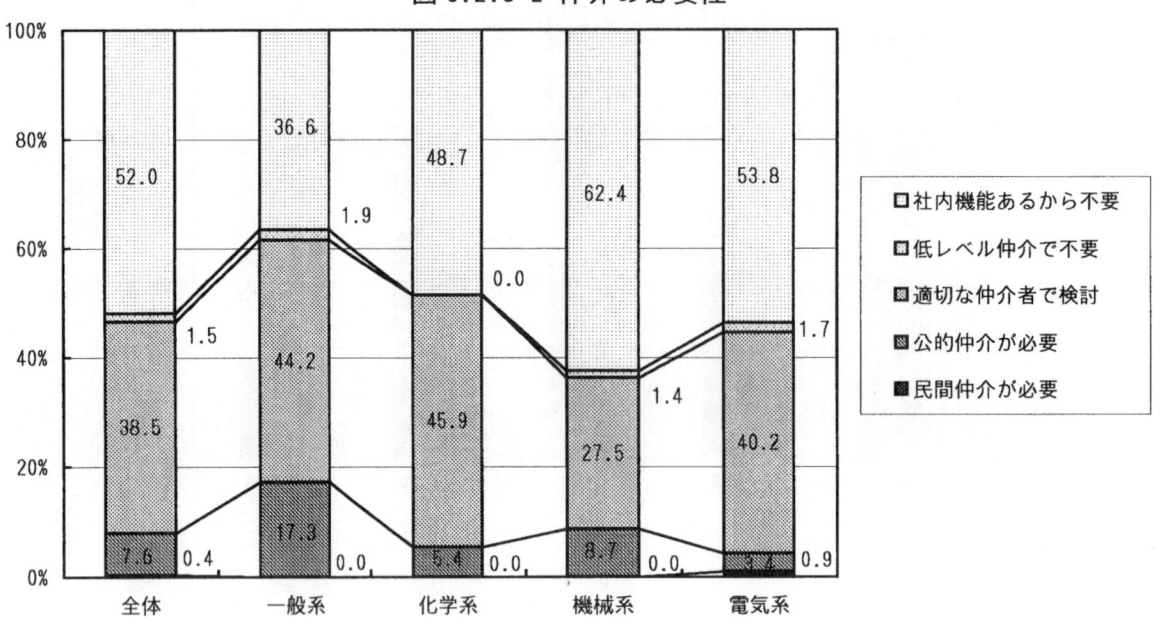

図 5.2.3-2 仲介の必要性

5.2.4 具体的事例
(1) テーマ特許の供与実績

技術テーマの分析の対象となった特許一覧表を掲載し(テーマ特許)、具体的にどの特許の供与実績があるかについて質問を行った。

質問内容	一般系	化学系	機械系	電気系	全体
・有る	12.8%	12.9%	13.6%	18.8%	15.7%
・無い	72.3%	48.4%	39.4%	34.2%	44.1%
・回答できない(回答不可)	14.9%	38.7%	47.0%	47.0%	40.2%

図 5.2.4-1 に、テーマ特許の供与実績を示す。

「有る」と回答した企業が 15.7%であった。「無い」と回答した企業が 44.1%あった。「回答不可」と回答した企業が 40.2%とかなり多かった。これは個別案件ごとにアンケートを行ったためと思われる。ライセンス自体、企業秘密であり、他者に情報を漏洩しない場合が多い。

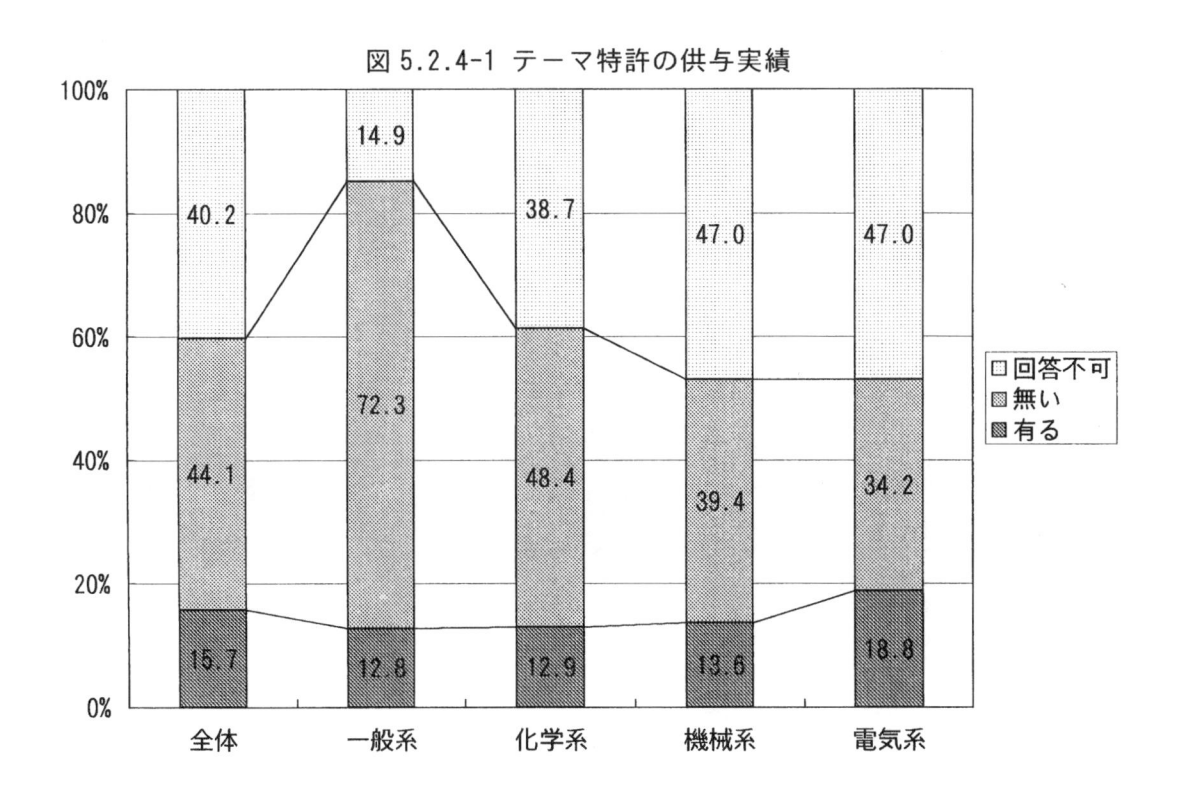

図 5.2.4-1 テーマ特許の供与実績

(2) テーマ特許を適用した製品

「特許流通支援チャート」に収蔵した特許（出願）を適用した製品の有無について質問を行った。

質問内容	一般系	化学系	機械系	電気系	全体
・回答できない（回答不可）	27.9%	34.4%	44.3%	53.2%	44.6%
・有る。	51.2%	43.8%	39.3%	37.1%	40.8%
・無い。	20.9%	21.8%	16.4%	9.7%	14.6%

図5.2.4-2に、テーマ特許を適用した製品の有無について結果を示す。

「有る」が40.8%、「回答不可」が44.6%、「無い」が14.6%であった。一般系と化学系で「有る」と回答した企業が多かった。

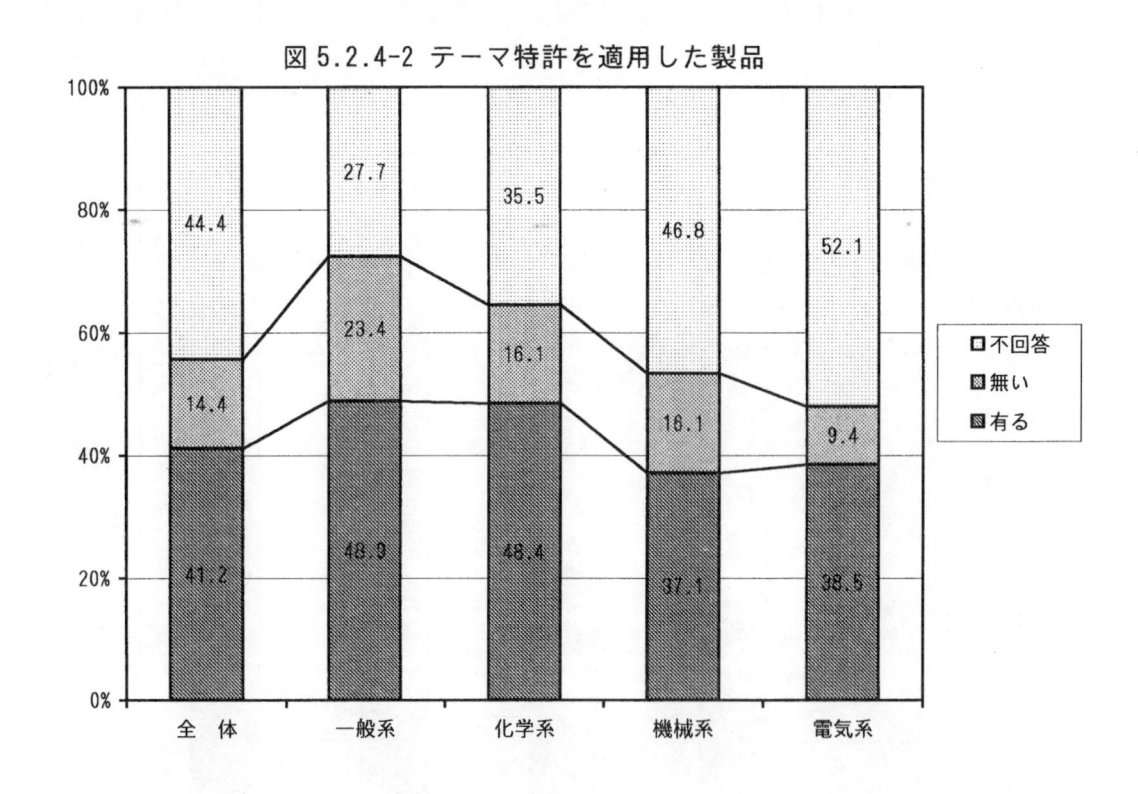

図5.2.4-2 テーマ特許を適用した製品

5.3 ヒアリング調査

アンケートによる調査において、5.2.2 の(2)項でライセンス実績に関する質問を行った。その結果、回収数 306 件中 295 件の回答を得、そのうち「供与実績あり、今後も積極的な供与活動を実施したい」という回答が全テーマ合計で 25.4%(延べ 75 出願人)あった。これから重複を排除すると 43 出願人となった。

この 43 出願人を候補として、ライセンスの実態に関するヒアリング調査を行うこととした。ヒアリングの目的は技術移転が成功した理由をできるだけ明らかにすることにある。

表 5.3 にヒアリング出願人の件数を示す。43 出願人のうちヒアリングに応じてくれた出願人は 11 出願人(26.5%)であった。テーマ別且つ出願人別では延べ 15 出願人であった。ヒアリングは平成 14 年 2 月中旬から下旬にかけて行った。

表 5.3 ヒアリング出願人の件数

ヒアリング候補出願人数	ヒアリング出願人数	ヒアリングテーマ出願人数
4 3	1 1	1 5

5.3.1 ヒアリング総括

表 5.3 に示したようにヒアリングに応じてくれた出願人が 43 出願人中わずか 11 出願人（25.6%）と非常に少なかったのは、ライセンス状況およびその経緯に関する情報は企業秘密に属し、通常は外部に公表しないためであろう。さらに、11 出願人に対するヒアリング結果も、具体的なライセンス料やロイヤリティーなど核心部分については充分な回答をもらうことができなかった。

このため、今回のヒアリング調査は、対象母数が少なく、その結果も特許流通および技術移転プロセスについて全体の傾向をあらわすまでには至っておらず、いくつかのライセンス実績の事例を紹介するに留まらざるを得なかった。

5.3.2 ヒアリング結果

表 5.3.2-1 にヒアリング結果を示す。

技術移転のライセンサーはすべて大企業であった。

ライセンシーは、大企業が 8 件、中小企業が 3 件、子会社が 1 件、海外が 1 件、不明が 2 件であった。

技術移転の形態は、ライセンサーからの「申し出」によるものと、ライセンシーからの「申し入れ」によるものの 2 つに大別される。「申し出」が 3 件、「申し入れ」が 7 件、「不明」が 2 件であった。

「申し出」の理由は、3 件とも事業移管や事業中止に伴いライセンサーが技術を使わなくなったことによるものであった。このうち 1 件は、中小企業に対するライセンスであった。この中小企業は保有技術の水準が高かったため、スムーズにライセンスが行われたとのことであった。

「ノウハウを伴わない」技術移転は 3 件で、「ノウハウを伴う」技術移転は 4 件であった。

「ノウハウを伴わない」場合のライセンシーは、3 件のうち 1 件は海外の会社、1 件が中小企業、残り 1 件が同業種の大企業であった。

大手同士の技術移転だと、技術水準が似通っている場合が多いこと、特許性の評価やノウハウの要・不要、ライセンス料やロイヤリティー額の決定などについて経験に基づき判断できるため、スムーズに話が進むという意見があった。

　中小企業への移転は、ライセンサーもライセンシーも同業種で技術水準も似通っていたため、ノウハウの供与の必要はなかった。中小企業と技術移転を行う場合、ノウハウ供与を伴う必要があることが、交渉の障害となるケースが多いとの意見があった。

　「ノウハウを伴う」場合の4件のライセンサーはすべて大企業であった。ライセンシーは大企業が1件、中小企業が1件、不明が2件であった。

　「ノウハウを伴う」ことについて、ライセンサーは、時間や人員が避けないという理由で難色を示すところが多い。このため、中小企業に技術移転を行う場合は、ライセンシー側の技術水準を重視すると回答したところが多かった。

　ロイヤリティーは、イニシャルとランニングに分かれる。イニシャルだけの場合は4件、ランニングだけの場合は6件、双方とも含んでいる場合は4件であった。ロイヤリティーの形態は、双方の企業の合意に基づき決定されるため、技術移転の内容によりケースバイケースであると回答した企業がほとんどであった。

　中小企業へ技術移転を行う場合には、イニシャルロイヤリティーを低く抑えており、ランニングロイヤリティーとセットしている。

　ランニングロイヤリティーのみと回答した6件の企業であっても、「ノウハウを伴う」技術移転の場合にはイニシャルロイヤリティーを必ず要求するとすべての企業が回答している。中小企業への技術移転を行う際に、このイニシャルロイヤリティーの額をどうするか折り合いがつかず、不成功になった経験を持っていた。

表5.3.2-1 ヒアリング結果

導入企業	移転の申入れ	ノウハウ込み	イニシャル	ランニング
―	ライセンシー	○	普通	―
―	―	○	普通	―
中小	ライセンシー	×	低	普通
海外	ライセンシー	×	普通	―
大手	ライセンシー	―	―	普通
大手	ライセンシー	―	―	普通
大手	ライセンシー	―	―	普通
大手	―	―	―	普通
中小	ライセンサー	―	―	普通
大手	―	―	普通	低
大手	―	○	普通	普通
大手	ライセンサー	―	普通	―
子会社	ライセンサー	―	―	―
中小	―	○	低	高
大手	ライセンシー	×	―	普通

＊特許技術提供企業はすべて大手企業である。

(注)
　ヒアリングの結果に関する個別のお問い合わせについては、回答をいただいた企業とのお約束があるため、応じることはできません。予めご了承ください。

資料6．特許番号一覧

表6.-1 特許番号一覧（1/8）

技術要素		課題	公報番号	出願人	概要
3元系活性層	活性層厚	高出力	特開平11-068156	昭和電工	Ⅲ族窒化物半導体発光素子
			特開平07-297498	セイコーエプソン	半導体レーザおよびこれを用いた光センシング装置
		波長特性	特開2001-156328	日立電線	発光素子用エピタキシャルウエハおよび発光素子
			特開平10-027945	大同特殊鋼	面発光素子
		キャリア	特開2000-101201	ルーセント テクノロジーズ（米国）	プレバイアスされた内部電子ポテンシャルを有する量子カスケード光エミッタ
		生産性	特開平07-273406	モトローラ（米国）	半導体レーザーとその形成方法
	活性層幅	漏れ電流・低閾値	特開2001-085794	アンリツ	半導体発光素子
	その他	漏れ電流・低閾値	特開平04-307781	セイコーエプソン	半導体レーザ
			特開2000-269607	日本ビクター	半導体レーザ及びその製造方法
			特開平07-154029	エイ ティ アンド ティ（米国）	量子細線レーザ
		高出力	特開平08-032171	日本電装	半導体レーザ
		温度特性	特開平09-023040	日本電装	半導体発光素子
			特開平07-142810	日本電装	半導体レーザ
			特開平08-018162	エイ ティ アンド ティ（米国）	量子井戸レーザを有する装置
		波長特性	特開平05-145169	光計測技術開発	半導体分布帰還型レーザ装置
			特開2000-150957	昭和電工	Ⅲ族窒化物半導体発光素子
		キャリア	特許3014810	光計測技術開発	一方の近傍に回折格子を設けた二つの活性層を設け、二つの活性層の注入電流により利得を、回折格子を設けた活性層の注入電流により利得結合の大きさを制御し、キャリア密度の空間的周期変化により利得結合を得るレーザにおいて大きな利得結合係数を得る
			特開平09-045986	三井石油化学工業	半導体レーザ素子
		その他出力	特開平06-314844	島津製作所	半導体レーザ素子
			特開平10-200215	三菱電線工業	半導体発光素子及びその製造方法

表 6.-1 特許番号一覧（2/8）

技術要素	課題		公報番号	出願人	概要
3元系活性層	その他	生産性	特開平08-046287	ニコン	半導体レーザおよび半導体レーザの製造方法
			特開平06-334168	日本オプネクスト	半導体素子
	バンドギャップ	漏れ電流・低閾値	特開2001-144382	東北大学学長	サブバンド間発光素子
			特開平08-032172	ニコン	半導体レーザ
			特開平11-008406	大同特殊鋼	面発光素子
		波長特性	特開2000-340839	昭和電工	III族窒化物半導体発光素子
			特開平11-251618	韓国電気通信公社（韓国）	異種エネルギーバンドギャップ量子井戸層を有する導波路形光素子及びその製造方法
			特開平11-284287	ルーセント テクノロジーズ（米国）	二重波長量子カスケード光子源
		生産性	特開平05-090712	オリンパス光学工業	量子細線構造素子
			特開平04-234189	ヒューズ エアクラフト（米国）	リッジ導波路埋設ヘテロ構造レーザおよびその製造方法
	組成	高出力	特開平10-190127	三井石油化学工業	半導体レーザ素子
		波長特性	特開2001-102686	日本電装	半導体レーザ
			特開平07-294968	韓国電子通信研究所（韓国）	長波長用光スイッチ具現のためのInP系多重量子ウエル構造の最適化方法
		生産性	特許2950810	エイ ティ アール環境適応通信研究所	第1の量子井戸層の電子の有効質量が第2の量子井戸層よりも高くなるように第1、第2の材料を選択し、簡単で低価格に製造し、室温で安定に連続動作する
			特開平05-226789	エイ ティ アンド ティ（米国）	歪層量子井戸レーザを含む製品
	格子定数	波長特性	特開平09-107153	モトローラ（米国）	アルミニウムのない活性領域を有する短波長VCSEL
		その他出力	特公平06-071124	アメリカン テレフォン アンド テレグラフ（米国）	導波領域が直交偏波信号光の伝搬を支えるひずみのある量子井戸層を有する導波半導体量子井戸デバイスを用い、偏波感度の実質的除去と偏波独立を行ない、偏波依存性の困難を軽減する
		結晶性向上	特開2000-332363	リコー	半導体発光素子およびその製造方法
		生産性	特開平04-369874	三菱電線工業	歪活性層を有する発光素子用半導体材料
	その他	結晶性向上	特開2000-216096	昭和電工	窒化ガリウム・インジウム結晶層の気相成長方法
4元系活性層	活性層厚	高出力	特開平11-068156	昭和電工	III族窒化物半導体発光素子
		波長特性	特開平10-027945	大同特殊鋼	面発光素子

表 6.-1 特許番号一覧（3/8）

技術要素	課題		公報番号	出願人	概要
4元系活性層	活性層幅	漏れ電流・低閾値	特開2001-085794	アンリツ	半導体発光素子
		生産性	特許2958084	ユニフェーズ オプト ホールディングス（米国）	メサの高さ方向に渡って実質的に平坦な側壁を有してメサが形成され、第1半導体層の領域でのメサの寸法がマスクの大きさにより精密に規定され少しのアンダーエッチングしか生じない方法
		その他	特開平07-183623	エイ ティ アンド ティ（米国）	モノリシックに集積したレーザと電子吸収変調器光源とその製造方法
	その他	漏れ電流・低閾値	特開平04-307781	セイコーエプソン	半導体レーザ
			特開2000-269607	日本ビクター	半導体レーザ及びその製造方法
		高出力	特開平08-032171	日本電装	半導体レーザ
		温度特性	特開平09-023040	日本電装	半導体発光素子
			特開平08-018162	エイ ティ アンド ティ（米国）	量子井戸レーザを有する装置
		波長特性	特開平05-145169	光計測技術開発	半導体分布帰還型レーザ装置
			特開2000-150957	昭和電工	III族窒化物半導体発光素子
			特開平11-251691	ノーテル ネットワークス（カナダ）	直列結合DFBレーザ
			特開2000-236137	ティー アール ダブリュー（米国）	二次元的ブラッグ格子を用いた高出力単一モード半導体レーザおよび光増幅器
		キャリア	特許3014810	光計測技術開発	一方近傍に回折格子を設けた二つの活性層を設け、二つの活性層の注入電流により利得、回折格子を設けた活性層の注入電流により利得結合の大きさを制御し、キャリア密度の空間的周期変化により利得結合を得るレーザにおいて大きな利得結合係数を得る
		その他出力	特開平10-200215	三菱電線工業	半導体発光素子及びその製造方法
			特開平11-150339	ノーザン テレコム（カナダ）	分布型フイードバック・シングルモード合成結合半導体レーザ装置並びにその動作方法および製造方法
		生産性	特開平08-046287	ニコン	半導体レーザおよび半導体レーザの製造方法
	バンドギャップ	漏れ電流・低閾値	特開平11-008406	大同特殊鋼	面発光素子
		波長特性	特開平11-186654	テラテック	半導体光増幅器及び光増幅装置
			特開平11-251618	韓国電気通信公社（韓国）	異種エネルギーバンドギャップ量子井戸層を有する導波路形光素子及びその製造方法

表 6.-1 特許番号一覧 (4/8)

技術要素	課題		公報番号	出願人	概要
4元系活性層	バンドギャップ	キャリア	特開2000-101199	ディーディーアイ	量子井戸構造及び半導体素子
		その他出力	特開平08-316583	日立電線	半導体光素子
		その他出力	特開2000-114668	アルカテル シト（フランス）	半導体光増幅器
		生産性	特開平03-168620	フィリップス エレクトロニクス（オランダ）	光増幅器
	組成	高出力	特開平10-190127	三井石油化学工業	半導体レーザ素子
		温度特性	特開平05-267797	ユニフェーズ オプト ホールディングス（米国）	発光半導体ダイオード
		波長特性	特開平07-294968	韓国電子通信研究所（韓国）	長波長用光スイッチ具現のためのInP系多重量子ウエル構造の最適化方法
		その他出力	特開平05-029715	関西日本電気	歪量子井戸構造半導体素子
		結晶性向上	特開平09-083071	ローム	半導体レーザ
		生産性	特開平03-091284	島津製作所	半導体レーザ素子
	格子定数	漏れ電流・低閾値	特開平05-175601	藤倉電線	多重量子井戸半導体レーザ
		高出力	特開2000-299492	大同特殊鋼	量子井戸型発光ダイオード
		波長特性	特許2659872	光技術研究開発	InPと格子定数が等しいGaInAsPを障壁層とし、障壁層と5族元素Asの組成比が等しいInAsPを歪量子井戸活性層とし、波長1.3μmで発振可能で、組成の制御性に優れ、ヘテロ界面の劣化を防止することのできる歪量子井戸構造を作成する
		その他出力	特開平04-233783	ユニフェーズ オプト ホールディングス（米国）	光増幅器
		その他	特許2707183	国際電信電話	第1の半導体と第1の半導体より小さな格子定数を持つ第2の半導体を第1と第2の半導体の格子定数のほぼ中間の格子定数を持つクラッド層上に積層して歪超格子を形成し、全体の応力を低減する
光ガイド層	層の性質	波長特性	特開平07-099365	国際電信電話	超格子層を用いた半導体DFBレーザ素子
			特開平09-148665	日立電線	波長可変半導体レーザ
		低閾値	特開2000-269607	日本ビクター	半導体レーザ及びその製造方法
		生産性	特開平08-046287	ニコン	半導体レーザおよび半導体レーザの製造方法
クラッド層	層の形状・配置	低抵抗	特開2001-077470	科学技術振興事業団	半導体レーザ

表 6.-1 特許番号一覧 (5/8)

技術要素	課題		公報番号	出願人	概要
クラッド層	層の形状・配置	低抵抗	特許2994525	アメリカン テレフォン アンド テレグラフ（米国）	リフレクタスタックの少なくとも一つは活性領域の周囲で横断壁を有し、金属接点層の一方の一部は横断壁を包囲し、光出力を増加する
活性層埋込構造	層の形状・配置	その他出力	特開平11-186654	テラテック	半導体光増幅器及び光増幅装置
	層の性質	その他出力	特開平08-316583	日立電線	半導体光素子
ドーパント材料	濃度指定、範囲	発光効率	特開平11-168240	昭和電工	III族窒化物半導体発光素子
	濃度分布、不均一、傾斜	キャリア	特許2785167	国際電信電話	多重量子井戸構造にp型とn型の少なくとも一方の不純物をドープし、全体のエネルギーバンドを傾斜させて注入キャリアがほぼ均一に分布するように構成する
		拡散抑制	特開平10-107319	昭和電工	窒化物化合物半導体素子
	1種類	キャリア	特開平09-045986	三井石油化学工業	半導体レーザ素子
結晶成長	成長条件・方法	結晶性	特開2001-097800	豊田中央研究所	III族窒化物半導体の製造方法、III族窒化物半導体発光素子の製造方法、及びIII族窒化物半導体発光素子
		生産性	特開平09-148670	日本オプネクスト	半導体レーザ及びその製造方法
		素子特性	特許3030932	富士ゼロックス	第1の結晶面の成長速度が第2の結晶面の成長速度よりも速くなる条件で結晶成長を行なうことで、第1の結晶面を消失させ、第1の結晶面の成長速度が第2の結晶面の成長速度よりも遅くなる条件で結晶成長を行なうことで、第1の結晶面が現れるようにし、量子細線や量子ドットを作成する
	供給	結晶性	特許2659872	光技術研究開発	InPと格子定数が等しいGaInAsPを障壁層とし、障壁層と5族元素Asの組成比が等しいInAsPを歪量子井戸活性層とし、波長1.3μmで発振可能で、組成の制御性に優れ、ヘテロ界面の劣化を防止することのできる歪量子井戸構造を作成する
			特開平11-154775	三井石油化学工業	半導体レーザの製造方法
	成長マスク	生産性	特開2000-340889	関西日本電気	半導体レーザの製造方法

245

表6.-1 特許番号一覧（6/8）

技術要素		課題	公報番号	出願人	概要
結晶成長	成長マスク	生産性	特許2988552	松下電子工業	光ガイド層となる一導電型のGaAlAsの上に端面近傍を除いて活性層となる$Ga_{1-X}Al_XAs$があり、活性層上には光ガイド層と反対の導電型の$Ga_{1-Y}Al_YAs$光閉じ込め層を備えるとともにリッジ部の長手方向の側面に沿って、これとは逆の導電型の$Ga_{1-Z}Al_ZAs$を備え、$Z>Y>X\geqq 0$の関係を成立させ、100mWを超える高出力で信頼性の高い半導体レーザを提供する
			特開平08-008486	モトローラ（米国）	選択的成長を用いてパターンド・ミラーVCSELを製造する方法
		素子特性	特開平10-242561	日本オプネクスト	半導体レーザおよびその製造方法
			特開平10-253846	三星電子	光源素子の埋没ヘテロ構造製造用マスク及びこれを利用した光源素子の製造方法
	原料	結晶性	特開2000-232238	パイオニア	窒化物半導体発光素子及びその製造方法
			特開2001-068791	富士電機	III族窒化物レーザーダイオードおよびその製造方法
		成長層厚さ	特許2756949	韓国科学技術研究所（韓国）	メサ及びV溝形状のGaAs半導体基板上に、有機化学気相成長法よりエピタクシャル層を成長する場合、CCl_4を流入してエピタクシャル層の側面方向へ成長率を調整し、成長率の平坦化を行なう
		素子特性	特開2000-323751	パイオニア	3族窒化物半導体素子製造方法
	成長装置	結晶性	特開平10-233552	ローム	半導体レーザの製法
		生産性	特開平07-307531	エイ ティ アンド ティ（米国）	半導体光空洞共振素子及びその製法
ドーピング	ドープ領域	生産性	特開平08-097505	富士ゼロックス	半導体レーザ装置、その製造方法およびその駆動方法
	拡散領域	漏れ電流抑制	特許2855887	富士ゼロックス	直列抵抗を下げるためにクラッド層のキャリア濃度を高くした場合でも、不純物拡散による無秩序化技術を適応でき直列抵抗及び閾値電流の低下を同時に達成する
		生産性	特開平10-209565	富士ゼロックス	横方向電流注入型面発光半導体レーザ装置、その製造方法および半導体レーザアレイ

表6.-1 特許番号一覧（7/8）

技術要素		課題	公報番号	出願人	概要
ドーピング	拡散領域	出力特性	特許3028641	富士ゼロックス	リッジストライプ部の出射端面側の端部に、その表面及び切欠部表面から活性層に達する不純物拡散領域を設けるように構成し、出射端面近傍での光吸収によるCODを防止でき、高出力、低閾値の半導体レーザを高信頼性で量産化に優れた状態にする
	不純物濃度	結晶性	特許2756949	韓国科学技術研究所（韓国）	メサ及びV溝形状のGaAs半導体基板上に、有機化学気相成長法よりエピタクシャル層を成長する場合、CCl_4を流入してエピタクシャル層の側面方向へ成長率を調整し、成長率の平坦化を行なう
		生産性	特開平08-046287	ニコン	半導体レーザおよび半導体レーザの製造方法
		その他	特開2000-216096	昭和電工	窒化ガリウム・インジウム結晶層の気相成長方法
	ドーパント	結晶性	特開平10-242586	富士電機	III族窒化物半導体装置およびその製造方法
			特開平09-167880	ルーセント テクノロジーズ（米国）	半導体レーザを含む装置及びレーザの製造方法
		出力特性	特開2001-203387	酒井 士郎	GaN系化合物半導体及び発光素子の製造方法
		出力特性	特開平07-263818	フランス テレコム（フランス）	電子および／または光子構成部品の製造方法
		その他	特開平08-274026	日本オプネクスト	半導体装置およびその製造方法
	注入・拡散温度	結晶性	特開2001-097800	豊田中央研究所	III族窒化物半導体の製造方法、III族窒化物半導体発光素子の製造方法、及びIII族窒化物半導体発光素子
	その他	漏れ電流抑制	特開平09-298334	日本オプネクスト	半導体装置およびその製造方法
		生産性	特開平10-107379	アジレント テクノロジーズ（米国）	発光素子及び発光素子の製造方法
		出力特性	特開2000-269607	日本ビクター	半導体レーザ及びその製造方法
エッチング	エッチング停止層	生産性	特開2001-036194	日本ビクター	半導体レーザ素子の製造方法
	エッチャント	エッチング停止	特許2958084	ユニフェーズ オプト ホールディングス（米国）	メサの高さ方向に渡って実質的に平坦な側壁を有してメサが形成され、第1半導体層の領域でのメサの寸法がマスクの大きさにより精密に規定され少しのアンダーエッチングしか生じない方法
		生産性	特開平10-012920	藤倉電線	スーパールミネッセントダイオードおよびその製造方法
			特開2000-133881	ローム	半導体装置の製法

表 6.-1 特許番号一覧（8/8）

技術要素	課題		公報番号	出願人	概要
エッチング	マスク	生産性	特開平08-139411	藤倉電線	半導体レーザの製造方法
	エッチング条件	生産性	特公平08-017230	工業技術院長	基板上にエピタキシャル成長した半導体層の上にタングステン薄膜を形成し、パターニングしてマスクとし、ECRエッチングを行ない、一貫プロセスとして大気に晒すことなくMOCVD成長炉に移し、マスクを成長用マスクとしてAlGaAsを形成し埋め込み構造を得る事により、半導体微細構造を簡単かつ高精度に形成する
	エッチング方法・組合せ	エッチング停止	特表平06-510163	ベル コミュニケーションズ リサーチ（米国）	表面放出レーザおよび他のシャープな形状の選択的領域再成長
		所望形状	特開平11-191654	日本オプネクスト	半導体レーザ装置及びその製造方法
		素子特性	特許3053357	韓国電子通信研究所（韓国）	マスクを介して第2クラッド層、活性層、第1クラッド層及び半導体基板を非選択エッチング液で円錐台形になるようにエッチングした後、活性層以外の各層を結晶面が正確に露出するように選択的にエッチングし、第2のクラッド層の側面上方から半導体基板上面にかけて全体を覆うように第1、第2の電流遮断層を形成し、電流遮断層と基盤との接合面からの漏泄電流と、サイリスタ構造による漏洩電流とを減少する
	その他	結晶性	特許2833962	ローム	第2電極形成面に庇状に突出した段差が設けられ、段差の底面側には凹部が形成され、第2電極の中央側は端部側第2電極と完全に分離されていることにより局所的な発熱による半導体レーザ特性の劣化を防止する
		素子特性	特許2994525	アメリカン テレフォン アンド テレグラフ（米国）	リフレクタスタックの少なくとも一つは活性領域の周囲で横断壁を有し、金属接点層の一方の一部は横断壁を包囲し、光出力を増加する
		生産性	特開平10-173285	パイオニア	分布帰還型半導体レーザ素子及びその製造方法
			特開平08-056050	藤倉電線	半導体レーザの製造方法

表6.-2 出願人全ての連絡先（1/3）

No.	会社名	出願件数	郵便番号	住所（本社などの代表的住所）	TEL
1	日本電気	181	108-8001	東京都港区芝5丁目7番1号	03-3454-1111
2	三菱電機	65	100-8310	東京都千代田区丸の内2丁目2番3号	03-3218-2111
3	日立製作所	65	101-8010	東京都千代田区神田駿河台4丁目6番地	03-3258-1111
4	シャープ	64	545-8522	大阪府大阪市阿倍野区長池町22番22号	06-6621-1221
5	松下電器産業	57	571-8501	大阪府門真市大字門真1006番地	06-6908-1121
6	日本電信電話	54	100-8116	東京都千代田区大手町2丁目3番1号	03-5205-5111
7	富士通	46	211-8588	神奈川県川崎市中原区上小田中4丁目1番1号	044-777-1111
8	ソニー	45	141-0001	東京都品川区北品川6丁目7番35号	03-5448-2111
9	東芝	44	105-8001	東京都港区芝浦1丁目1番1号	03-3457-4511
10	三洋電機	37	570-8677	大阪府守口市京阪本通2丁目5番5号	06-6991-1181
11	日亜化学工業	37	774-8601	徳島県阿南市上中町岡491番地100	0884-22-2311
12	キヤノン	32	146-8501	東京都大田区下丸子3丁目30番2号	03-3758-2111
13	古河電気工業	28	100-8322	東京都千代田区丸の内2丁目6番1号	03-3286-3001
14	沖電気工業	16	105-8460	東京都港区虎ノ門1丁目7番12号	03-3501-3111
15	富士写真フィルム	13	250-0123	神奈川県南足柄市中沼210番地	0465-74-1111
			106-8620	東京都港区西麻布2丁目26番30号	03-3406-2111
16	豊田合成	13	452-8564	愛知県西春日井郡春日町大字落合字長畑1番地	052-400-1055
17	リコー	10	143-0027	東京都大田区中馬込1丁目3番6号	03-3777-8111
			107-8544	東京都港区南青山1-15-5 リコービル	03-3479-3111
18	三菱化学	9	100-0005	東京都千代田区丸の内2丁目5番2号	
19	住友電気工業	9	541-0041	大阪府大阪市中央区北浜4丁目5番33号	06-6220-4141
20	ゼロックス（米国）	8		アメリカ合衆国 06904-1600 コネティカット州・スタンフォード・ロング リッチ ロード・800	
21	昭和電工	6	105-8518	東京都港区芝大門1丁目13番地9号	03-5470-3235
22	日本オプネクスト	6	244-8567	神奈川県横浜市戸塚区戸塚町216番地	045-881-1221
23	エイティアンドティ（米国）	5		アメリカ合衆国.10013-2412.ニューヨーク.ニューヨーク アベニュー オブ ジ アメリカズ 32	
24	富士ゼロックス	5	107-0052	東京都港区赤坂2丁目17番22号	03-3585-3211
25	ローム	4	615-8585	京都府京都市右京区西院溝崎町21番地	075-311-2121
26	科学技術振興事業団	4	332-0012	埼玉県川口市本町4丁目1番8号	048-226-5601
27	技術研究組合新情報処理開発機構	4	101-0031	東京都千代田区東神田2-5-12 龍角散ビル8階	03-5820-8681
28	藤倉電線（現：フジクラ）	4	135-8512	東京都江東区木場1-5-1	03-5606-1030
29	日本電装（現：デンソー）	4	448-8661	愛知県刈谷市昭和町1丁目1番地	0566-25-5511
30	日立電線	4	100-8166	東京都千代田区大手町1丁目6番1号	03-3216-1616
31	モトローラ（米国）	3	106-8573	東京都港区南麻布3丁目20番地1号	03-3440-3311
32	ユニフェイズ オプト ホールディングス（米国）	3		アメリカ合衆国 カリフォルニア州 95134 サンノゼ ベイポイント パークウェイ 163	

表6.-2 出願人全ての連絡先 (2/3)

No.	会社名	出願件数	郵便番号	住所（本社などの代表的住所）	TEL
33	ルーセント テクノロジーズ（米国）	3		アメリカ合衆国 07974-0636 ニュージャーシィ, マレイ ヒル, マウンテン アヴェニュー 600	
			106-8508	東京都港区六本木1-4-30　第25森ビル	03-5561-3000
34	パイオニア	3	153-8654	東京都目黒区目黒1丁目4番1号	03-3494-1111
35	国際電信電話	3	163-0023	東京都新宿区西新宿2-3-2	03-3347-6767
36	三井石油化学工業	3	100	東京都千代田区霞ヶ関3-2-5　霞ヶ関ビル	03-3580-2012
37	大同特殊鋼	3	460-8581	愛知県名古屋市中区錦1丁目11番18号	052-201-5112
38	豊田中央研究所	3	480-1192	愛知県愛知郡長久手町大字長湫字横道41番地の1	
39	韓国電子通信研究所（韓国）	2		大韓民国大田廣城市儒城区柯亭洞161番地	
40	アメリカンテレフォンアンドテレグラフ（米国）	2		アメリカ合衆国.10013-2412.ニューヨーク.ニューヨーク アベニュー オブ ジ アメリカズ 32	
41	アンリツ	2	106-8570	東京都港区南麻布5丁目10番地27号	03-3446-1111
42	セイコーエプソン	2	163-0811	東京都新宿区西新宿2丁目4番1号	
			392-8502	長野県諏訪市大和3-3-5	0266-52-3131
43	ニコン	2	100-8331	東京都千代田区丸の内3丁目2番3号	03-3214-5311
44	関西日本電気	2	520-0833	滋賀県大津市晴嵐2丁目9番1号	
45	光計測技術開発	2	180-0006	東京都武蔵野市中町2丁目11番13号	
46	三菱電線工業	2	660-0856	兵庫県尼崎市東向島西之町8番地	
			100-8303	東京都千代田区丸の内3丁目4番1号　新国際ビル	03-3216-1551
47	赤崎勇・天野浩	2		名城大学理工学部	
48	鳥取三洋電機	2	680-0061	鳥取県鳥取市立川町7-101	0857-21-2001
49	島津製作所	2	604-8511	京都府京都市中京区西ノ京桑原町1番地	075-823-1111
50	日本ビクター	2	221-8528	神奈川県横浜市神奈川区守屋町3丁目12番	
51	浜松ホトニクス	2	435-8558	静岡県浜松市市野町1126番地の1	053-434-3311
52	富士通カンタムデバイス	2	409-3883	山梨県中巨摩郡昭和町大字紙瀧阿原1000番地	055-275-4411
53	富士電機	2		神奈川県川崎市川崎区田辺新田1番1号	
			141-0032	東京都品川区大崎1丁目11番2号　ゲートシティ大崎イーストタワー	03-5435-7111
54	ノーザンテレコム（カナダ）（現：ノーテルネットワークス）	2		8200 Dixie Road, Suite 100 Brampton, Ontario L6T 5P6 Canada	905-863-0000
55	アルカテルシト（フランス）	1		フランス国.75382.パリ・セデクス 08,リユ・ラ・ボエティ,54	
56	フランステレコム（フランス）	1	160-0022	東京都新宿区新宿三丁目1番13号　京王新宿追分ビル9F	03-5312-8555
57	韓国科学技術研究所（韓国）	1		大韓民国ソウル特別市城北区下月谷洞39-1	
58	韓国電気通信公社（韓国）	1		大韓民国ソウル特別市鍾路区世宗路１００番地	
59	三星電子（韓国）	1		大韓民国京畿道水原市八達区梅灘洞４１６	

表 6.-2 出願人全ての連絡先 (3/3)

No.	会社名	出願件数	郵便番号	住所（本社などの代表的住所）	TEL
60	フィリップスエレクトロニクス（オランダ）	1		オランダ国5621 ベーアー アインドーフェンフルーネバウツウェッハ1	31-20-59-77915
61	アジレントテクノロジーズ（米国）	1		アメリカ合衆国 カリフォルニア州 パロアルト ページ・ミル・ロード 395	+81 0120 611-280
62	ティーアールダブリュー（米国）	1		アメリカ合衆国オハイオ州クリーブランド, リッチモンド ロード 1900	
63	ヒューズエアクラフト（米国）	1		アメリカ合衆国.カリフォルニア州 90045-0066, ロサンゼルス, ヒューズ.テラス 7200	
64	ベルコミュニケーションズリサーチ（米国）	1		アメリカ合衆国 カリフォルニア州 07039-2729 リビングストン,ウエスト マウント プレザント アヴェニュー-290	
65	エイティアール環境適応通信研究所	1		京都府相楽郡精華町光台2丁目2-2	0774-95-1501
66	オリンパス光学工業	1	163-0914	東京都新宿区西新宿2-3-1 新宿モノリス	03-3340-2111
67	ディーディーアイ（現：KDDI）	1	163-8003	東京都新宿区西新宿2-3-2 KDDIビル	
68	テラテック	1	545-0014	大阪府大阪市阿倍野区西田辺町1-12-12	06-6693-6969
69	光技術研究開発	1		神奈川県川崎市宮前区宮崎4丁目1番1号	
70	工業技術院長	1		東京都千代田区霞が関1丁目3番1号	
71	酒井士郎	1		徳島大学 工学部	
72	松下電子工業	1	569-1143	大阪府高槻市幸町1-1	0726-82-5521
73	島田昌彦山根久典	1	980-8577	宮城県仙台市青葉区片平二丁目1番1号 東北大学多元物質科学研究所 素材工学研究棟	022-217-5160,1
74	東芝電子エンジニアリング	1	235-8522	神奈川県横浜市磯子区新杉田町8番地 東芝横浜事業所内	045-770-3370
75	東北大学学長	1		宮城県仙台市青葉区片平2丁目1番1号	
76	日立工機	1	108-6020	東京都港区港南2－15－1 品川インターシティA棟	03-5783-0626
77	日立東部セミコンダクタ	1	370-0021	群馬県高崎市西横手町1-1	027-353-7211

特許流通支援チャート 電気8
半導体レーザーの活性層

2002年（平成14年）6月29日　初版発行

編　集　　独立行政法人
©2002　　工業所有権総合情報館
発　行　　社団法人　発明協会
発行所　　社団法人　発明協会

〒105-0001　東京都港区虎ノ門2-9-14
電　話　　03（3502）5433（編集）
電　話　　03（3502）5491（販売）
Ｆａｘ　　03（5512）7567（販売）

ISBN4-8271-0666-5 C3033　印刷：株式会社　丸井工文社
Printed in Japan

乱丁・落丁本はお取替えいたします。

本書の全部または一部の無断複写複製
を禁じます（著作権法上の例外を除く）。

発明協会HP：http://www.jiii.or.jp/

平成13年度「特許流通支援チャート」作成一覧

電気	技術テーマ名
1	非接触型ICカード
2	圧力センサ
3	個人照合
4	ビルドアップ多層プリント配線板
5	携帯電話表示技術
6	アクティブマトリクス液晶駆動技術
7	プログラム制御技術
8	半導体レーザの活性層
9	無線LAN

機械	技術テーマ名
1	車いす
2	金属射出成形技術
3	微細レーザ加工
4	ヒートパイプ

化学	技術テーマ名
1	プラスチックリサイクル
2	バイオセンサ
3	セラミックスの接合
4	有機EL素子
5	生分解性ポリエステル
6	有機導電性ポリマー
7	リチウムポリマー電池

一般	技術テーマ名
1	カーテンウォール
2	気体膜分離装置
3	半導体洗浄と環境適応技術
4	焼却炉排ガス処理技術
5	はんだ付け鉛フリー技術